两级式逆变器在线效率优化技术

袁义生 袁世英 著

西南交通大学出版社
·成都·

图书在版编目（CIP）数据

两级式逆变器在线效率优化技术 / 袁义生，袁世英著. -- 成都：西南交通大学出版社，2025.5. -- ISBN 978-7-5774-0408-0

Ⅰ.TM464

中国国家版本馆 CIP 数据核字第 20250K9W68 号

Liangjishi Nibianqi Zaixian Xiaolü Youhua Jishu
两级式逆变器在线效率优化技术

袁义生　袁世英　著

策 划 编 辑	黄庆斌　黄淑文　周　杨
责 任 编 辑	谢玮倩
责 任 校 对	蔡　蕾
封 面 设 计	GT 工作室
出 版 发 行	西南交通大学出版社 （四川省成都市金牛区二环路北一段 111 号 　西南交通大学创新大厦 21 楼）
营销部电话	028-87600564　028-87600533
邮 政 编 码	610031
网　　　址	https://www.xnjdcbs.com
印　　　刷	成都市新都华兴印务有限公司
成 品 尺 寸	170 mm × 230 mm
印　　　张	15.75
字　　　数	230 千
版　　　次	2025 年 5 月第 1 版
印　　　次	2025 年 5 月第 1 次
书　　　号	ISBN 978-7-5774-0408-0
定　　　价	68.00 元

图书如有印装质量问题　本社负责退换
版权所有　盗版必究　举报电话：028-87600562

前 言
PREFACE

　　由化学电池、光伏阵列及燃料电池等供电的两级式逆变器在新能源发电、交通、通信等领域已经获得广泛应用。提升两级式逆变器工作效率是学界永远追逐的目标。传统两级式逆变器的工作效率由硬件设计和工作环境决定,无法根据工作环境提升效率和优化控制。为此,本书研究了两级式逆变器在线效率优化技术,对此进行了广泛的理论分析和实验验证。

　　本书共分为7章。

　　第1章为绪论,总体介绍了两级式逆变器的应用背景及研究现状。

　　第2章为两级式逆变器电路及其工作原理,详细阐述了两级式逆变器的工作原理,重点包括前级 Boost 电路及后级单相全桥逆变器的各工作模态及电路元器件相关参数设计。

　　第3章分析了两级式逆变器中间直流母线电容电压二次电压纹波产生的原因、二次电压纹波大小的计算及直流母线电压低频纹波对两级式逆变器系统造成的影响,重点讨论了三种抑制母线电压低频纹波的方法。

　　第4章对前级 Boost 电路和后级单相全桥逆变电路进行基本公式推导,分析前后级电路中开关管损耗、二极管通态损耗和电感的铜损与铁损,结合损耗简化式得出两级式逆变器基本损耗简化模型。

　　第5章首先讲述了中间母线电压对两级式逆变器效率的影响,然后对比两种控制方法对前级电路效率的影响,最后提出了在线效率优化控制方法。

　　第6章为开关管自适应驱动技术,分别提出了一种电流源驱动电路、一种新型变恒流驱动电路、功率管自适应开通和关断驱动技术和方法。

　　第7章为总结及展望。

感谢国家自然科学基金项目"两级式逆变器在线效率优化及相关问题研究"（51467005）的资助。感谢华东交通大学电气与自动化工程学院曹晖老师给予的帮助。感谢义生堂在这个领域的研究生团队成员，他们是伍群芳、周盼、田纪云、胡根连、钟青峰、张育源、毛凯翔、邱志卓、陈进、李怀谷、朱本玉，他们的研究成果是本文的重要支撑。

本书详细地介绍逆变器的工作原理、数学建模、设计及其控制，可作为学术研究、产品开发等专业技术人员或产品工程师的参考用书，也非常适合作为电力电子及电力传动专业的研究生学习逆变器的基础教材。

由于作者水平有限，书中疏漏在所难免，恳请读者批评指正。最后，感谢所有参与本书编写、审稿和出版工作的同仁，感谢他们为本书付出的辛勤努力。

作 者
2024.9.29

主要符号说明

U_{in}	两级式逆变器输入电压
U_b	直流母线电压值
ΔU_{dc}	直流母线二次电压纹波
u_o	两级式逆变器输出电压
U_o	两级式逆变器输出电压有效值
L_f	Boost 变换器输入电感
L_b	全桥逆变器输出滤波电感
C_o	全桥逆变器输出滤波电容
Z_L	负载
Q	开关管
D	二极管
C_b	中间直流母线电容
i_{in}	前级 Boost 变换器输入电流
i_b	后级逆变器输入电流
i_o	两级式逆变器输出电流
I_o	两级式逆变器输出电流有效值
ω_o	两级式逆变器输出电压角频率
f_o	两级式逆变器输出电压频率
P_o	系统输出有功功率
p_o	系统输出瞬时功率

i_{Lf}	输入电感电流
p_{dc}	前级直流变换器瞬时输出功率
p_{inv}	后级逆变器瞬时输入功率
φ	输出负载阻抗角
D_f	前级 Boost 电路的占空比
D_b	后级逆变全桥电路占空比

目 录
CONTENTS

1 绪 论 1
   1.1 应用背景 1
   1.2 两级式逆变器研究现状 1
   1.3 两级式逆变器效率问题 2
   1.4 本书编排及内容 6

2 两级式逆变器电路及其工作原理 9
   2.1 两级式逆变器前级 Boost DC/DC 变换器 10
   2.2 两级式逆变器后级 DC/AC 逆变器 15
   2.3 小结 21

3 两级式逆变器二次低频纹波问题及控制方法 22
   3.1 两级式逆变器二次低频纹波分析 22
   3.2 改进的前级电路控制方法 38
   3.3 逆变器后级瞬时功率前馈控制方法 47
   3.4 基于电荷平衡的变结构控制方法 53
   3.5 小结 61

4 两级式逆变器损耗模型 63
   4.1 两级式逆变器基本损耗模型 63
   4.2 基于 Datasheet 的 IGBT 损耗模型 69

  4.3 二极管反向恢复特性的建模 76

  4.4 基于遗传优化支持向量机的两级式逆变器的损耗建模 97

  4.5 小结 111

5 在线效率优化控制方法 113

  5.1 影响两级式逆变器效率的因素 113

  5.2 前级 DC/DC 变换器的控制 121

  5.3 二自由度控制下的后级单相逆变器控制 127

  5.4 两种控制对两级式逆变器前级电路损耗的影响 138

  5.5 基于中间母线电压调整的效率优化控制 155

  5.6 小结 175

6 开关管自适应驱动技术 177

  6.1 恒流源驱动电路 177

  6.2 可变电流源驱动电路 189

  6.3 开关管自适应驱动电路 197

  6.4 小结 231

7 总结及展望 233

  7.1 总结 233

  7.2 展望 236

参考文献 237

1 绪 论

1.1 应用背景

由传统的化学电池、光伏阵列及燃料电池等供电的逆变器在交通、通信和新能源发电等领域广泛应用。此类逆变器主电路有单级、两级串联和三级串联三种结构。单级逆变器结构简单、效率高。除了常见降压型的单级单/三相逆变器外，不隔离型的 Z 源逆变器和 Buck-Boost 单级逆变器研究[1]也较多；隔离型的则以单相高频链逆变器[2]研究较多，但缺点是输入电压宽范围波动时，因变压器变比大而导致副边的开关管电压应力高、不便选型。三级结构逆变器采用的是 DC/DC+DC/DC+DC/AC 方案，一般用在需要高频隔离的场合。一种类型的中间级 DC/DC 电路采用的是满占空比不调制的软开关高频隔离电路（如移相全桥电路或全桥 LLC 谐振电路）；另一种类型[3]的中间级 DC/DC 电路功能是将直流电压变换成全波电压，再由后级 DC/AC 做工频切换展开成正弦波电压。三级结构逆变器因为结构复杂，效率不高而使其应用受到局限。所以，最广泛应用的就是 DC/DC+DC/AC 的两级式逆变器。

1.2 两级式逆变器研究现状

由于电池的易耗性、光源的波动性，逆变器的效率指标往往比较苛刻，如光伏逆变器的欧洲效率和美国效率标准都是将产品在不同负载下的效率数据加权而得到的，这体现了对装置全工作范围效率的重视。所以，研究两级式逆变器全工作范围内的效率问题具有代表性且是重要的。

目前，对高效率两级式逆变器的研究主要体现在单个的拓扑结构和调制策略两方面。在单级拓扑方面，隔离型 DC/DC 电路以移相全桥软开关电路[4]和 *LLC* 谐振电路[5]为代表；非隔离型 DC/DC 电路中结合 Interleave 技术实现软开关的研究[6]较多；许多软开关 DC/AC 电路[7]有提出，但因为比传统的 NPC 逆变电路效率提高不多，结构却复杂很多，所以实际应用较少。在调制策略方面，在三电平以下变流器中的优化空间矢量 PWM（脉冲宽度调制）技术[8]和在更高电平变流器中的优化载波移相 PWM 技术[9]也都可以降低变流器的开关频率及损耗。

1.3 两级式逆变器效率问题

这些拓扑和调制策略的研究成果被组合应用来提高整个逆变器的效率，但存在的问题是：① 前后级电路各自相对独立设计，没有从系统级考量效率的优化。② 当前后级电路设计完成、控制算法实现后，逆变器在运行时的效率就取决于不再变动的软硬件参数和变化的外部环境了，系统效率无法根据变化的运行环境而调整优化。这种离线型设计方法是无法用固定的设计来实现全输入电压范围、全负载范围和环境温度下的效率优化的。所以，研究适应运行环境变化的在线式效率优化问题是一个值得尝试和突破的新方向。

适应运行环境变化的在线式效率优化方法的研究同样也可分为拓扑和控制两方面。在拓扑方面，以简单的变结构为多，如 Boost 电路+DC/AC 电路的单相光伏逆变器中，当输入电压高于 360 V 时，有些设计就会用一个继电器将 Boost 电路旁路，使 PV 输入电压直接馈入中间直流母线 U_b，从而提高系统效率。在控制方面，文献[10]对 FB-Boost 提出了一种三模式双频调制方法，使得电路能根据输入电压高低而改变工作模式，获得宽输入范围下的高效率。但这些方法都因电路而异设计，不具有普适性。所以，研究的重点应该是在线式效率优化的共性控制方法。这包括系统层面的共性问题以及单级电路的共性问题。两级式逆变器结构如图 1-1 所示。

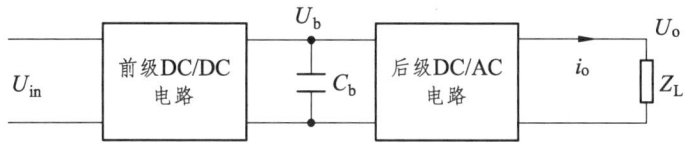

图 1-1　逆变器结构

从系统层面而言，当电路、器件及 PCB 设计好后，逆变器的效率取决于输入电压 U_{in}，输出电压 u_o，负载电流 i_o 以及中间母线电压 U_b。前三项是不可控外部环境因素，只有中间母线电压 U_b 是可控因素。所以，从系统层面在线调整两级式逆变器效率应该从调整 U_b 入手。传统的方法是先根据后级 DC/AC 电路输出电压等级和最大占空比，以及 U_b 的低频纹波来划定 U_b 的下限，再结合动态响应下的波动范围和逆变电路开关管电压等级来大致确定一个 U_b 值。然后，在调试过程中测试—再调整—再测试，这既浪费时间又难以把握。笔者在为外企研发一款 30 kW 的 UPS（不间断电源）时，就曾将 U_b 从初期设计的 360 V 再测试后提高到 385 V，使得系统效率提高了 0.47%。这个问题的根源在于与效率相关的因素太多，传统的方法无法设计出一个优化了的固定 U_b 值。反之，固定的 U_b 值也无法在 U_{in}、u_o 和 i_o 变化的条件下都得到优化的效率。笔者在一个谐振式推挽电路+全桥 DC/AC 电路的车载逆变器[11]中，对前级电路采用了固定占空比控制而使 U_b 随 U_{in} 变化而线性变化的方案，获得了比固定 U_b 方案更高的系统效率。在空载下对两级式变流器的前级电路实行间歇性控制的方法[12]，让 U_b 在一定范围内波动，也大幅降低了系统的空载损耗。在有源电力滤波器中调节 U_b 也获得了综合的优化效率和谐波补偿特性[13]，但其缺点是以下调 U_b 就可以提高效率为前提，不能普遍适用。这些方法都证明了不固定 U_b 的设计确实在一些逆变器中更能够提高系统效率。所以，应该研究适合所有电路的调节 U_b 来优化系统效率的方法。

笔者在发明专利[14]中提出了在两级变流器中调节 U_b 来优化效率的初步方法。文献[15]中则对模块化并网逆变系统提出了将 U_b 划分为三个区间（见图 1-2）来调制以优化欧洲效率的方法。但还有些尚待深入研究的上下游问题，包括：

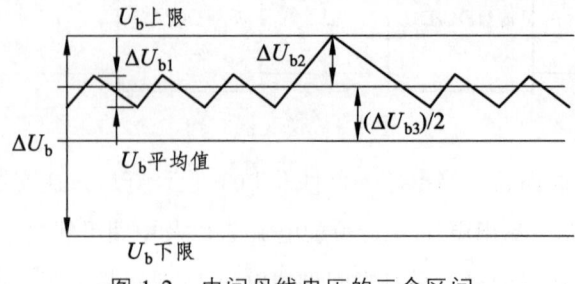

图 1-2　中间母线电压的三个区间

（1）拓宽 U_b 可调节范围以拓宽优化效率空间的控制技术。U_b 的波动包括静态下的低频波动（纹波）ΔU_{b1} 及负载投卸下的快速动态波动（升降）ΔU_{b2}，在总的允许的 ΔU_b 的限制下，在线优化效率可调节 U_b 的范围 ΔU_{b3}（$\Delta U_{b3} = \Delta U_b - \Delta U_{b1} - \Delta U_{b2}$）取决于 ΔU_{b1} 和 ΔU_{b2}。所以，研究降低逆变级对 U_b 带来的低频纹波 ΔU_{b1}，以及降低负载投卸下的 ΔU_{b2} 的前级 DC/DC 控制技术是拓宽在线效率优化空间的关键之一。在电流控制环引入陷波器的方法[16]，降低了前级电流的低频纹波并提高了 U_b 的动态响应速度，但并没有降低 U_b 的低频纹波，甚至可能增加 U_b 的低频纹波。引入功率前馈控制[17]可以提高 U_b 的动态响应，但其只分析了三相逆变器，在单相逆变器中受低频分量影响该方法也需要改进。所以，应该先后研究低频纹波抑制技术、动态响应改进技术及其组合后的特性。

（2）在线调整 U_b 优化效率的控制环与系统中其他控制环节、外部因素（U_{in}，u_o，i_o）的关联性分析、算法设计以及行为模型的建立。在系统中，调整 U_b 的控制环是最外环，内部则可能是直接电压控制环或者平均电流控制环等。理论上，最外环带宽最小，调整最慢，以降低对内环控制的影响。这点与两级式光伏并网逆变器常见的外部最大功率跟踪（MPPT）环加上内部的电压或者电流环控制类似。但不同的是，并网逆变器的 MPPT 控制速度取决于光照的波动，而调整 U_b 的控制环速度将与内部电压环速度（在电压型逆变器中）或者 MPPT 环速度（在电流型逆变器中），以及器件参数等因素相关，所以必须研究它们的关联性。在此基础上，研究合适的算法并分析效率调节过程的行为级模型才能厘清控制规律。

（3）解决建立（U_{in}, U_b, P_o, η）四维模型的问题。有了这个模型，一方面可以更快地接近（U_{in}, P_o, η_{max}）下的 U_b 值；另一方面也为了解电路的特性及改进设计提供了依据。但四维模型的高度非线性，不能够用常见的解析公式来获得，还应该引入智能的算法配合测试来解决。

从单级电路层面来在线优化效率，含控制算法、PWM 调制技术和驱动控制三个方面。（1）在系统外部环境稳定条件下，控制算法产生的占空比也是稳定的，对单级电路效率的影响不大。（2）用 PWM 调制技术来改善电路效率，要根据不同电路来设计，不具有普遍性。（3）最具有普适性的应该是研究驱动控制对效率的影响。传统的驱动电路参数固定，包括减小同步整流死区时间的电流源驱动电路[18]与降低驱动电路损耗的谐振型驱动电路[19]等，都是参数固定型设计。文献[20]中进一步提出了随开关电流提高驱动电路速度的方法，但没有考虑带来的关断电压尖峰问题，造成大电流下更高的电压尖峰使器件损坏。所以，需要综合考虑开关电路参数、开关电流和关断电压尖峰间的关系，研究能够适应电流变化的在线优化开关管全范围开关损耗的驱动控制方法。

综上所述，针对逆变器中最典型的两级式逆变器，在硬件设计固定的情况下，从系统层面研究以调节 U_b 为手段的在线效率优化方法相关的拓宽 U_b 可波动范围的控制技术、在线效率优化控制算法设计与分析技术、多变量的效率建模方法，以及从单级电路层面研究负载适应的实时效率优化驱动电路控制方法，才能够解决两级式逆变器无法离线效率优化的问题，提高逆变器运行效率。同时，两级式逆变器包含的 DC/DC 变流器和 DC/AC 逆变器也是其他带中间母线电压的两级式变流器的基础，本项目研究的成果也可以拓展应用到 AC/DC+DC/DC，DC/DC+DC/DC 以及 AC/DC+DC/AC 的系统中，促进众多电力电子装置效率的提升。

1.4 本书编排及内容

全书内容共分 7 章,各章内容安排如下:

第一章为绪论。其主要讨论两级式逆变器的应用背景及研究现状,重点探讨两级式逆变器在线效率优化及相关问题研究。

第二章为两级式逆变器电路及其工作原理。其主要阐述了两级式逆变器前级 Boost 电路及后级单相全桥逆变器的各工作模态及电路元器件相关参数设计,包括开关器件、续流二极管和滤波网络的设计。

第三章为两级式逆变器二次低频纹波问题及控制方法。本章分析了两级式逆变器中间直流母线电容电压二次电压纹波的产生原因,二次电压纹波大小的计算,以及直流母线电压低频纹波对两级式逆变器系统造成的影响;重点讨论了三种抑制母线电压低频纹波的方法:电压反馈环节加入陷波器、后级逆变器瞬时功率前馈、基于电荷平衡控制的变结构控制方法。这些方法用来改善两级式逆变器中间母线电压的动态特性。

第四章为两级式逆变器损耗模型。本章首先对两级式逆变器前级和后级电路基本结构和工作原理进行阐述,详细对前级 Boost 电路和后级单相全桥逆变电路进行分析,然后对前后级电路基本公式进行推导,随后结合开关管开通和关断过程中电压电流变化推导开关管一个周期内的开关损耗,分析前后级电路中开关管通态损耗、二极管通态损耗和电感的铜损铁损,结合损耗简化式得出两级式逆变器基本损耗简化模型。

第五章为在线效率优化控制方法。首先,讲述了影响两级式逆变器效率的因素,包括一般影响因素和中间母线电压对效率的影响因素。其次,讨论了前级 Boost 变换器的建模与控制设计:采用电压外环电流内环的双环控制策略的设计方法及控制参数的选取,其中电流环采用传统的 PI(比例积分)控制器,而电压环采用的是单零点双极点的控制器,从而达到更好的控制效果;运用 saber 软件搭建 Boost 变换器的电路模型仿真并搭建了实验平台测试来验证电压外环电流内环的双环控制的正确性和有效性。再次，为了改善不同负载下的逆变器输出波形，提出二自由度控制的方法，通过独立设计两组 PI 参数来分别调节系统的目标跟踪特性和抗干扰能力，并设参考输入为单位阶跃信号，投入不控整流性负载时二极管导通模式，通过各自设定传统控制与二自由度 PI 控制参数的仿真结果，分析可知采用二自由度 PI 控制方法的单位阶跃响应速度要比采用传统控制方法快速。最后分析了两种控制方法对两级式逆变器前级电路损耗的影响，阐述了中间母线电压二次谐波的来源，制作了一台 900 W 的样机进行实验。实验结果表明，采用功率前馈控制能明显抑制中间母线电压二次纹波，但会使得效率下降，通过损耗理论计算和实验测试证明了本文所建立的损耗模型的正确性和有效性。

  第六章为开关管自适应驱动技术。

  首先提出了一种电流源驱动电路，相比较于传统的驱动电路，采用的是一个恒流源来驱动主电路的开关管，从而能够提升主电路开关管的导通速度，达到减小开关损耗的目的。第一部分介绍了该电流源驱动电路的拓扑结构，并根据工作波形对电路的工作原理和各个工作状态进行了详细分析，由于电感放电过程的回路包含了驱动电源，所以电感上的能量一部分反馈回了驱动电源，从而减小了能量的损耗。第二部分对实现驱动电路开关管的逻辑信号进行了分析，对驱动电路的损耗进行分析计算，给出了驱动电路电感参数设计和其他元件参数的设计。第三部分通过实验，对所提电流源驱动电路进行了验证，实验结果证明所提电流源驱动电路相比传统驱动电路在主电路开关管驱动速度方面有明显的提高，实现了降低开关损耗的目的。该电流源驱动电路主要存在的问题是，在驱动过程中驱动电路中存在一个环流，会造成驱动损耗。

  其次介绍了一种新型变恒流驱动电路，该新型变恒流驱动采用恒流源驱动，驱动电流可调节，基本原则是电压尖峰不会超过最大允许值，且可实现实时调节；介绍了变恒流驱动电路的拓扑结构，对推挽驱动电路工作原理进行分析，根据工作波形对驱动电路的各个模态进行了分析，包括导通阶段、电感预充电阶段、驱动恒流放电阶段、关断阶段和死区阶段；并对驱动电路的开关管、电感和 RCD 缓冲电路的各个参数进行推导分析设计，提出了由 DSP 进行控制的实现方法及电路。

最后提出了功率管自适应开通和关断方法。第一部分介绍了电流自适应功率管关断方法，用电流指令信号来调节驱动电路的关断电流大小，电流指令信号越大，驱动电流的关断电流越小，反之相反。基于平均电流控制的 Boost 电路，以器件的关断电压尖峰不大于额定电流下器件的关断电压尖峰为设计原则，使用一个晶体管电路来实现电流指令对驱动关断电流的调整，使开关管在小电流下的关断速度更快，关断损耗更小。该部分还分析了器件关断特性，讨论了尖峰电压与驱动电流和漏感之间的关系。第二部分提出了一种负载自适应的功率管开通方法，功率管的开通速度可随负载的变化而自适应地调整，同样基于平均电流控制型 Boost 电路，以小电流下功率管的开通电流尖峰不大于额定电流下功率管的开通电流尖峰，阐述所提出方法的控制原理，详细分析恒流驱动下功率管的开通特性及开通损耗。

第七章为总结及展望。其主要内容为对全文的总结及对后续工作的进一步的展望。

2 两级式逆变器电路及其工作原理

目前，锂电池、铅酸电池、燃料电池、太阳能以及风能等新能源在发电领域和电动汽车领域得到了广泛应用，这些新能源的利用都离不开逆变器。而常见的化学电池、光伏阵列电压等级较低且波动大，为了保证逆变器能输出标准的正弦市电，须在逆变器的输出侧附加一个升压的工频变压器。工频变压器通常具有体积庞大、安装不方便、使用寿命有限、存在噪声、功率密度小、存在能量损耗、变压器原副边匝比固定致使输入电压的波动范围有限等固有的局限性，因此在实际的应用中，通常在逆变器的前级加入直流变换器电路，实现逆变器输入输出的电压匹配与电气隔离，从而构成两级式逆变器。

图 2-1（a）所示为两级式逆变电路的结构示意图，图 2-1（b）所示为两级式逆变器拓扑结构。两级式逆变电路在电路结构方面，前级一般采用 Boost 升压电路或者带隔离变压器的推挽电路，后级一般采用全桥单相逆变电路和三相逆变电路。本书中，两级式逆变电路的结构前级选用 Boost 升压电路，后级选用单相全桥逆变电路，中间用大的电解电容进行连接，用来实现电路的解耦控制。

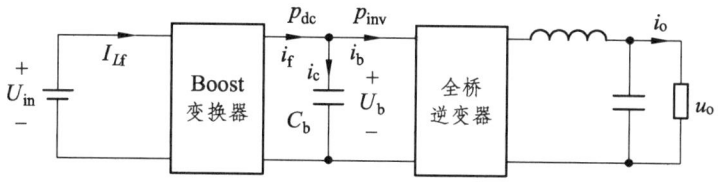

（a）两级式逆变器的结构示意图

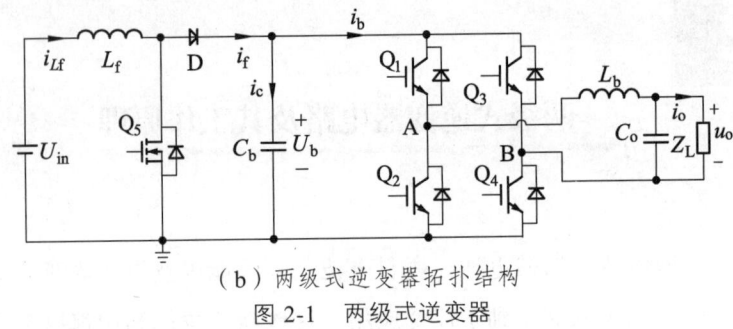

(b) 两级式逆变器拓扑结构

图 2-1 两级式逆变器

2.1 两级式逆变器前级 Boost DC/DC 变换器

2.1.1 Boost 电路工作原理

Boost 直流变换器的作用是将低电压升压到一个稳定的高压。图 2-2 为它的主电路拓扑结构，其中：Q_5 是功率开关管，在此使用 MOSFET（金属-氧化物-半导体场效应晶体管）；D 是功率二极管，使用的是超快恢复二极管；C_b 为输出滤波电容；L_f 是滤波电感；Z_L 是功率负载。

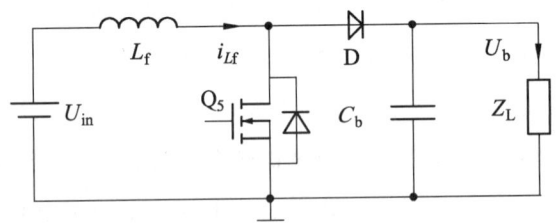

图 2-2 Boost 的主电路拓扑结构

开关管 Q_5 在一个开关周期的导通与关断，使 Boost 电路有 2 种工作模式[21]，如图 2-3 所示，分析过程如下：

工作模式一：开关管 Q_5 开通，二极管 D 反向截止，输入电压 U_{in} 给电感 L_f 充电，电感两端承受的电压为 U_{in} 大于零，流经电感的电流线性增加。输出电压由滤波电容 C_b 独自承担，电压下降。

工作模式二：开关管 Q_5 关断、二极管 D 导通，此时电感的电压是（$U_{in}-U_b$）小于零，电感电流线性减小。此时，输入电压 U_{in} 和电感 L_f 共同向负载电阻提供能量，且向滤波电容 C_b 提供能量，电容电压增加。

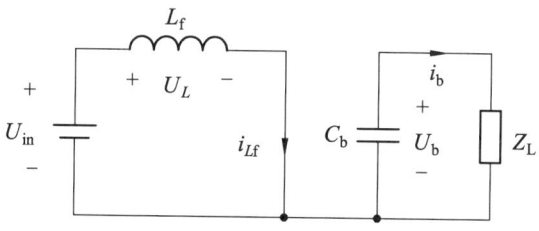

（a）开关管导通，二极管关断

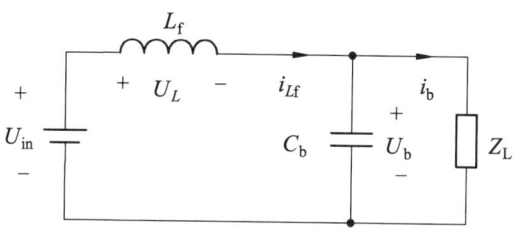

（b）开关管关断，二极管导通

图 2-3　Boost 电路工作模式

Boost 直流变换器工作模式通常为连续工作模式和断续工作模式，为了减小电感电流的电流尖峰，以及数字控制采样的局限性，通常使直流变换器 Boost 电路工作在连续模式下。图 2-4 所示为 Boost 电路在连续模式下的稳态工作波形。

2.1.2　Boost 电路参数设计

下面讨论 Boost 主电路的参数设计公式。Boost 主电路的参考技术指标以下面为例来计算：直流输入电压 U_{in} 为 100 V，输出电压 U_b 为 200 V，输出功率 P_o 为 500 W，开关频率 f_s 为 20 kHz。主电路参数设计包括开关管、二极管的选取，滤波电感的设计，输出电容的确定。

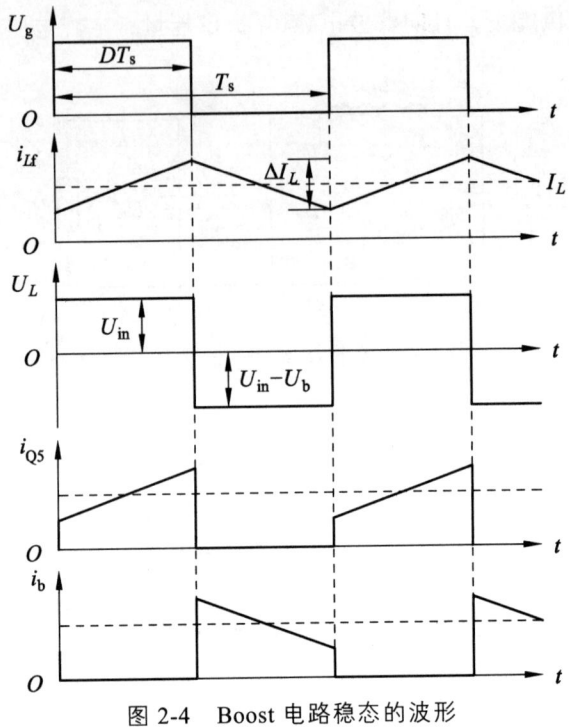

图 2-4 Boost 电路稳态的波形

1. 滤波电感的设计

通常情况下，滤波电感的选择须确保在最小的负载情况下，电感电流仍工作在临界模式。在电感电流连续的状态下，可推导 Boost 的输出电压 U_b 和输入电压 U_{in} 的关系式：

$$U_b = \frac{U_{in}}{1-D_f} \quad (2\text{-}1)$$

其中，D_f 表示占空比。假设 Boost 变换器的效率 η 为 90%，负载在 20% 的额定负载下工作于临界模式，则根据功率平衡得

$$I_{Lf} = \frac{0.2 P_o}{U_{in} \eta} \quad (2\text{-}2)$$

式中：I_{Lf} 为临界模式下电感电流的平均值。

2 两级式逆变器电路及其工作原理

定义电感电流的纹波系数 γ 为

$$\gamma = \frac{\Delta I_{Lf}}{I_{Lf}} \tag{2-3}$$

式中：ΔI_{Lf} 为电感电流纹波的峰值。

在临界模式下电感电流纹波系数 $\gamma=2$，因此由式（2-2）、式（2-3）可得

$$\Delta I_{Lf} = \frac{0.4 P_o}{U_{in} \eta} \tag{2-4}$$

在开关模态一下，根据电感电压和电流的关系，可得电感电流纹波峰值 ΔI_{Lf} 为

$$\Delta I_{Lf} = \frac{U_{in} D_f}{L_f \cdot f_s} \tag{2-5}$$

联立式（2-4）与式（2-5）可得

$$L_f = \frac{U_{in}^2 (U_b - U_{in}) \eta}{0.4 U_b P_b f_s} \tag{2-6}$$

由式（2-6）可得电感值为 1.125 mH，实际选择感值为 1 mH 的电感。

2. 功率开关管选取

选择功率开关管时，通常关注它能承受的最大压降 U_{DS}，以及导通时流过的平均电流 I_D。由 Boost 变换器的工作模态二可知，当开关管关断时，其承受的电压大小为 Boost 的输出电压 U_b。Boost 变换器的主功率开关管选用 MOSFET。考虑到线路寄生电感引起的电压尖峰，应当留有裕量，在此选用裕量为 2，因此有

$$U_{DSS} > 2 U_b \tag{2-7}$$

因 U_b=200 V，所以 U_{DSS} > 400 V。

由 Boost 变换器的工作模态一可知，当开关管开通时，流过开关管的电流为 Boost 电路的电感电流上升的那部分，因此可以用电感电流的值来

确定开关管的电流。考虑留有一定的裕量，因此有

$$I_D > 2 \times \frac{P_{in}}{U_{in}} = 10 \text{ A} \tag{2-8}$$

综合上述结果，Boost 电路的开关管采用 IRFP460，承受的最大压降为 500 V，额定电流为 20 A。

3. 功率二极管的确定

选择功率二极管时，通常关注它能承受的反向最大压降 U_{RRM}，导通时流过的电流 I_F，正向压降，反向恢复时间。

Boost 变换器中续流二极管 D 工作在高频状态下，为了能保证在一个开关周期可以实现关断与导通，应该选择具有较快恢复特性的二极管。当功率二极管反向关断时，其承受的电压为 Boost 的直流输出电压 U_b，考虑到线路寄生电感引起的电压尖峰，应当留有裕量，在此选用裕量为 1.5，因此有

$$U_R > 1.5 U_b \tag{2-9}$$

把 $U_b = 200$ V 代入式（2-9），得 $U_R > 300$ V。

二极管导通时，通过二极管的电流为 Boost 电路的电感电流下降的那部分，考虑留有一定的裕量，因此有

$$I_F > 1.5 \times \frac{P_{in}}{U_{in}} = 7.5 \text{ A} \tag{2-10}$$

综合上述结果，Boost 电路的功率二极管采用 APT30DQ60BG，可以承受的最大反向压降为 600 V，额定电流为 30 A。

4. 电容的选取

由于前级 Boost 的输出滤波电容恰好是两级式逆变器的母线电容。母线电容的大小与后级输出功率 P_o、母线电压 U_b、二次纹波电压 ΔU_b 的大小有关，具体关系如下：

2 两级式逆变器电路及其工作原理

$$\Delta U_\mathrm{b} = \frac{U_\mathrm{b} I_{Lf}}{4\omega_\mathrm{o} C_\mathrm{b} U_\mathrm{b}} = \frac{P_\mathrm{o}}{2\omega_\mathrm{o} C_\mathrm{b} U_\mathrm{b}} \quad (2\text{-}11)$$

由式（2-11）可计算出直流母线电容为

$$C_\mathrm{b} \geqslant \frac{P_\mathrm{o}}{2\omega_\mathrm{o} \Delta U_\mathrm{b} U_\mathrm{b}} \quad (2\text{-}12)$$

本次设计输出功率 P_o 为 500 W，二次纹波角频率 ω_o 为 314，母线电压 U_b 为 200 V，在本书确定二次纹波电压 ΔU_b 为 2% 的母线电压 U_b，由式（2-12）可计算出直流母线电容为 $C_\mathrm{b} \geqslant \dfrac{500}{2 \times 314 \times 4 \times 200} = 995\ \mu\mathrm{F}$。

中间直流母线电容采用三个 450 V/470 μF 的电解电容并联，这样不仅可以满足电容容值的要求，还可以减小电解电容的寄生电阻和寄生电感。

2.2 两级式逆变器后级 DC/AC 逆变器

2.2.1 DC/AC 逆变器电路工作原理

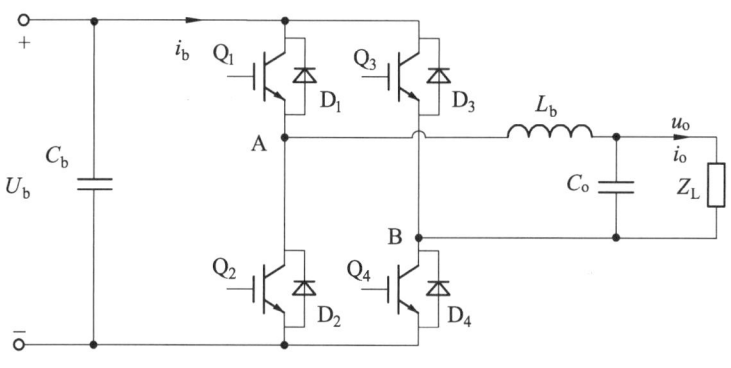

图 2-5 单相全桥逆变主电路图

图 2-5 是单相全桥逆变主电路结构，为了降低开关管的开关损耗，通常采用单极性控制。规定 Q_1 和 Q_2 为低频臂（工作频率为 50 Hz），Q_3 和 Q_4 为高频臂（工作频率为 20 kHz）。常见的分配开关管驱动脉冲的方法有两种[22]：

（1）轮换高低频桥臂方式。这种模式在一个工频周期内，每个开关管依次工作在高频和低频模式下，因此每个开关管的损耗基本相同，有利于散热。

（2）固定高低频桥臂方式。这种模式在一个工频周期内，一个桥臂的开关管始终工作在低频模式下，另一个桥臂的开关管始终工作在高频模式下。这种工作模式设置简单，能够降低逆变电路的高频电压扰动，降低共模干扰。

本书以固定高低频桥臂方式来进行分析。图 2-6 所示为单相全桥逆变器单极性 4 种工作模态，详细的分析过程如下[23-24]：

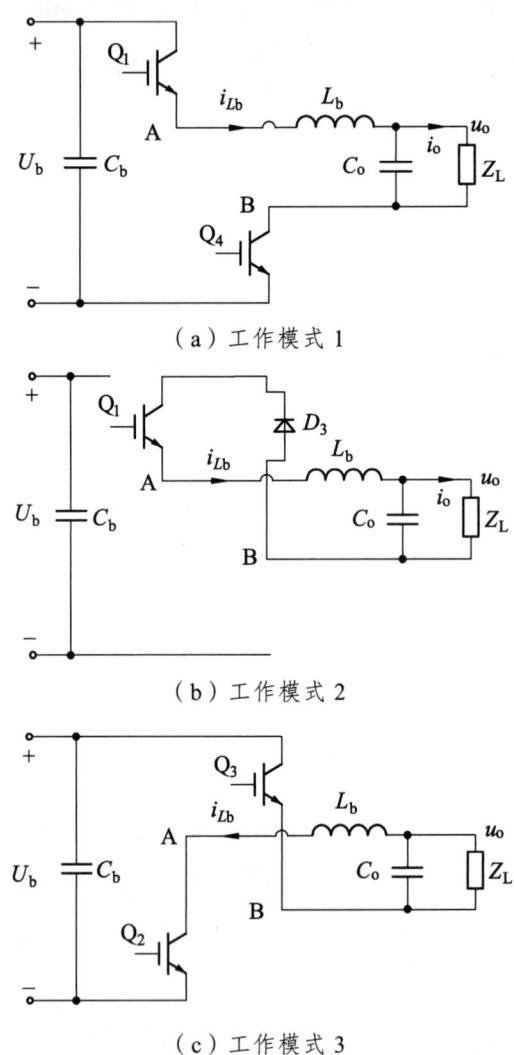

（a）工作模态 1

（b）工作模态 2

（c）工作模态 3

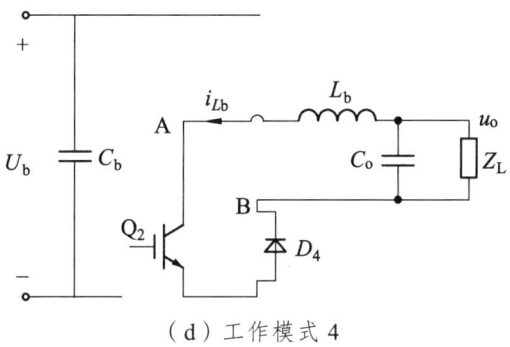

（d）工作模式 4

图 2-6　全桥逆变器工作模式

工作模态一：低频臂开关管 Q_1 导通，Q_2 关断，高频臂开关管 Q_4 导通，Q_3 关断。输入电压 U_b 大于输出电压，电感电流增大。此时，输入电压向负载和电感传递能量。两个桥臂之间的电压 u_{AB} 为 U_b。

工作模态二：低频臂开关管 Q_1 导通，Q_2 关断，高频臂开关管 Q_4 关断，Q_3 关断。由于电感的电流不会突变，此时电流将流经 Q_1 和 D_3，电感两端的电压为输出电压 $-u_o$，电感电流将减小，两个桥臂之间的电压 u_{AB} 为 0。

工作模态三：低频臂开关管 Q_2 导通，Q_1 关断，高频臂开关管 Q_3 导通，Q_4 关断。输入电压 U_b 大于输出电压，电感电流反向增大，此时输入电压向负载和电感传递能量，两个桥臂之间的电压 u_{AB} 为 $-U_b$。

工作模态四：低频臂开关管 Q_2 导通，Q_1 关断，高频臂开关管 Q_3 关断，Q_4 关断。由于电感电流不会突变，此时电流将流经 Q_2 和 D_4，电感两端的电压为逆变器的输出电压 u_o，电感电流下降，两个桥臂之间的电压 u_{AB} 为 0。

2.2.2　单相逆变电路主电路参数的设计

下面论述单相全桥逆变电路参数设计公式，同时以参考技术指标来计算：输入电压为 200 V，逆变的输出电压有效值为 110 V，逆变电压的频率为 50 Hz，输出功率为 500 W，开关频率为 20 kHz。

1. 功率开关管选取

对于逆变器的功率开关管来说，由前面工作模态一和工作模态四的分析可知，功率开关管必须要并联一个反向的二极管。由于 MOSFET 自带的反向二极管的特性一般较差，所以单相全桥逆变器的 4 个主功率开关管均采用 IGBT（即绝缘栅双极晶体管，IGBT 虽不会自带二极管，但在制造时，一般都反并联一个特性较好的二极管）。由前面的模态分析可知，当开关管关断时，它两端的电压恰好为输入电压，考虑到线路寄生电感引起的电压尖峰，应当留有裕量，在此选用裕量为 1.5，因此可得

$$U_{CES} > 1.5 U_b \qquad (2\text{-}13)$$

把参数代入式（2-13），可得 U_{CES}=300 V。

开关管开通时，开关管的电流为输出电流的一部分，可以用输出电流进行近似估计并留一定的裕量，可得

$$I_c > 1.5 \times \sqrt{2} \times \frac{P_o}{U_{orms}} \qquad (2\text{-}14)$$

计算得 I_c=9.64 A，综上所述，开关管选用 FGA180N33ATD，承受的最大压降为 330 V，额定电流为 180 A。

2. 输出滤波器设计

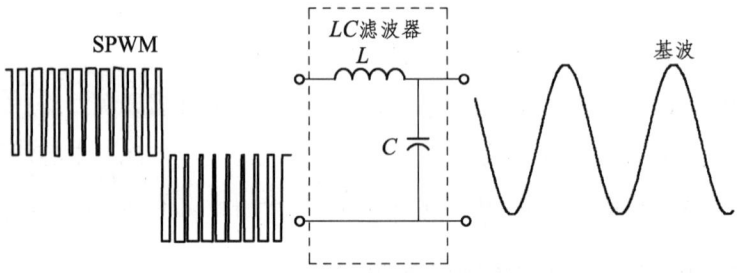

图 2-7　逆变器输出 LC 滤波器

单相 SPWM（正弦脉冲宽度调制）全桥逆变器的输出滤波器选用 LC 滤波器，目的是滤除逆变器输出电压中频率为开关频率及其邻近频带的谐波[25]。其工作示意如图 2-7 所示。LC 滤波器是一个二阶低通滤波器。对于滤波器的设计，可以借助滤波器的增益函数的波特图来分析它的幅频特性，根据幅频特性来指导设计滤波器的参数。LC 滤波器的转折频率 f_c 的选取原

则通常大于基波频率小于谐波频率即可，但是考虑到滤波器的过渡带，且在 50 Hz 处有很大的增益，而在开关频率 f_s 处的增益远小于 1，故在工程实际应用中，该转折频率一般按式（2-15）的关系选取：

$$10f_o < f_c < \frac{1}{10}f_s \qquad (2\text{-}15)$$

输出电压频率 f_o 为 50 Hz，开关频率 f_s 为 20 kHz，在此确定 f_c=2 kHz。

对于 LC 滤波器，首先要确定电感。通常根据电流纹波的大小确定电感，一般是功率越大，选择的电感越小。对于单极性的全桥逆变电路来说，在半个周期中，本质上就相当于一个 Buck 电路，因此逆变器输出电压的幅值不可能大于输入的直流电压。分析可得，在输出电压过零点处，电感电流的纹波值 ΔI_L 最大。考虑最恶劣的情况下，即在输出电压为零时，电感的作用时间等于整个开关周期 t_s，因此可求得

$$\Delta I_{L\max} = \frac{U_b}{2Lf_s} \qquad (2\text{-}16)$$

式中：U_b 为直流母线电压，L 为电感值，f_s 为开关频率。

由式（2-16）便可确定电感值，此处选择电感 L 的感值为 1 mH。

3. 滤波电容

由于逆变器的输出电压存在正负极性，所以滤波电容选择无极性的电容，又因为滤波电容容值的种类相对较少，故可以根据截止频率的范围来确定容值。

根据 LC 的截止频率计算公式：

$$f_c = \frac{1}{2\pi\sqrt{LC}} \qquad (2\text{-}17)$$

式中：f_c 为截止频率。

因此，对于 f_s=20 kHz，选择电感为 1 mH，电容为 10 μF，则截止频率为 1.592 kHz。

如果忽略电感电阻和线路的阻抗,则可求出滤波器的增益函数 $G(s)$ 为

$$G(s) = \frac{V_o(s)}{V_i(s)} = \frac{\frac{1}{LC}}{s^2 + \frac{1}{RC}s + \frac{1}{LC}} \quad (2\text{-}18)$$

将式(2-18)化为标准的二阶振荡系统,即

$$G(s) = \frac{V_o(s)}{V_i(s)} = \frac{\omega_n^2}{s^2 + 2\xi\omega_n + \omega_n^2} \quad (2\text{-}19)$$

式中:自然振荡角频率为 $\omega_n = \dfrac{1}{\sqrt{LC}}$,阻尼比 $\zeta = \dfrac{1}{2R}\sqrt{\dfrac{L}{C}}$。

将电感 L 取 1 mH,电容 C 取 10 μF,R 取 24.2 Ω,代入求得 $\omega_n = 10\,000$,$\zeta = 0.207$。

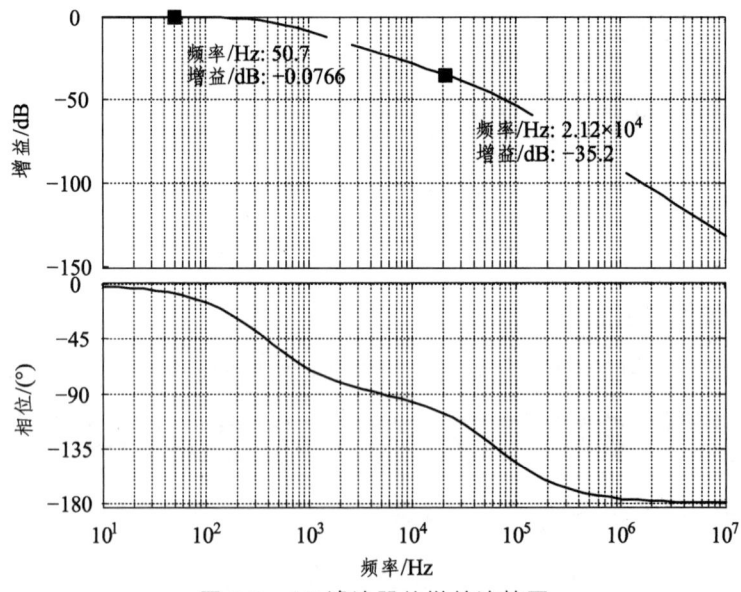

图 2-8 LC 滤波器的增益波特图

从图 2-8 所示 LC 滤波器的增益波特图中可以看出,在低频段的增益为 1,过了转折频率后,增益按照-40 dB/dec 衰减,对于高频信号衰减特性好。从图中可以看出:在 50 Hz 处的增益为-0.077 dB(放大倍数接近 1,基本上没有什么衰减);在 20 kHz 处,增益为-35.2 dB(放大倍数为 0.017),在

很大程度上衰减了谐波，由此可以验证滤波器的有效性。

2.3 小结

本章主要讨论了两级式逆变器前级 Boost 电路及后级单相全桥逆变器的各工作模态及电路元器件相关参数设计，包括开关器件、续流二极管和滤波网络的设计。

对于前级 Boost 电路，分析了其工作原理及滤波电感、功率开关管、功率二极管和输出电容的参数设计。首先分析了 Boost 电路工作在电流连续模式下的两种工作模态，并详细说明了两种模态下各回路的电流变化及各元器件两端的电压变化。随后在 10% 额定负载、电感电流工作在临界模式的条件下，根据此时的电流纹波和电感电压与电流的关系计算出滤波电感的最小值；对两种模态下主功率开关管的最大电压电流进行分析，在考虑线路寄生电感的影响和保留一定裕量的条件下确定开关管的耐压耐流值；分析功率二极管承受的最大反向压降和导通时的电流，确定二极管的耐压耐流值；根据后级输出功率、输出电压及设定纹波率等相关参数，计算直流母线电容最小值。

逆变器后级基于单相全桥逆变电路拓扑，以固定高低频桥臂的方式来分析逆变器工作的四种工作模态，包括输出电流正向和反向时，输入电压向电感和负载放电，以及电感电流由体二极管续流的过程，并描绘出各工作模态下的电流流向和等效拓扑。对单相全桥逆变电路各开关管关断时刻的电压应力及导通时刻的峰值电流进行分析，在保留裕量下选择符合规格的功率管；在输出滤波器的选择上，首先在输出电压为零的条件下，根据电感电流最大纹波值和电感电压与电流的关系计算出最小滤波电感；随后根据输出电压频率和开关频率选择合适的截止频率范围，进而选择合适的滤波电容，并根据 LC 滤波器的增益波特图分析其对基波信号和高频信号的衰减度，验证 LC 滤波器的有效性。

3 两级式逆变器二次低频纹波问题及控制方法

在单相两级式逆变器中,由于后级逆变电路输出电压和电流都是低频交流电,输出瞬时功率中除含有直流量外还含有两倍频脉动量,造成交流侧波动的瞬时功率与中间母线环节功率无法实时匹配,从而使得中间直流母线电容电压出现二次低频纹波,即 100 Hz 频率波动。该 100 Hz 低频脉动会传到 DC/DC 级,从而影响前级系统的性能;同时母线电容电压 100 Hz 的低频纹波也会影响后级逆变输出的电压、电流质量。

为了避免二次纹波电流导致前级电路的电压环带宽小,造成两级式逆变器的母线电压的动态特性差,针对改善母线电压的动态特性,提出了三种改进前级电路的控制方法:① 电压反馈环节加入陷波器;② 逆变器后级瞬时功率前馈;③ 基于电荷平衡控制的变结构控制方法。

3.1 两级式逆变器二次低频纹波分析

单相两级式逆变器的主电路拓扑结构如图 3-1 所示。前级 DC/DC 变换器选用 Boost 升压电路,用于实现直流升压,完成逆变器输入输出之间的电压匹配;后级 DC/AC 逆变器选用全桥逆变电路,用于完成直流到交流转换,使输出为工频正弦波形并给终端负载供电。

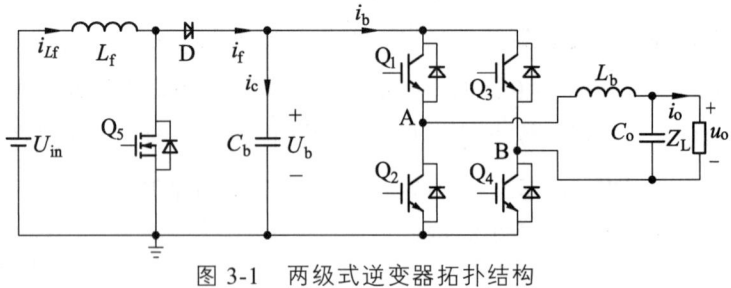

图 3-1 两级式逆变器拓扑结构

3.1.1 中间母线电容电压纹波分析

两级式逆变器简化示意图如图 3-2 所示。

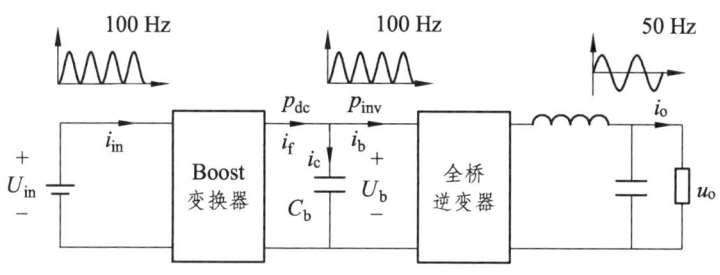

图 3-2 两级式逆变器示意图

假设逆变器输出的是理想正弦电压波形，则输出电压 u_o 可表示为

$$u_o(t) = U_o \sin(\omega_o t) \tag{3-1}$$

$$\omega_o = 2\pi f_o \tag{3-2}$$

式中：U_o 为逆变输出电压有效值，ω_o 为逆变输出电压角频率，f_o 为逆变输出电压频率。

当逆变器输出接线性负载时，可求得逆变输出电流 i_o 为

$$i_o(t) = I_o \sin(\omega_o t - \varphi) \tag{3-3}$$

式中：I_o 为逆变输出电流幅值，φ 为负载阻抗角。

根据式（3-1）和式（3-3），可推导出逆变器输出的瞬时功率为

$$p_o(t) = u_o(t)i_o(t) = \frac{1}{2}U_o I_o \cos\varphi - \frac{1}{2}U_o I_o \cos(2\omega_o t - \varphi) \tag{3-4}$$

根据逆变器输出的瞬时功率 $p_o(t)$ 的表达式可知，输出功率由两部分组成：一部分为常量；另一部分以 2 倍的输出电压频率（$2f_o$）做正弦规律脉动，它将使中间母线电压 U_b 产生二次低频纹波。由于母线电容一般较大，母线电容电压中低频纹波比例较小。假设中间直流母线电压的平均值为 U_b，且忽略系统损耗，则根据能量守恒定理，可推出后级逆变器输入电流 i_b（忽略高频谐波分量）为

$$i_b(t) = \frac{p_o(t)}{U_b} = \frac{U_o I_o}{2U_b}\cos\varphi - \frac{U_o I_o}{2U_b}\cos(2\omega_o t - \varphi) = I_{dc} + i_{2nd} \tag{3-5}$$

其中，

$$I_{dc} = \frac{U_o I_o}{2U_b} \cos\varphi \tag{3-6}$$

$$i_{2nd} = -\frac{U_o I_o}{2U_b} \cos(2\omega_o t - \varphi) \tag{3-7}$$

$$\cos\varphi = \frac{I_{dc}}{i_{2ndmax}} = \frac{U_o I_o}{2U_b}\cos\varphi \bigg/ \frac{U_o I_o}{2U_b} \tag{3-8}$$

由式（3-5）可知，后级逆变器的输入电流包含两个分量：一个是直流分量 I_{dc}，其代表的是逆变器工作时消耗的有功功率；另一个是二次纹波分量，即频率为 2 倍输出频率（$2f_o$）的交流分量。直流分量与二次纹波分量幅值的比为 $\cos\varphi$，所以，后级逆变器的输入电流中二次纹波分量大于或等于直流分量。

同理，根据能量守恒定律，可推出两级式逆变器的输入电流（即前级直流变换器的输入电流）i_{in} 为

$$i_{in}(t) = \frac{p_o(t)}{U_{in}} = \frac{U_o I_o}{2U_{in}}\cos\varphi - \frac{U_o I_o}{2U_{in}}\cos(2\omega_o t - \varphi) \tag{3-9}$$

式中：U_{in} 和 i_{in} 分别表示 DC/DC 变换器的输入电压和输入电流。

由式（3-9）可知，前级直流变换器的输入电流同样包含两个分量：一个是直流分量；另一个是二次纹波分量，即频率为 2 倍输出频率（$2f_o$）的交流分量。前级直流变换器的输入电流中，二次纹波分量同样大于或等于直流分量。前级直流变换器输入电流中二次纹波分量是由中间直流母线电压中的二次低频纹波通过前级直流变换器向前级输入端传输的。

由于两级式逆变器输入是直流、输出是交流，输入输出功率不能匹配，其功率差可由 Boost 变换器输出侧电容 C_b 中存储的能量来补偿，即输出侧的脉动功率完全可由电容 C_b 承担。电容 C_b 的电流也由两部分组成，分别为来自 Boost 变换器的电流分量 i_f 以及来自逆变器的电流分量 i_b，i_f 给电容 C_b 充电，i_b 给电容 C_b 放电。

3 两级式逆变器二次低频纹波问题及控制方法

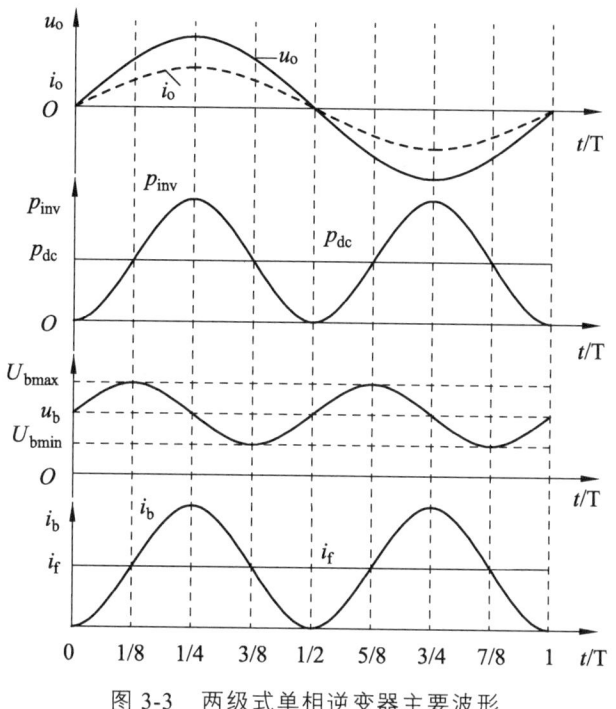

图 3-3 两级式单相逆变器主要波形

图 3-3 所示为两级式单相逆变器主要参数的波形。

[0，$T/8$]时刻，$p_{dc}>p_{inv}$，此时 Boost 变换器提供逆变器所需功率，同时给母线电容 C_b 充电，母线电容纹波电压 ΔU_b 上升。到 $T/8$ 时刻，充电电流逐渐减小为零，母线电容电压 U_b 达到最大值。

[$T/8$，$T/4$]时刻，$p_{dc}<p_{inv}$，母线电容 C_b 放电，将储存在电容里的能量逐渐释放出来，Boost 变换器与母线电容共同给逆变器提供能量。

[$T/4$，$3T/8$]时刻，$p_{dc}<p_{inv}$，母线电容 C_b 继续放电。到 $3T/8$ 时刻电容存储的能量彻底放完，母线电容电压降低到最小值。

[$3T/8$，$T/2$]时刻，$p_{dc}>p_{inv}$，母线电容 C_b 充电，母线电容补充能量。之后重复下一周期。

由上述分析可以知道功率解耦的实质：电容作为一个存储能量的介质，当前级输入功率大于后级输出功率时，将多余的能量存储起来；反之，将能量释放。因此,可以把中间母线电容称之为解耦电容。解耦电容的存在使得两级式逆变器的前后级可以分别独立控制。

下面进行中间直流母线电容纹波电压的计算推导。假设系统不存在功率损耗,则根据能量守恒定律有

$$p_{in} = p_{dc} = \frac{1}{2} U_o I_o \cos\varphi \quad (3\text{-}10)$$

$$p_{inv} = p_o \quad (3\text{-}11)$$

式中:p_{in} 为系统输入功率。

在 $3T/8$ 到 $5T/8$ 时间段内,直流母线电容处于充电状态,其充入的能量 ΔE 为

$$\Delta E = \int_{3T/8}^{5T/8} (p_{dc} - p_{inv}) dt = \frac{U_o I_o}{2\omega_o} \quad (3\text{-}12)$$

同时,根据电容能量的计算公式,ΔE 可以表示为

$$\Delta E = \frac{1}{2} C_b (U_{bmax}^2 - U_{bmin}^2) \quad (3\text{-}13)$$

式中:U_{bmax}、U_{bmin} 分别表示中间直流母线电容电压的最大值和最小值。

$$\Delta U_b = \frac{1}{2}(U_{bmax} - U_{bmin}) \quad (3\text{-}14)$$

$$U_b = \frac{1}{2}(U_{bmax} - U_{bmin}) \quad (3\text{-}15)$$

式(3-14)中,ΔU_b 表示直流母线电容电压纹波的脉动量。

联立式(3-12)~式(3-15)可得

$$\Delta U_b = \frac{U_o I_o}{4\omega_o C_b U_b} = \frac{P_o}{2\omega_o C_b U_b} \quad (3\text{-}16)$$

式中:P_o 表示逆变器输出的有功功率。

由式(3-16)可知,直流母线电容纹波电压的幅值与两级式逆变器的功率、母线电容的容值及母线电压的平均值有关,且与母线电容容值和母线电压平均值大小成反比,与两级式逆变器功率成正比。

逆变器瞬时输出功率 $p_o(t)$ 中交流功率部分由功率解耦电容 C_b 提供。根据能量守恒定律,中间母线电容电压的表达式为

$$\frac{1}{2}C_{\mathrm{b}}\left[U_{\mathrm{b}}^{2}(t)-U_{\mathrm{b}}^{2}\right]=\int_{0}^{t}\frac{U_{\mathrm{o}}I_{\mathrm{o}}}{2}\cos 2\omega\tau\mathrm{d}\tau \qquad (3\text{-}17)$$

$$U_{\mathrm{b}}(t)=\sqrt{\frac{U_{\mathrm{o}}I_{\mathrm{o}}}{2\omega C_{\mathrm{b}}}\sin 2\omega t+U_{\mathrm{b}}^{2}} \qquad (3\text{-}18)$$

由式（3-18）可以看出，母线电容上的电压 $U_{\mathrm{b}}(t)$ 具有非线性的特性，要求出它的精确线性表达式是比较困难的。但是，可以看出母线电容电压中的直流分量及二次谐波分量占主要成分，因此，母线电容电压可近似等效为直流分量与一个二次谐波分量的叠加。母线电容电压的表达式可表示为

$$U_{\mathrm{b}}(t)=U_{\mathrm{b}}+\frac{U_{\mathrm{o}}I_{\mathrm{o}}}{4\omega_{\mathrm{o}}C_{\mathrm{b}}U_{\mathrm{b}}}\sin 2\omega_{\mathrm{o}}t=U_{\mathrm{b}}+u_{\mathrm{2nd}} \qquad (3\text{-}19)$$

图 3-4 给出了 Boost 变换器带全桥逆变器作负载时，逆变输出电压 u_{o}、输出电流 i_{o}、中间母线电压 U_{b} 及系统输入电流 i_{in}（即 Boost 变换器的输入电流）的仿真波形。由图可知：逆变器输出电压频率为 50 Hz 时，Boost 变换器的输入电流、中间直流母线电压脉动频率均为 100 Hz，是逆变输出电压频率的 2 倍。

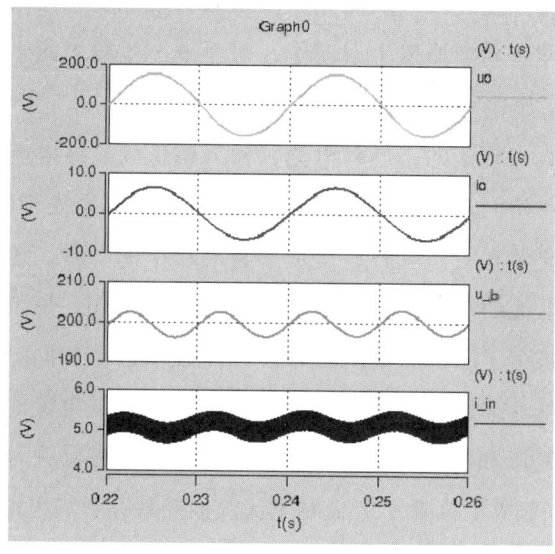

图 3-4 两级式逆变器仿真波形

3.1.2 中间直流母线电压低频纹波对系统的影响

1. 母线电压低频纹波对前级 DC/DC 变换器输入的影响

由式（3-19）可知，中间母线电容电压中包含有 2 倍逆变器输出电压频率的交流分量。可将此电压纹波分量看成是前级 DC/DC 变换器的一个周期性扰动负载，它将通过前级 DC/DC 变换器传输到系统的输入侧，使得系统输入电流，即前级直流变换器的输入电流中含有二次电流纹波分量，如式（3-9）所示。输入侧电流低频纹波造成的影响主要表现在以下几个方面：对供电电源的影响；对变换器自身的影响；相关标准的规定。

（1）对供电电源的影响。

如果系统输入侧接的是蓄电池，输入侧低频纹波电流的存在将带来如下危害：① 影响蓄电池的容量；② 使得电池需要处理的功率增加，进而导致电池的损耗和发热增加，降低了系统的效率，甚至会使得蓄电池的使用寿命降低；③ 由于前级 DC/DC 变换器输入电流中二次纹波电流分量的幅值大于或等于直流分量，较大的低频纹波电流会造成蓄电池发生周期性的过载现象，进而导致变换器发生误动作，对系统产生较大的干扰，严重时将会对直流电源系统的稳定性造成影响。

如果系统输入侧接的是燃料电池，输入侧低频纹波电流的存在将带来如下危害：① 在相同输出功率的情况下，燃料电池需要处理的功率将增加，这意味着电池要消耗更多燃料，造成燃料利用率的下降，还会使燃料堆发热，缩短燃料电池的寿命；② 随着电流纹波值的增加，燃料电池的输出功率将变小，即减小了系统的输出能力；③ 电流纹波值相同时，纹波电流频率越低，燃料电池输出功率越小；④ 输入侧低频纹波电流的存在，使得燃料电池的输出电压和电流存在类似的磁滞现象，且在低频时磁滞现象越发严重，这会带来额外的损耗；⑤ 低频电流纹波还将在燃料电池内阻上产生纹波电压和附加损耗；⑥ 二次低频纹波电流将导致燃料电池最大瞬时输出功率的增大，这将使得燃料电池的容量需求也增大，结果造成系统成本的增加。

如果系统输入侧接的是光伏电池,输入侧二倍频扰动分量的存在将带来如下危害:① 该二次扰动分量可能会使系统增加额外的功率容量,影响最大功率跟踪的效率,使得系统对光伏电池的利用率降低,严重时可能会缩短光伏组件的寿命;② 造成光伏电池在最大功率点处出现功率振荡,影响最大功率跟踪的实现,从而降低系统的效率。

(2)对变换器自身的影响。

低频纹波电流的存在会增加 DC/DC 变换器的损耗,这将导致系统效率的降低。其表现主要包括:① 低频纹波电流越大,流过功率开关管的电流有效值也就越大,因此,功率开关管的导通损耗也就越大;② 二次低频纹波电流的出现将增大磁性元件电流的瞬时值,使磁性元件的磁通摆幅增大,磁芯损耗增加,导致磁性元件过热,从而需要增加铜线直径或使缠绕面积增大,严重时可能出现饱和现象;③ 如果 DC/DC 变换器采用软开关技术,对应于二次低频纹波电流的波谷处,电感电流的瞬时值将会小于平均值,这将会影响软开关的实现,导致开关损耗的增大。因此,导通损耗、磁芯损耗及开关损耗的增大都将会导致前级 DC/DC 变换器效率的降低。

(3)相关标准的规定。

航空无线电技术委员会(Radio Technical Commission for Aeronautics,RTCA)的标准 DO-160F 对两级式航空静止变流器输入电流纹波值给出了明确的规定[26]。当前级直流电源输入电压为 28 V、输出功率为 0.4~1 kW 时,规定输入电流纹波值小于等于额定值的 14%;输出功率大于 1 kW 时,规定输入电流纹波值小于等于 7%。当前级直流电源输入电压为 270 V、输出功率小于 1 kW 时,规定输入电流纹波值小于等于额定值的 28%;输出功率为 1~10 kW 时,规定输入电流纹波值小于等于 14%;输出功率大于 10 kW 时,规定输入电流纹波值小于等于 7%。

2. 母线电压低频纹波对后级逆变器输出的影响

作出两级式逆变器的输出等效电路和输出电压、电流相量图,如图 3-5

所示。由于 C_o 的取值一般比较小，在分析输出电压电流的相量关系时暂不考虑它。假设逆变器带纯电阻负载，则输出电感电流与输出电压同相位，LC 滤波器前的桥臂电压 U_{AB} 与滤波电感电压 U_{Lb} 和输出电压 U_o 的相位满足图 3-5（b）所示的相位关系。

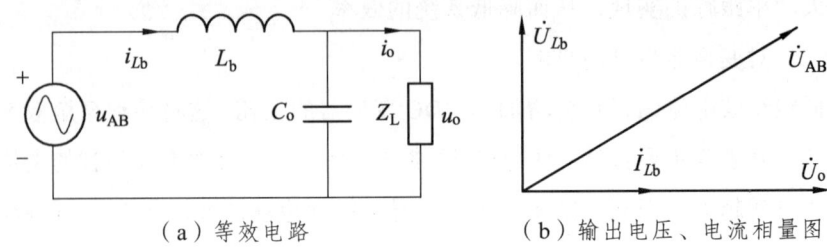

（a）等效电路　　　　　　（b）输出电压、电流相量图

图 3-5　逆变器输出等效电路和输出电压、电流相量图

两级式逆变器将前级直流变换器输出的直流电压通过 SPWM 调制，逆变为符合输出电压电流要求的正弦波。在两级式逆变器正常工作的情况下，中间直流母线电容电压不能太低，太低的直流母线电压会使得输出的电压电流波形出现顶部被削平的现象，导致逆变器不能正常工作，输出的电压电流波形严重畸变。因此，要使得逆变器能正常输出电压电流波形，则需推算出使逆变器正常工作的最小直流母线电压。假设逆变器输出的有功功率为 P_o，逆变输出电压的有效值为 U_{orms}，则可计算出逆变输出的电流大小为

$$i_o(t) = \sqrt{2}\frac{P_o}{U_{orms}}\sin\omega_o t \qquad (3\text{-}20)$$

根据图 3-5（b）所示输出电压电流相位关系，可以推出后级全桥逆变器桥臂上 A、B 两点之间的电压 u_{AB} 为

$$u_{AB}(t) = \sqrt{2(U_{orms}^2 + \frac{\omega_o^2 L_b^2 P_o^2}{U_{orms}^2})}\sin(\omega_o t + \alpha) \qquad (3\text{-}21)$$

式中，

$$\alpha = \arctan\frac{\omega_o P_o L_b}{U_{orms}^2} \qquad (3\text{-}22)$$

因此，为了保证两级式逆变器能正常工作，要求中间直流母线电容的

电压 $U_b(t)$ 应满足：

$$U_b(t) \geqslant \sqrt{2\left(U_{\text{orms}}^2 + \frac{\omega_o^2 L_b^2 P_o^2}{U_{\text{orms}}^2}\right)} \qquad (3\text{-}23)$$

根据前文的分析，前级 DC/DC 变换器的输出电压（即中间直流母线电容电压）除了包含直流分量外，还包含较大的二次低频交流纹波。当低频交流纹波分量过大时，式（3-23）中的电压关系会得不到满足，这将导致逆变器的输出电压波形质量变差，谐波成分增加。当逆变器负载进行投切载时，中间直流母线电压将出现较大波动：逆变器突然减载时，直流母线电压会有较大的升高；但是当逆变器突然加载时，直流母线电压会有较大的跌落，再加上直流母线电压叠加了较大的二次低频电压纹波，可能导致母线电压 U_b 不满足关系式（3-23），这将造成逆变器输出电压波形的畸变，动态响应特性变差。此外，直流母线电压较大幅度的波动可能造成后级逆变器工作时不稳定。

3. 母线电压低频纹波对母线电容自身的影响

根据前文的分析，前级 DC/DC 变换器的输出电压含有较大的低频电压纹波，因此，中间母线电容同样含有较大的低频电流纹波。为了抑制中间母线电容电压的低频纹波，一般情况下会选择电解电容作为中间母线电容。但是电解电容存在如下缺陷：① 其使用寿命一般只有几千个小时，通常 85℃ 工作条件下只能工作 2 000 个小时，且温度每升高 10 °C，电解电容的寿命会缩短一半；② 电解电容承受电流纹波的能力很小；③ 由于电解电容的等效串联电阻（ESR）较大，纹波电流流过母线电解电容时，其 ESR 上产生的功率损耗见式（3-24），此功率损耗会引起电解电容发热，从而降低电解电容的使用寿命，同时该功率损耗的存在会增大系统的损耗，降低系统的转换效率；④ 根据美国军用标准 MIL-HDBK-217F[27]，电解电容的可靠性较低，是影响电源使用寿命的重要因素。因此，对于用电解电容进行前后级功率解耦的光伏并网逆变器而言，电解电容的使用寿命将在很大程度上决定着逆变器的使用寿命，同样也决定光伏电站的寿命。如果电解电容的寿命降低，将导致光伏电站的寿命下降，造成大量的资源浪费。

$$p = i^2 \cdot ESR \qquad (3\text{-}24)$$

3.1.3 抑制母线电压低频纹波的方法

在上述的分析中，充当母线电容的电解电容虽然存在一些缺陷，但是母线电容承担的作用却不少。对于 DC/DC-DC/AC 两级式逆变器，母线电容的作用包括[28]：① 可实现前后级之间功率的解耦，从而前后两级可以分开分析和建模，实现各自的独立控制；② 按一定的脉冲频率给逆变器提供输入电流；③ 减少进入逆变器主电路的谐波电流；④ 吸收开关管突然关断时的瞬时能量；⑤ 给系统提供瞬时功率峰值保护的功能。因此，应采取一些措施来抑制两级式逆变器母线电容上出现的低频电压纹波，使其在合理的范围内。

1. 逆变器输入侧并联较大电容

根据式（3-16）可知，直流母线电容电压低频纹波与母线电容的大小成反比。因此，可通过在后级逆变器的输入侧并联较大电容的方法来抑制直流母线电容上的低频电压纹波，减少低频电压纹波对系统的不利影响。此方法的缺陷包括：① 较大的电容增加了系统的体积、质量和价格，降低了整机的功率密度；② 当电容增大至一定值时，其对低频纹波脉动的抑制效果将非常有限，而且整个系统的动态响应将变得非常缓慢。

2. 增大母线电压的平均值

根据式（3-16）可知，直流母线电容电压低频纹波与母线电压平均值的大小同样成反比。因此，可通过增大母线电压平均值的方法来抑制直流母线电容上的低频电压纹波。在对母线电压取值时，应使其可能的最小值满足式（3-23），从而不至于影响逆变器的输出性能。此方法的缺陷包括：① 使得系统中器件承受的电压应力增大，对器件的选型造成困难；② 降低系统的可靠性；③ 直流母线电压的增大会使逆变器的调制比减小，进而影响系统的效率。

3. 采用快速跟踪模式

根据前级 DC/DC 变换器输出电流 i_f 跟踪后级逆变器输入侧电流 i_b 快慢的不同，文献[29]提出了快速跟踪模式与慢速跟踪模式的概念，如图 3-6 所示。

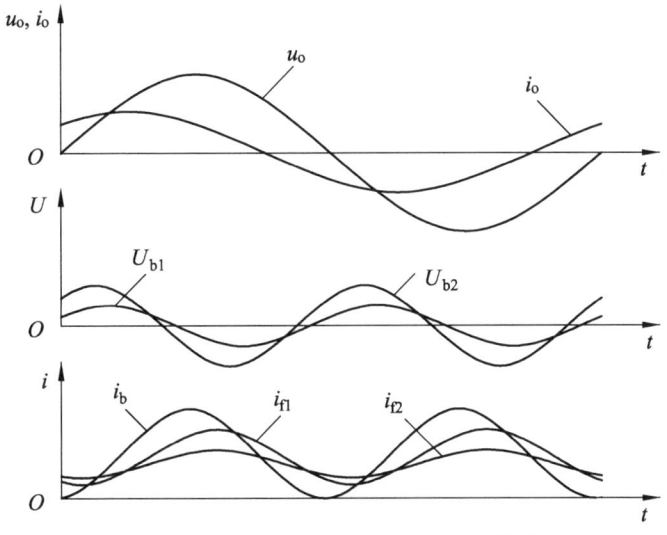

图 3-6　快速跟踪模式与慢速跟踪模式

图中 i_{f1}、U_{b1} 分别表示快速跟踪模式下前级 DC/DC 变换器输出电流和中间直流母线电容纹波电压，i_{f2}、U_{b2} 分别表示慢速跟踪模式下前级 DC/DC 变换器输出电流和中间直流母线电容纹波电压。快速跟踪模式下，前级 DC/DC 变换器输出电流 i_{f1} 能够快速跟踪后级逆变器输入侧电流 i_b 的变化，后级逆变器所需的能量基本上都由前级 DC/DC 变换器提供，中间直流母线电容 C_b 只提供极小部分的能量，从而母线电容纹波电压 U_{b1} 的幅值较小。慢速跟踪模式下，前级 DC/DC 变换器输出电流 i_{f2} 不能及时跟踪后级逆变器输入侧电流 i_b 的变化，后级逆变器所需的能量较大的部分是由中间直流母线电容 C_b 提供，从而母线电容纹波电压 U_{b2} 的幅值较大。因此，应使前级 DC/DC 变换器工作在快速跟踪模式下，这样有利于减小中间直流母线电容的低频电压纹波，从而提高前级 DC/DC 变换器的稳压精度。此外，工作在快速跟踪模式还能减小中间直流母线电容的低频电压纹波对逆变器输出动态性能的影响。

4. 采用 LC 串联谐振

文献[29]提出了一种利用无源滤波抑制中间直流母线电容纹波电压的方案，如图 3-7 所示。该方案中将电感 L_r 和电容 C_r 串联再并联于中间直流母线 C_b 上，采用 LC 串联谐振方法，可以达到减小中间直流母线上二次电压纹波甚至完全消除的目的。这种方法存在的缺陷包括：① L_r、C_r 值要取的很大，这将使得系统的体积增大、质量增加，且不适用于小功率场合；② 其谐振电流在大幅度波动，可能会造成级联系统的不稳定。

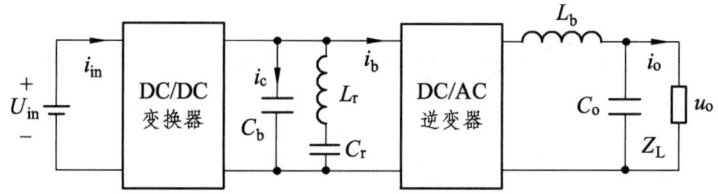

图 3-7　基于 LC 串联谐振的二次纹波电压抑制方法

5. 引入功率解耦变换器

文献[30—33]提出了在中间直流母线上并联功率解耦变换器抑制两级式逆变器二次低频脉动功率的方法，如图 3-8 所示。

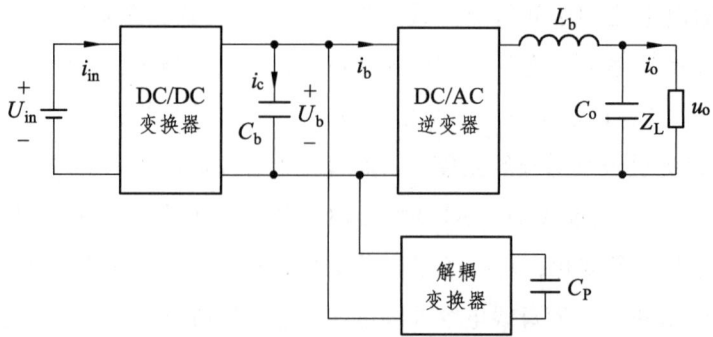

图 3-8　基于功率解耦变换器的二次纹波电压抑制方法

3 两级式逆变器二次低频纹波问题及控制方法

图 3-3 中 $3T/8$ 到 $5T/8$ 时间段内，前级 DC/DC 变换器的输出功率 p_{dc} 大于后级逆变器所需要的功率 p_{inv}，前级 DC/DC 变换器不仅给中间直流母线电容 C_b 和后级逆变器提供能量，同时还给功率解耦变换器电容 C_p 充电，如此便减少了中间直流母线电容 C_b 上获得的能量的增量，从而达到了抑制中间直流母线电容电压低频纹波的目的。换言之，如果要保持直流母线电容纹波电压不变，则可减小直流母线电容容值的取值。图 3-9（a）描述了 p_{dc} 大于 p_{inv} 时的能量流动方向。

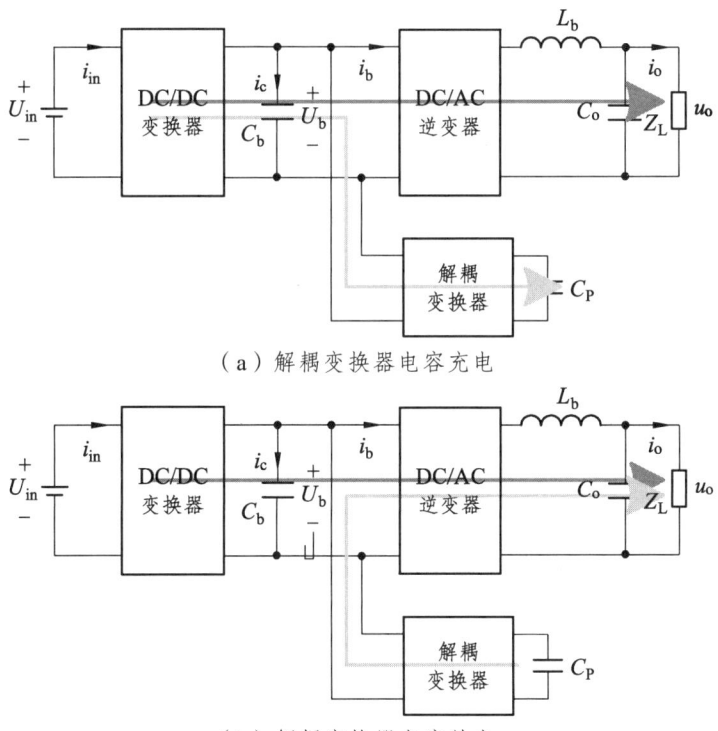

（a）解耦变换器电容充电

（b）解耦变换器电容放电

图 3-9 功率解耦变换器工作示意

图 3-3 中 $5T/8$ 到 $7T/8$ 时间段内，前级 DC/DC 变换器的输出功率 p_{dc} 小于后级逆变器所需要的功率 p_{inv}，不仅前级 DC/DC 变换器、中间直流母线电容 C_b 向后级逆变器供给能量，同时解耦变换器电容 C_p 也向后级逆变

器供给能量，这样便减少了中间直流母线电容 C_b 上储存的能量的降低，从而实现了直流母线电容低频电压纹波的抑制。图 3-9（b）描述了 p_{dc} 小于 p_{inv} 时的能量流动方向。

由上述分析可知：对于功率解耦变换器而言，当电容 C_p 储能时，解耦变换器输入功率，当电容 C_p 释放能量时，解耦变换器输出功率。因此，功率解耦变换器实质上是一个能量双向流动的 DC/DC 变换器。引入第三方储能装置（即功率解耦电路）将二次脉动功率转移至功率解耦电路中，可使得逆变器两侧瞬时功率相等，从而减小直流母线电容低频电压纹波。此外，采用解耦电路还可减少母线电容的电容量。但是此方法也存在缺陷：① 系统结构及控制复杂、成本高；② 由于脉动能量始终在功率器件中流动，变换器的转换效率较低。

此外，文献[34-35]提出了通过减小 DC/DC 变换器中纹波占空比波动来抑制直流母线电容上电压波动的方法，该方法的不足之处是需要额外增加精确的电流传感器，增大了系统的成本。文献[36]提出将逆变输出电流的绝对值前馈到前级 Boost 电路的电流环的给定处，以达到减小母线电压纹波的目的，但文中对母线低频电压纹波的抑制没有进行深入的研究，缺乏理论上的依据。

为了抑制中间直流母线电容电压纹波，本文提出了三种控制策略。

（1）控制策略一。提出了改变控制器参数的方法：通过改变前级直流变换器外环电压控制器参数以增大前级电路电压环截止频率，从而达到抑制中间母线电容电压纹波的目的。该方法不需要增加辅助硬件，仅通过改变控制器参数就可实现母线电容低频电压纹波抑制，且实现简单。控制策略框图如图 3-10 所示。

（2）控制策略二。提出了输出功率前馈的方法，即将瞬时输出功率除以输入电压得到一个电流信号，再将此电流信号叠加到前级直流变换器电流环的给定处，以达到减小母线电容二次电压纹波的目的。控制策略框图如图 3-11 所示。

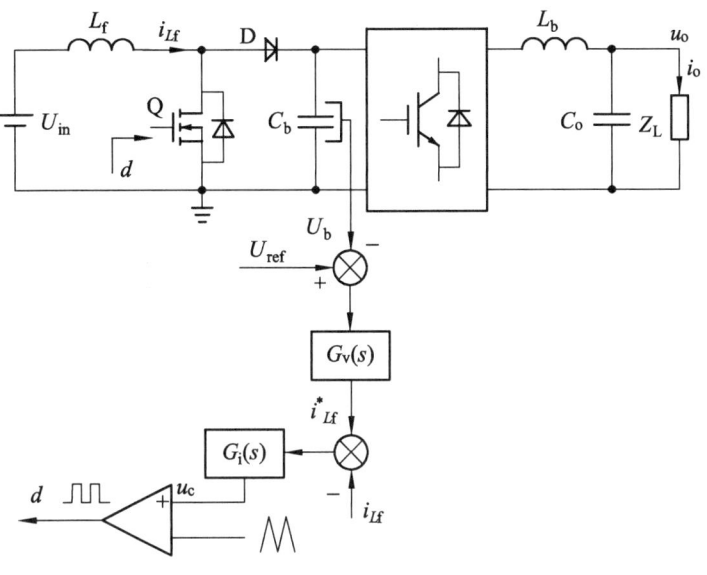

图 3-10 控制器参数改变法

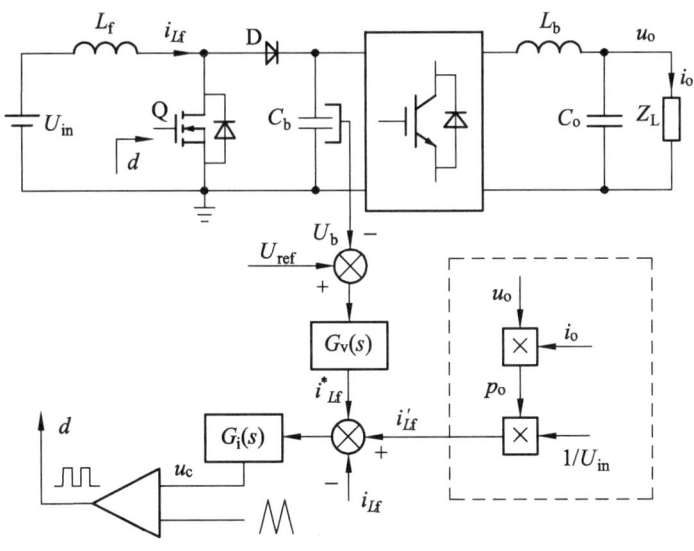

图 3-11 输出功率前馈法

所提出的控制方法具有如下优点:

① 母线电容二次低频电压纹波抑制效果明显。

② 适用性强。对于母线电容二次电压纹波,该方法不仅对线性负载(如

R 载、RL 载、RC 载）具有良好的抑制效果，对非线性负载（如 RCD 载）同样具有很好的抑制效果。

③ 该方法在较大范围负载切换输出时亦具有良好的动态性能。

④ 实现简单。该方法不需要增加辅助硬件，仅通过改变控制算法就可实现母线电容二次低频电压纹波抑制，负载切换依然可行有效。

（3）控制策略三。提出了一种注入二次谐波的控制方法：在前级电压环给定上注入一个与母线电压同频、同相的二次谐波扰动量，通过调节扰动量的大小以达到减小母线电压纹波的目的。控制策略框图如图 3-12 所示。所提出的控制方法具有如下优点：该方法不需要增加辅助硬件，仅需通过 DSP 注入二次谐波就可实现母线电容二次低频电压纹波抑制，而用 DSP 注入二次谐波是比较简单的。

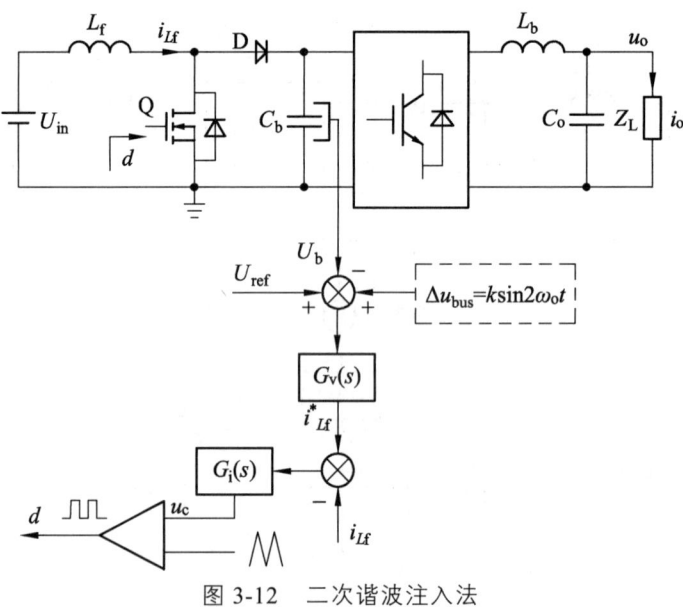

图 3-12　二次谐波注入法

3.2　改进的前级电路控制方法

为了抑制二次纹波电流，避免导致其前级电路的电压环带宽小，造成两级式逆变器的母线电压的动态特性差的情况,本节针对改善母线电压的动态特性,提出在电压反馈环节加入陷波器来改进前级电路控制。

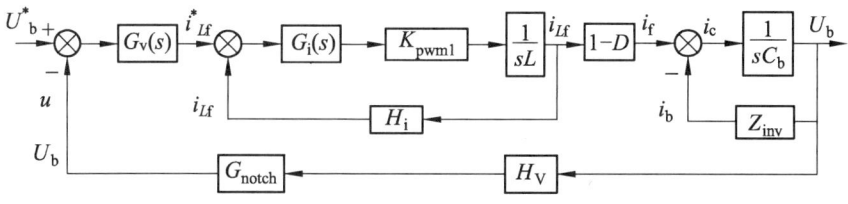

图 3-13 含陷波器的双环控制结构

图 3-13 为在反馈环节加入陷波器的双环控制结构框图,该控制框图相比于典型的双环控制在反馈环节加入了陷波器。典型的双环控制中电流内环的电流给定是电压环的输出,对于两级式逆变器,由于母线电压含有二次纹波,导致电压误差必然含有二次纹波分量。为抑制两级式逆变器的二次纹波电流,通常将电压环控制器的带宽设置得很小,使得母线电压的动态特性较差。为了提高母线电压的动态特性,可以将电压环的带宽设置大点,但这将导致二次纹波电流增大。因此,为了实现在抑制二次纹波电流的同时提高母线电压的动态特性,可以在反馈环节加上陷波器。

3.2.1 电压环带宽对动态特性的影响

传统的双环控制都是滞后控制,是基于误差的控制,只有当误差量产生后,控制器才会起作用来抵消误差量,使误差量减小,系统最终达到稳定,因此控制器的带宽会在很大程度上影响动态特性。对于双环控制来说,电流内环的带宽通常很大,认为它可以无净差、无延时地跟踪电流给定,而电压外环的带宽通常不是很大,常决定控制系统的动态特性,因此改变电压环的带宽可以大幅度地提高母线电压的动态特性。

图 3-14 是前级电路的电压外环的控制框图,为了验证电压外环的带宽可以提高母线电压的动态特性,将电压环的控制器 $G_v(s)$ 分别设置如下:

$$G_{v1}(s) = \frac{20(s+19.7)}{s(s+240)} \qquad (3-25)$$

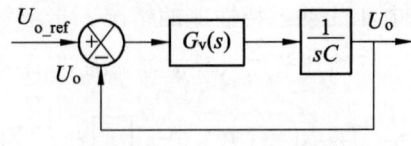

图 3-14 电压环控制框图

$$G_{v2}(s) = \frac{200(s+19.7)}{s(s+240)} \quad (3\text{-}26)$$

其中，$G_{v1}(s)$ 是电压环带宽为 14 Hz 时的电压控制器，$G_{v2}(s)$ 是电压环带宽为 140 Hz 时的电压控制器，将式（3-25）、式（3-26）代入式（3-27）可得电压环的开环传递函数 $G_{vo}(s)$：

$$G_{vo}(s) = \frac{k(s+a)}{s(s+b)} \frac{1}{sC} \quad (3\text{-}27)$$

在此选择电容为 940 μF，分别得到相应控制器的电压开环传递函数 $G_{vo}(s)$。图 3-15 为电压环带宽为 14 Hz 时的开环传递函数的伯德图，图 3-16 为电压环带宽为 140 Hz 时的开环传递函数的伯德图。从图中可以看出，开环传递函数的穿越频率分别为 14 Hz 和 140 Hz（对应闭环传递函数的带宽），相位裕度都大于 45°，满足设计要求。

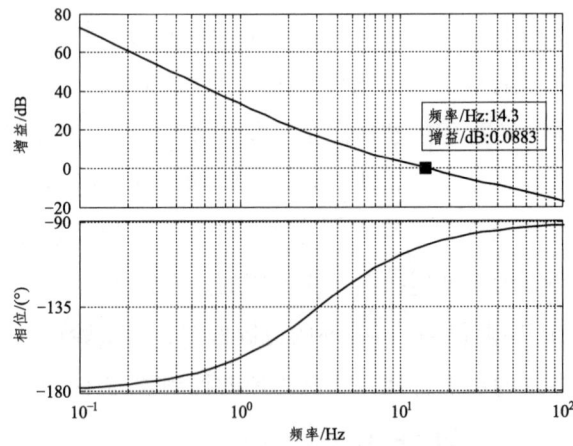

图 3-15 电压环带宽为 14 Hz 的伯德图

3 两级式逆变器二次低频纹波问题及控制方法

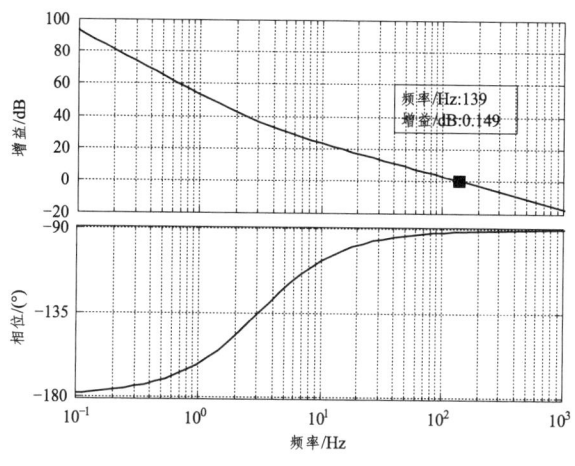

图 3-16 电压环带宽为 140 Hz 的伯德图

图 3-17 为电压控制器 $G_{v1}(s)$ 带宽为 14 Hz 时后级逆变器投载的仿真波形。从上往下依次为母线电压，前级 Boost 电感电流，逆变器的输出电压、输出电流。从图中可以看出，后级逆变电路在 0.62 s 时负载突然由半载到满载，逆变输出电压基本不变，负载电流发生突变，前级 Boost 电感电流在暂态过程中缓慢变化。母线电压的冲击电压跌落至 160 V，下跌了 40 V，在 0.75 s 达到了稳态，整个调节时间约 130 ms。

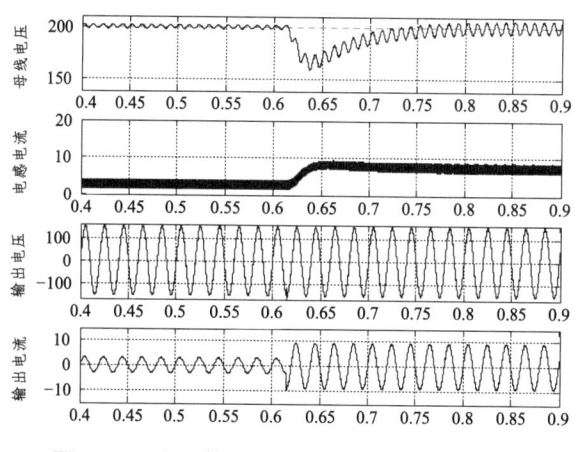

图 3-17 电压控制器 $G_{v1}(s)$ 的投载仿真波形

图 3-18 为电压控制器 $G_{v2}(s)$ 带宽为 140 Hz 时后级逆变器投载的仿真波

形。从上往下依次为母线电压,前级 Boost 电感电流,逆变器的输出电压、输出电流。从图中可以看出,后级逆变电路在 0.62 s 时负载突然由半载到满载,逆变输出电压基本不变,负载电流发生突变,前级 Boost 电感电流在暂态过程中迅速变化。母线电压基本上没有变化,动态特性好,但是前级电感电流上的二次纹波含量比较大。

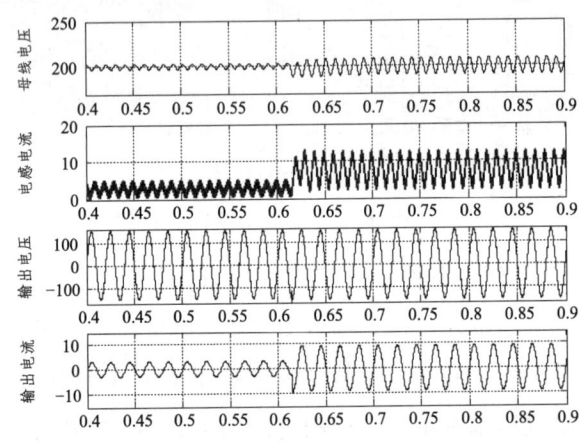

图 3-18　电压控制器 $G_{v2}(s)$ 的投载仿真波形

图 3-19 为电压控制器 $G_{v1}(s)$ 带宽为 14 Hz 时后级逆变器卸载的仿真波形。从上往下依次为母线电压,前级 Boost 电感电流,逆变器的输出电压、输出电流。从图中可以看出,后级逆变电路在 0.62 s 时负载突然由满载到半载,逆变输出电压基本不变,负载电流发生突变,前级 Boost 电感电流在暂态过程中缓慢变化。母线电压的冲击电压冲到 240 V,增加了接近 40 V,经过控制器不断地调整在 0.75 s 达到了稳态,整个调节时间约 130 ms。

图 3-20 为电压控制器 $G_{v1}(s)$ 带宽为 140 Hz 时后级逆变器卸载的仿真波形。从上往下依次为母线电压,前级 Boost 电感电流,逆变器的输出电压、输出电流。从图中可以看出,后级逆变电路在 0.62 s 时负载突然由满载到半载,逆变输出电压基本不变,负载电流发生突变,前级 Boost 电感电流在暂态过程中迅速变化。母线电压基本上没有变化,动态特性好,但是前级电感电流上的二次纹波含量比较大。

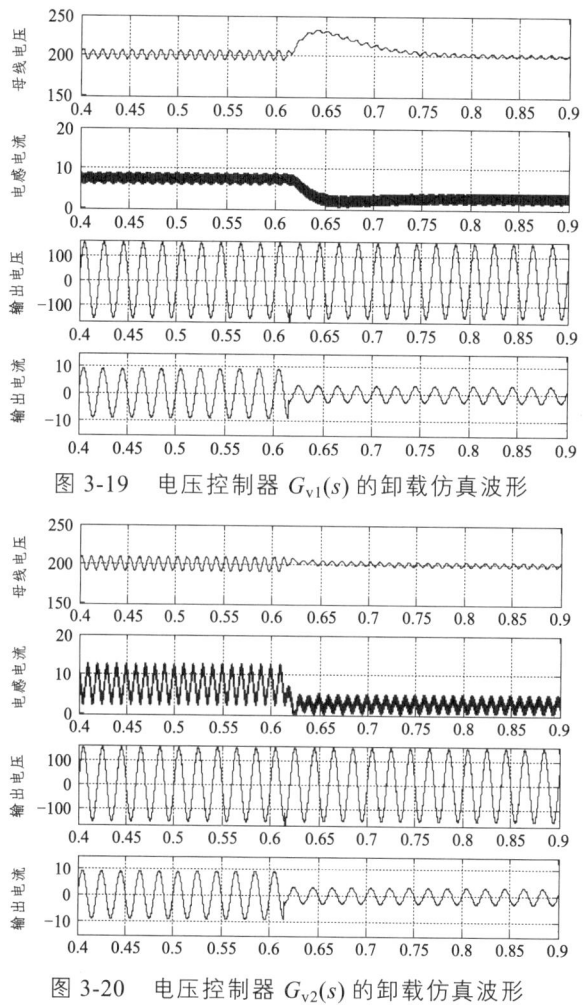

图 3-19 电压控制器 $G_{v1}(s)$ 的卸载仿真波形

图 3-20 电压控制器 $G_{v2}(s)$ 的卸载仿真波形

通过上述仿真测试，得出结论：改变电压环的带宽，可以改善母线电压的动态特性。

3.2.2 陷波器

由上面的仿真分析可知，提高带宽在某种程度确实可以改善母线电压的动态特性，但是会引来新的问题，即电感电流的二次纹波大大增加。这是因为当电压环的带宽大于 100 Hz 时，母线电压上的二次纹波不能被滤掉，导致电感电流的给定中含有二次纹波电流,因此使得电感电流中含有大量的纹波电流。为了在改善母线电压动态特性的同时,抑制前级直流侧的二次纹波电流,可以在电压反馈中添加一个陷波器[37-38]。

陷波器的传递函数:

$$G_{\text{notch}}(s) = \frac{s^2 + \omega_n^2}{s^2 + \frac{\omega_n}{Q}s + \omega_n^2} \quad (3\text{-}28)$$

式中:ω_n 为特征角频率(对应的特征频率为 f_n),Q 为陷波器的品质因数。

为了抑制频率为 100 Hz 的二次纹波,可以设置 ω_n=628。Q 值越大,陷波器的陷波特性越好,但其造成的相位偏移越大。在此分别确定 Q=0.25,Q=0.5,Q=2,可以得到相应陷波器的伯德图,如图 3-21 所示。

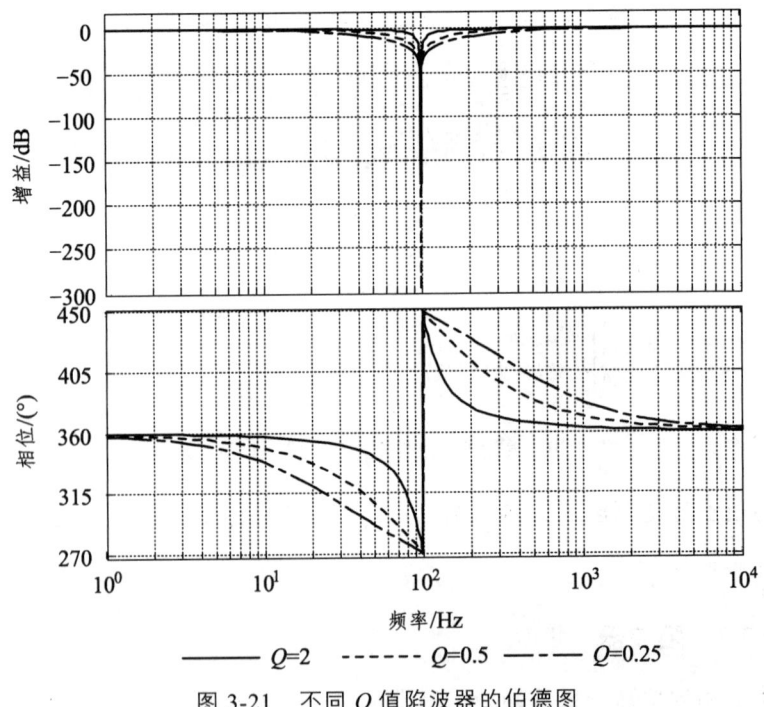

图 3-21 不同 Q 值陷波器的伯德图

由图 3-21 及陷波器的特性可知在特征频率 100 Hz 处,它的增益非常小,恰好可以将母线电压上的二次纹波滤掉。这样即使电压环的带宽大于

100 Hz，电感电流的给定也没有二次纹波，即可以抑制电感电流的二次纹波电流和提高母线电压的动态特性。

3.2.3 仿真验证

图 3-22 显示了母线电压的波形和经过陷波器处理后的波形。由图 3-22 可知，经过陷波器处理后，反馈给电压外环的电压中只有直流成分，二次纹波很好地被滤掉，验证了陷波器的有效性。

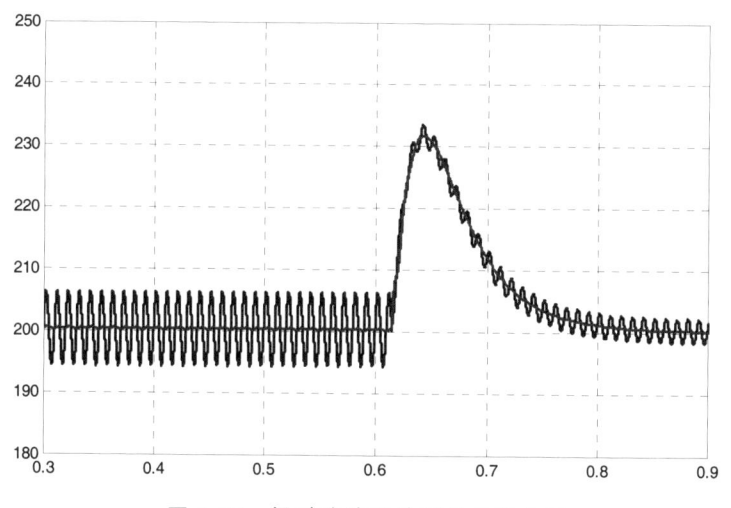

图 3-22 经过陷波器处理的母线电压

图 3-23 是在含有陷波器的双环控制下，后级逆变电路发生卸载时，母线电压、前级 Boost 电感电流、逆变器的输出电压及输出电流的暂态和稳态时仿真的波形。从图中可以看出，后级逆变电路在 0.62 s 时负载突然由满载到半载，逆变输出电压基本不变，逆变负载电流发生突变，前级 Boost 电感电流很快发生变化。母线电压基本没有过冲，且电感电流的二次纹波很小。

图 3-24 是在含有陷波器的双环控制下，后级逆变电路发生投载时，母线电压、前级 Boost 电感电流、逆变器的输出电压及输出电流的暂态和稳态时仿真的波形。从图中可以看出，后级逆变电路在 0.62 s 时负载突然由半载到满载，逆变输出电压基本不变，逆变负载电流发生突变，前级 Boost

电感电流很快发生变化。母线电压基本没有过冲，且电感电流的二次纹波很小。

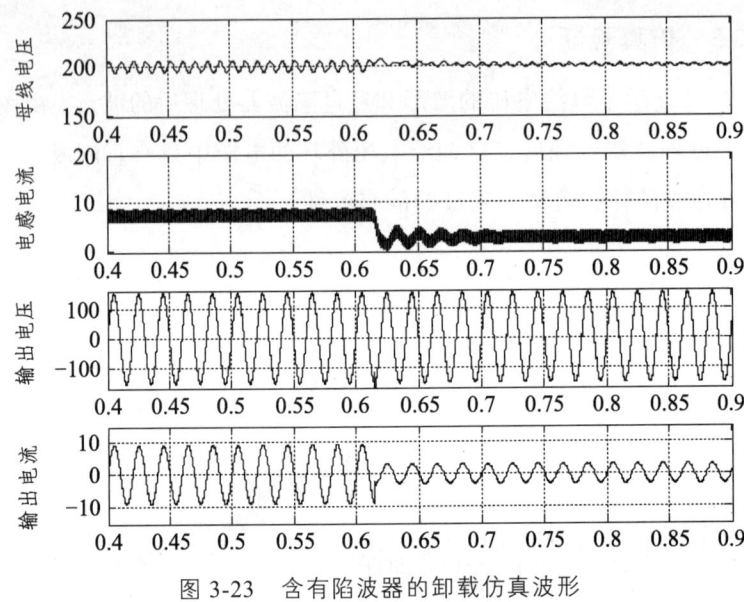

图 3-23 含有陷波器的卸载仿真波形

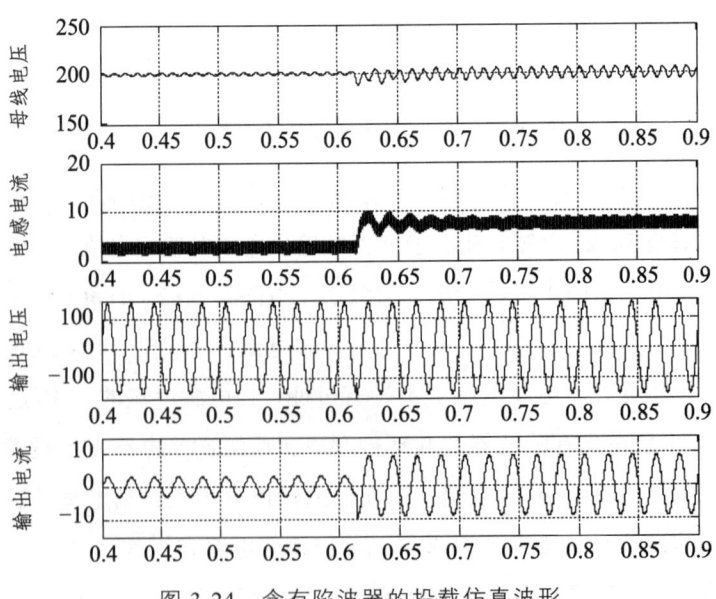

图 3-24 含有陷波器的投载仿真波形

综上所述，该仿真验证了含有陷波器的双环控制的有效性，在抑制二次纹波的同时，可以改善母线电压的动态特性。

3.3 逆变器后级瞬时功率前馈控制方法

3.3.1 功率前馈控制原理分析

图 3-25 为功率前馈[39-41]的控制框图。在该控制框图中，虚线框内就是输出功率的前馈环节，其原理是将后级逆变电路的输出电压和输出电流采样后经过相乘得到输出功率 P_o。假设前后级电路的效率为 1，前级输入功率为 P_{in} 时的电感电流 i_{fin} 为

$$i_{fin} = \frac{u_o i_o}{U_{in}} \quad (3-29)$$

式中：u_o，i_o 分别为逆变器的输出电压和输出电流的瞬时值；U_{in} 为前级的输入电压。

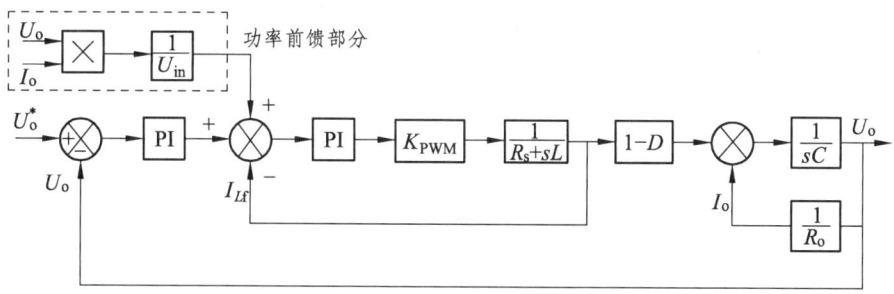

图 3-25 功率前馈的控制框图

把 i_{fin} 作为前馈量，与前级 Boost 双环控制的电压外环的控制器的输出量相加作为电流内环新的给定 i_{Lf_ref}，即

$$i_{Lf\_ref} = i_{Lfref} + i_{fin} \quad (3-30)$$

式中：i_{Lfref} 为电压外环调节器的输出量。

在传统的双环控制结构中，电压环的带宽远低于电流环的带宽。电流环的给定一般是由电压外环的控制量决定的。当后级逆变电路的负载发生

变化，由于瞬时功率的不平衡会使母线电压发生变化。前级电路只有检测到母线电压的波动，电压外环的电压控制器的输出，即电流内环的电流给定才会改变，此时电流内环通过调节占空比来抵消母线电压的波动，直到母线电压重新稳定。因为电压外环的带宽很小，使得整个调节过程很长，母线电压波动较大。而功率前馈通过建立后级逆变输出功率与前级 Boost 电感电流的直接关系，不需要前级 Boost 变换器的电压外环处理，直接将输出功率的变化信息传递给电感电流的给定，从而提高了两级式逆变器中间母线电压的动态响应性能。

功率前馈可以提高母线电压的动态特性，但是由于将后级的瞬时功率引入前级控制电路，这将使得前级的二次纹波大大增加。

3.3.2 仿真验证

为了验证功率前馈对于提高两级式逆变器中间母线电压动态特性的有效性，在 MATLAB/Simulink 的 S-Function 进行数字仿真。

图 3-26 是在传统控制情况下后级逆变电路发生投载时，母线电压、前级 Boost 电感电流、逆变器的输出电压及输出电流的暂态和稳态时仿真的波形。从图中可以看出，后级逆变电路在 0.62 s 时负载突然由半载到满载，逆变输出电压基本不变，负载电流发生突变，前级 Boost 电感电流在暂态过程中缓慢变化。母线电压的冲击电压跌落至 160 V，下跌了 40 V，在 0.75 s 达到了稳态，整个调节时间约 130 ms。

图 3-27 是在功率前馈情况下后级逆变电路发生投载时，母线电压、前级 Boost 电感电流、逆变器的输出电压及输出电流的暂态和稳态时的仿真波形。从图中可以看出，后级逆变电路在 0.62 s 时负载突然由半载到满载，逆变输出电压基本不变，逆变负载电流发生突变，前级 Boost 电感电流很快发生变化。母线电压基本没有过冲，调整时间在 5 ms 之内。

图 3-28 是在传统控制情况下后级逆变电路发生卸载时，母线电压、前级 Boost 电感电流、逆变器的输出电压及输出电流的暂态和稳态时仿真的

波形。从图中可以看出，后级逆变电路在 0.62 s 时负载突然由满载到半载，逆变输出电压基本不变，负载电流发生突变，前级 Boost 电感电流在暂态过程中缓慢变化。母线电压的冲击电压冲到 240 V，增加了接近 40 V，经过控制器不断地调整在 0.75 s 达到了稳态，整个调节时间约 150 ms。

图 3-29 是在功率前馈情况下后级逆变电路发生卸载时，母线电压、前级 Boost 电感电流、逆变器的输出电压及输出电流的暂态和稳态时的仿真波形。从图中可以看出，后级逆变电路在 0.62 s 时负载突然由满载到半载，逆变输出电压基本不变，逆变负载电流发生突变，前级 Boost 电感电流很快发生变化。母线电压基本没有过冲，调整时间在 5 ms 之内。

对比图 3-26～图 3-29 可知，功率前馈可以有效地抑制母线电压的波动和冲击，缩短调整时间，大大提高母线电压的动态特性。

3.3.3 实验验证

为了验证功率前馈对于提高两级式逆变器中间母线电压动态特性的有效性，搭建了一台 500 W 的两级式逆变器进行实验验证。

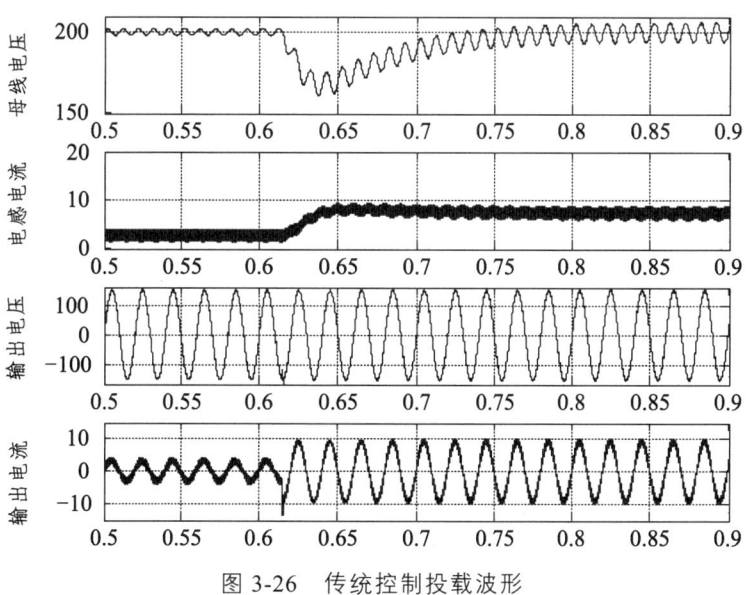

图 3-26　传统控制投载波形

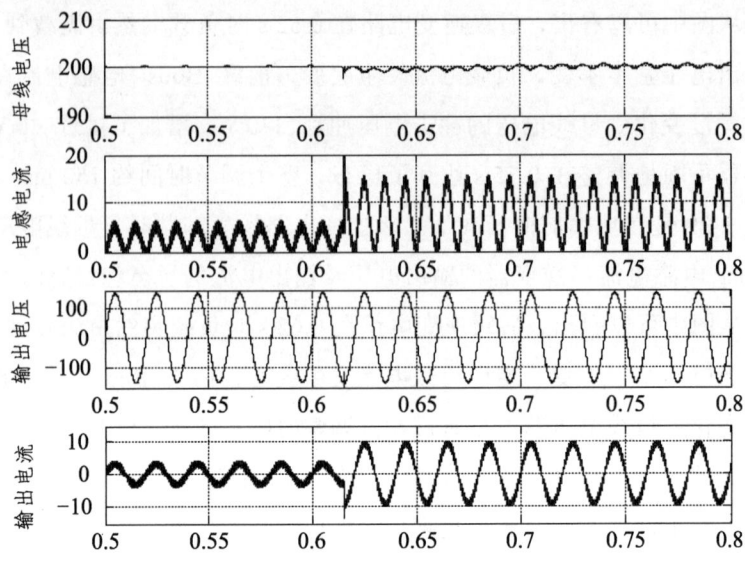

图 3-27 功率前馈投载波形

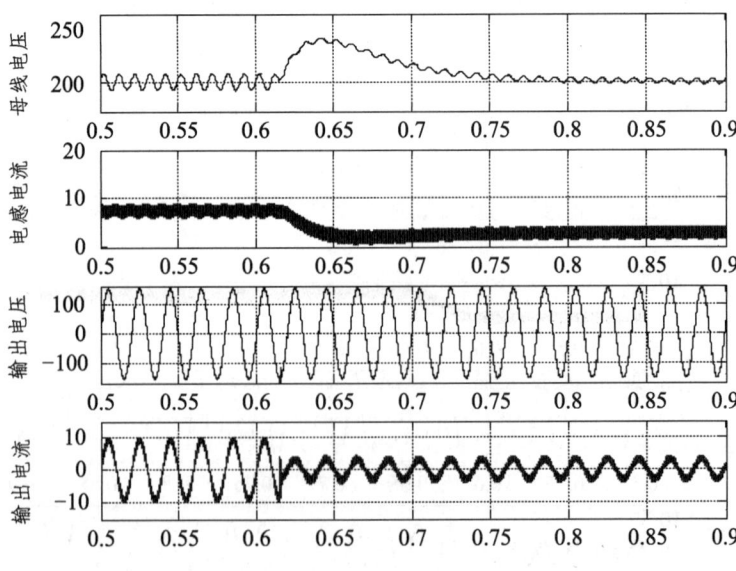

图 3-28 传统控制卸载波形

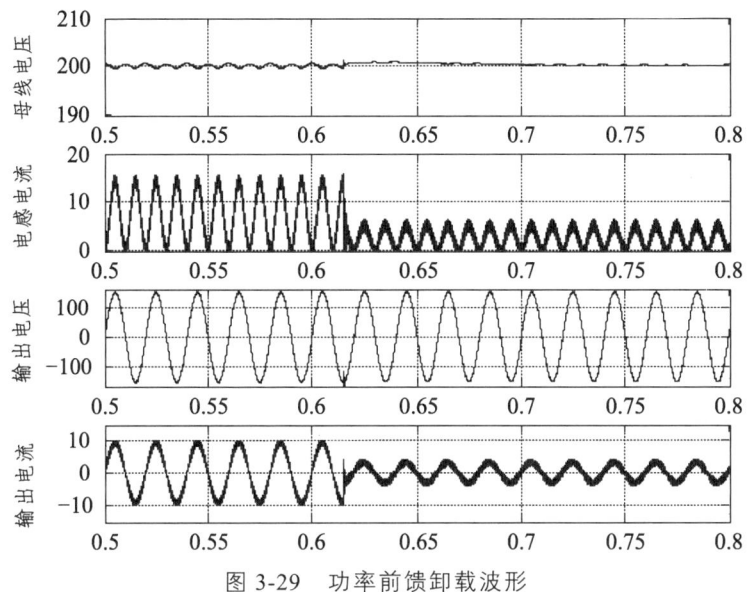

图 3-29 功率前馈卸载波形

图 3-30 是在传统双环控制情况下,两级式逆变器在后级逆变器的负载突然增大时的暂态和稳态的实验波形,从上往下依次是母线电压、前级 Boost 电感电流、逆变器的输出电压及输出电流。从图中可以看出,当后级逆变器的负载由半载变为满载时,后级逆变电流峰值由 3 A 左右突变为 6 A 左右,逆变器输出电压基本不变,维持有效值 110 V,母线电压下跌 50 V,前级 Boost 电感电流在暂态过程中缓慢变化。整个调节时间为 160 ms。

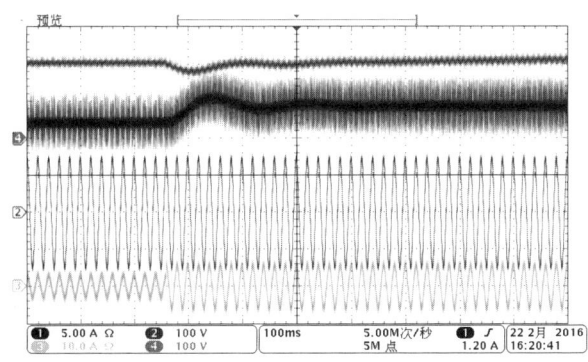

图 3-30 传统控制投载波形

图 3-31 是在传统双环控制情况下，两级式逆变器在后级逆变器的负载突然减小时的暂态和稳态的实验波形，从上往下依次是母线电压、前级 Boost 电感电流、逆变器的输出电压及输出电流。从图中可以看出，当后级逆变器的负载由满载变为半载时，后级逆变电流峰值由 6 A 左右突变为 3 A 左右，逆变器输出电压基本不变，维持有效值 110 V，母线电压上升 50 V，前级 Boost 电感电流在暂态过程中缓慢变化。整个调节时间为 160 ms。

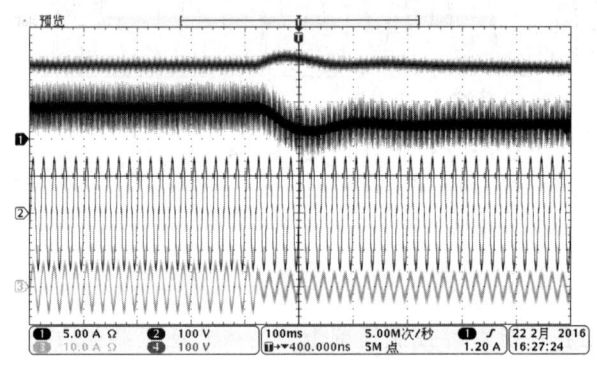

图 3-31　传统控制卸载波形

图 3-32 为应用本书所提出的后级逆变器的瞬时功率前馈的情况下，两级式逆变器在后级逆变器的负载突然增大时的暂态和稳态的实验波形，从上往下依次是母线电压、前级 Boost 电感电流、逆变器的输出电压及输出电流。从图中可以看出，当后级逆变器的负载由半载变为满载时，后级逆变电流峰值由 3 A 左右突变为 6 A 左右，逆变器输出电压基本不变，维持有效值 110 V。母线电压基本没有下跌，整个调节时间很短。

图 3-33 为应用本书所提出的后级逆变器的瞬时功率前馈的情况下，两级式逆变器在后级逆变器的负载突然减小时的暂态和稳态的实验波形，从上往下依次是母线电压、前级 Boost 电感电流、逆变器的输出电压及输出电流。从图中可以看出，当后级逆变器的负载由满载变为半载时，后级逆变电流峰值由 6 A 左右突变为 3 A 左右，逆变器输出电压基本不变，维持有效值 110 V。母线电压基本没有下跌，整个调节时间很短。

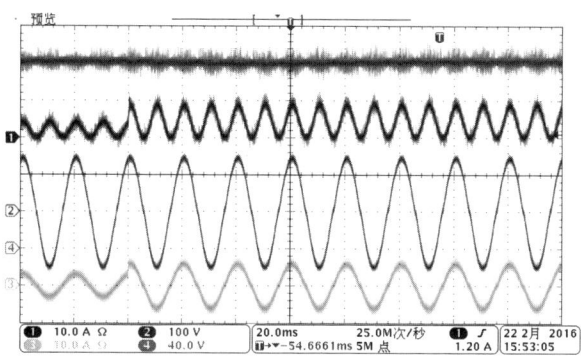

图 3-32　功率前馈投载波形

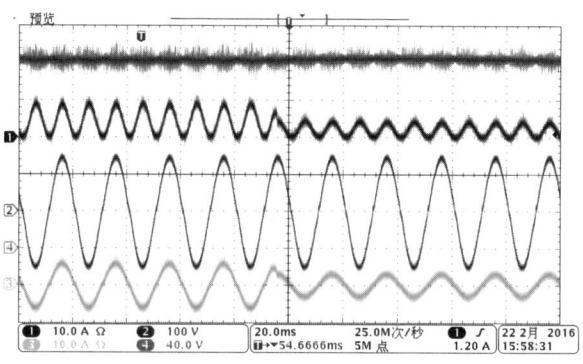

图 3-33　功率前馈卸载波形

可见，后级逆变电路瞬时功率前馈，可以改善母线电压的动态特性，但是不能很好抑制二次纹波电流。

3.4　基于电荷平衡的变结构控制方法

3.4.1　电荷平衡方程推导

依据图 3-34 可知，两级式逆变器中间直流母线电容电压的动态方程为

$$C_b \frac{du_b}{dt} = i_f - i_b \tag{3-31}$$

式中：i_f 是前级 Boost 电路的二极管电流，U_b 是中间母线的电压值，i_b 是后级全桥逆变电路的输入电流。

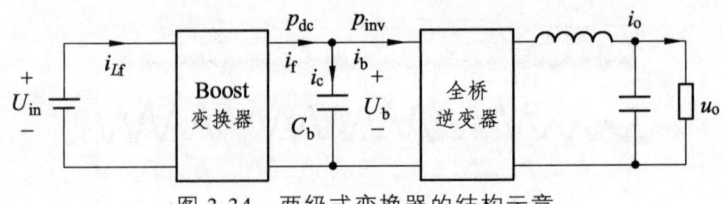

图 3-34 两级式变换器的结构示意

由上一节的分析可知，当后级逆变电路的负载发生变化时，母线电压波动的根本原因是 i_f 和 i_b 不相等。因此，只要能实时保证 i_f 的瞬时值和 i_b 的瞬时值相等，母线电压 U_b 就不会有波动。但实际上只要能确保 i_f 和 i_b 在开关周期内的平均电流 I_f 和 I_b 相等，就可以近似认为满足式（3-31），此时母线电压的 ΔU_b 近似为零。

前级电路和后级电路的开关周期为 T_s，则可以得到母线电容 C_b 在第 N 个开关周期的电荷平衡方程为

$$\Delta U_b = C_b \cdot (I_f(N) - I_b(N)) \cdot T_s = 0 \qquad (3\text{-}32)$$

式中：$I_f(N)$ 为前级 Boost 电路的二极管电流在一个周期的平均值，$I_b(N)$ 为后级全桥逆变电路的输入电流的平均值。

但在典型的双环控制中，前级 Boost 电路控制的是电感的平均电流 I_{Lf}，并非二极管的平均电流 I_f。另外，前级电路的电压环的带宽通常很小，此时由电压外环产生的电流指令 $i_{L_f}^*$ 必定会大大地滞后于 U_b 的波动。这两点决定了传统的双环控制在动态特性上存在着不可克服的缺陷。

前级 Boost 电路控制的通常是电感的平均电流 I_{Lf}，后级逆变电路控制的是逆变器滤波电感的平均电流 I_{Lb}，根据前后级电路稳态时的关系可得

$$\begin{cases} I_f = I_{Lf} \cdot (1 - D_f) \\ I_b = |I_{Lb}| \cdot D_b \end{cases} \qquad (3\text{-}33)$$

式中：D_f 表示前级 Boost 电路的占空比，D_b 表示后级逆变全桥电路的占空比。

将式（3-33）代入式（3-32）得到简化的用于控制的电荷平衡方程为

$$I_{Lf}(N) \cdot (1 - D_f(N)) = |I_{Lb}(N)| \cdot D_b(N) \qquad (3\text{-}34)$$

这表示通过控制前级电路的电流 $I_{Lf}(N)$ 和占空比 $D_f(N)$ 符合上述关系就可以达到电容充放电电荷的平衡,用来改善后级逆变器的负载发生变化带来的波动影响。其中,式(3-34)中的 $I_{Lf}(N)$ 和占空比 $D_f(N)$ 是控制中的同一拍产生的,在前级 Boost 电路中两者互相影响和制约,$D_f(N)$ 的值会影响 $I_{Lf}(N)$ 的值,而 $I_{Lf}(N)$ 的值也会影响 $D_f(N)$ 的值。所以,对于符合式(3-34)的条件来说,其实质就是求解 $D_f(N)$。

图 3-35 是前级 Boost 电路第 $N-1$ 拍到第 $N+1$ 拍期间电感电流 i_{Lf} 的波形。其中,$I_{Lf}(N-1)$ 和 $I_{Lf}(N)$ 分别是第 $N-1$ 拍和第 N 拍电流上升沿的中点,即电感电流在一个周期的平均值,对于平均电流控制来说就是 DSP 控制的电流采样点。

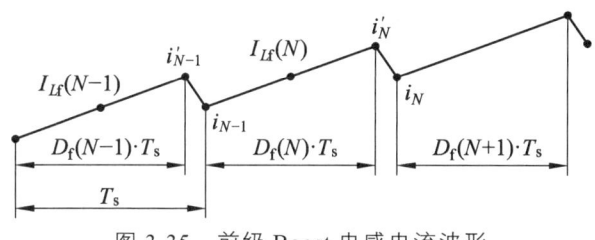

图 3-35 前级 Boost 电感电流波形

根据 Boost 电路的工作模态可得

$$\begin{cases} i'_{N-1} = I_{Lf}(N-1) + \dfrac{U_{in}D_f(N-1)T_s}{2L_f} \\ i_{N-1} = i'_{N-1} - \dfrac{(U_b - U_{in})(1 - D_f(N-1))T_s}{L_f} \end{cases} \quad (3\text{-}35)$$

式中:$D_f(N-1)$ 为第 $N-1$ 拍的前级 Boost 输出占空比;i'_{N-1} 为第 $N-1$ 拍的前级 Boost 开关管关断时电感电流 i_{Lf} 的峰值;i_{N-1} 为第 $N-1$ 拍前级 Boost 周期结束时电感电流 i_{Lf} 的值,也是第 N 拍 i_{Lf} 的初值。推导可得第 N 拍的初始电感电流 i_{N-1} 为

$$i_{N-1} = I_{Lf}(N-1) + \dfrac{(2U_b - U_{in})D_f(N-1)T_s}{2L_f} - \dfrac{(U_b - U_{in})T_s}{L_f} \quad (3\text{-}36)$$

第 N 拍的中点电流 $I_{Lf}(N)$ 为

$$I_{Lf}(N) = i_{N-1} + \frac{U_{in}D_f(N)T_s}{2L_f} \quad (3\text{-}37)$$

结合式（3-36）、式（3-37）可得

$$\begin{cases} I_{Lf}(N) = K_1 + K_2 D_f(N) \\ K_1 = i_{N-1} \\ K_2 = \dfrac{U_{in}T_s}{2L_f} \end{cases} \quad (3\text{-}38)$$

式中：K_1 实质就是通过第 $N-1$ 拍的采样电流和占空比预估得到的第 N 拍初始电流值 i_{N-1}，K_2 实质是前级 Boost 主电路参数决定的单位电流增量系数。

联立式（3-34）和式（3-38）可得

$$D_f(N) = \frac{(K_2 - K_1) + \sqrt{\delta}}{2K_2} \quad (3\text{-}39)$$

其中：

$$\delta = (K_1 + K_2)^2 - 4K_2 I_{Lb}(N) D_b(N) \quad (3\text{-}40)$$

当 δ 值小于零时，式（3-39）无解。此时的物理意义：在后级逆变器的负载发生变化的前几个开关周期，逆变电路侧的电流会迅速地增加，但前级 Boost 电路的二极管电流仍然很小，此时无法确保母线电容 C_b 的电荷平衡。此时可以令 δ 为零，可得

$$D_f(N) = \frac{K_2 - K_1}{2K_2} \quad (3\text{-}41)$$

考虑最恶劣的情况，即在后级逆变器的负载由空载投切到满载的极端情况下，因为前级 Boost 电路工作在断续模式下，K_1 会为零，这时 $D_f(N)$ 取值为 0.5，完全符合 Boost 电路快速响应的要求。

3.4.2 控制误差的消除

于简化的电荷平衡方程（3-34）中，逆变侧当前拍的占空比 $D_b(N)$ 可以

实时获得，但当前拍电流 $I_{Lb}(N)$ 无法获得。这时可以通过如下方程做简单的预测得到，即

$$I_{Lb}(N) = I_{Lb}(N-1) + \frac{D_N - D_{N-1}}{D_{N-1}} \cdot I_{Lb}(N-1) \quad (3\text{-}42)$$

另外，为了降低控制误差，控制中加入电荷误差积分环节，式（3-34）修正为

$$\begin{aligned}&I_{Lf}(N) \cdot [1 - D_f(N)] \\ &= \sum_{N=1}^{N} [|I_{Lb}(N)| \cdot D_b(N)] - \sum_{N=1}^{N-1} [I_{Lf}(N) \cdot (1 - D_f(N))]\end{aligned} \quad (3\text{-}43)$$

因此，可以在很大程度上抵消因各参数不精准带来的控制误差。

3.4.3 设计关键点

1. 基于电荷平衡控制的切入条件

该环节通过监控后级逆变器的负载电流 i_o 的 di_o/dt 来实现，对于数字控制来说，可分别取负载电流 i_o 前后两个周期的差值 di_o 作为判断条件。对于负载电流为正弦波电流，只要判断出 di_o 大于过零点（此时导数最高）两个开关周期的差值，就可以判断出后级逆变器的负载发生了变化。以负载电流 I_o 为 4 A，输出电流频率为 50 Hz，开关频率为 20 kHz 的单相全桥逆变电路为例，则有

$$di_o = \sqrt{2} \times 4 \sin\left(\frac{2\pi}{400}\right) = 0.089 \text{ A} \quad (3\text{-}44)$$

为了防止在后级逆变器稳态工作时发生误判断，通常将计算的 di_o 放大 3 倍后作为电荷平衡控制的切入的判据。

2. 电荷平衡控制退出条件

该环节通过监控两级式逆变器的中间母线电压 U_b 来实现。通过监测 U_b 是否恢复到额定值附近来判断电荷平衡控制是否退出。对于数字控制来说，U_b 是母线电压在一个市电周期内的平均值，因此需要通过一个工频市

电周期的计算得到。为了防止控制不足,可以通过附加监测电感电流的检测值 I_{Lf} 是否接近于双环控制计算得到的指令值来判断是否退出电荷平衡控制。

3. 电荷平衡控制参数影响

根据上述公式可知,电荷平衡控制的精度在很大程度上会受到上述公式所含参数的影响。影响精度的主要参数:前后级电路的控制占空比、电压和电流的采样值和前后级的电感量三类。

占空比:在 DSP 中可以读出的占空比和实际电路的占空比有一定的偏差,主要是由驱动电路的延迟时间和寄存器的死区时间引起的。为了提高精度,需要做补偿,对于延迟时间的补偿,需要测量驱动信号经过驱动电路后的延时时间,而对于死区时间的补偿,则可由死区寄存器得到。

电压和电流的采样值:采样值偏差的影响因素有采样延迟、采样精度。但实际设计中可以降低采样电路中的滤波电容来降低采样延迟,采样精度对于 12 位的 ADC 模块来说已经足够。

前后级的电感量:电感的磁芯磁导率与电流关系呈非线性,当电流大于一定值时,电感量会剧烈下降。电感的值发生了很大的偏差。因此,电感量是上述参数中对精度影响最大的。为了提高电感值的精度,可根据电感电流和电压值的关系计算出电感值,从而得到一个电感量和电流值的表,然后通过检测的电感电流 i_{Lf} 查表来确定电感的感值。

3.4.4 仿真验证

为了验证基于电荷平衡预测的变结构控制策略的有效性,用 MATLAB 的 Simulink 和 S 函数对两级式变流器系统进行仿真。

图 3-36 是在传统控制情况下,逆变器的输出电压 U_o、输出电流 I_o、母线电压 U_b、前级 Boost 电感电流 i_L 在 0.62 s 时投载的暂态和稳态时的波形。从图中可以看出,在逆变器投载时,逆变输出电压 U_o 基本不变,负载电流 I_o 发生突变,前级 Boost 电感电流 i_L 在暂态过程中缓慢变化。母线电压的冲

击电压跌落至 160 V，下跌了 40 V，在 0.75 s 达到了稳态，整个调节时间约 130 ms。

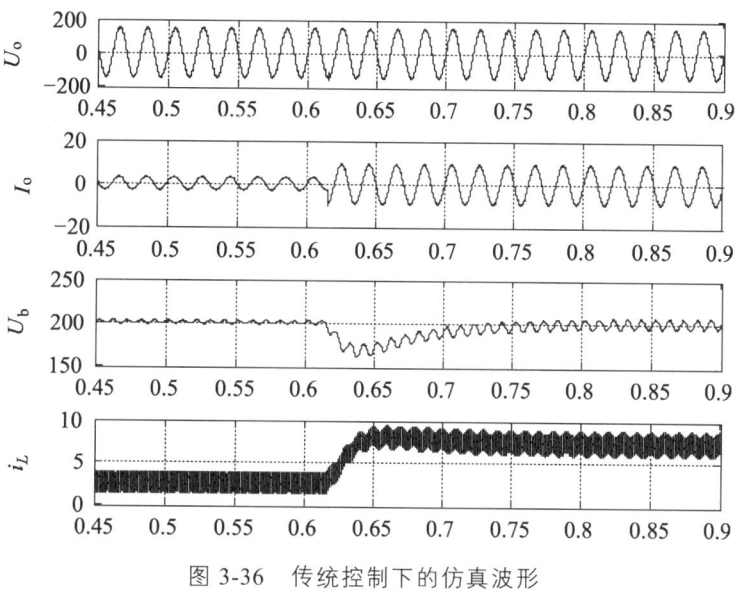

图 3-36 传统控制下的仿真波形

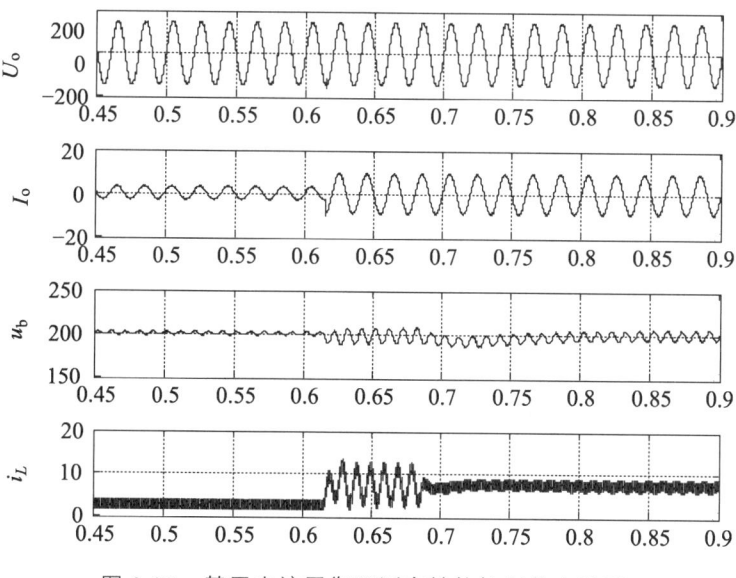

图 3-37 基于电流平衡预测变结构控制仿真波形

图 3-37 为应用本书所提出的基于电荷平衡预测的变结构控制的情况下，逆变器的输出电压 U_o、输出电流 I_o、母线电压 U_b、前级 Boost 电感电流 i_L 在 0.62 s 时投载的暂态和稳态时的波形。从图中可以看出，在逆变器投载时，逆变输出电压 U_o 基本不变，负载电流 I_o 发生突变。前级电感电流 i_L 在投载的暂态过程迅速变化，在稳态时与传统控制下相同。母线电压的冲击电压在投载的暂态过程中基本没有下跌，在 0.68 s 切换回传统控制结构时，母线电压下跌了 5 V 左右，在 0.72 s 达到了稳态，整个调节时间约 40 ms。

上述仿真结果表明，使用本书所提出的基于电荷平衡预测的变结构控制，可以有效地抑制母线电压的波动和冲击，大幅提高了母线电压的动态特性。

3.4.5 实验验证

图 3-38 是在传统双环控制情况下，两级式逆变器在后级逆变器的负载突然增大时的暂态和稳态的实验波形，从上往下依次是母线电压、后级逆变器的输出电压、后级逆变器的输出电流、前级 Boost 电感电流。后级逆变器的负载突然变化时，后级逆变电流 i_o 由 0 A 突变为 6 A 左右，但后级逆变器的输出电压 u_o 基本维持不变，此时母线电压下跌了 50 V，前级 Boost 电感电流 i_{Lf} 在暂态过程中缓慢由小变大，存在过冲，又缓慢变小，整个调节时间约为 160 ms。

图 3-39 为应用本文所提出的基于电荷平衡的变结构控制的情况下，两级式逆变器在后级逆变器的负载突然增大时的暂态和稳态的实验波形，从上往下依次是母线电压、后级逆变器的输出电压、后级逆变器的输出电流、前级 Boost 电感电流。后级逆变器的负载突然变化时，后级逆变电流 i_o 由 0 A 突变为 6 A 左右，但后级逆变器的输出电压 u_o 基本维持不变，前级 Boost 电感电流 i_{Lf} 迅速变化，母线电压 U_b 基本没有下跌，在切换回传统控制结构时，母线电压下跌很小，整个调节时间很短。

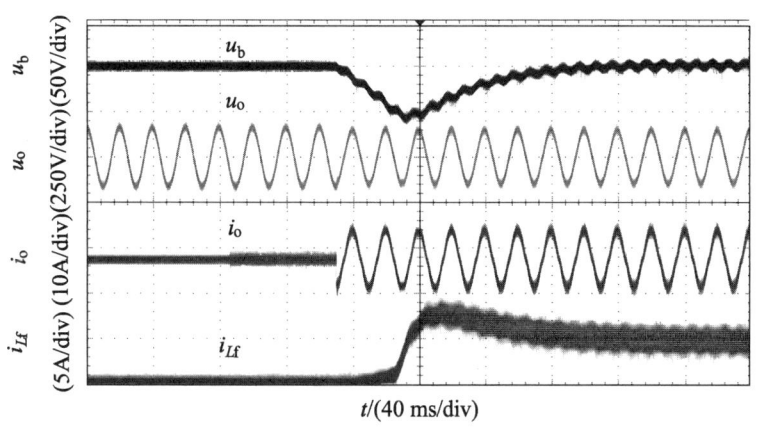

图 3-38 传统控制下的实验波形

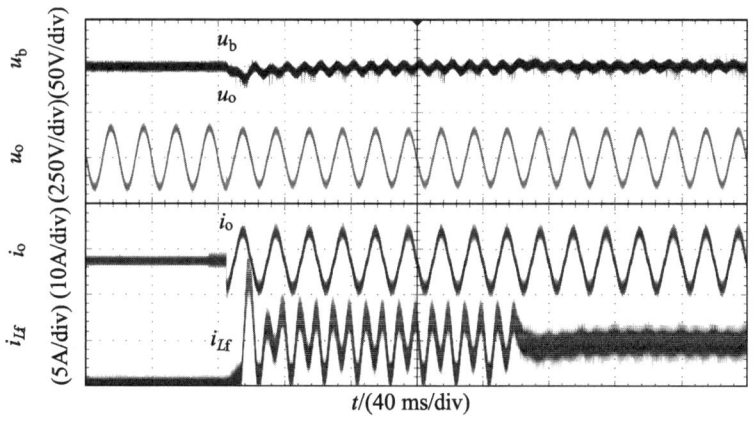

图 3-39 提出的控制方法下的实验波形

3.5 小结

本章先分析了两级式逆变器中间直流母线电容电压二次电压纹波的产生原因及二次电压纹波大小的计算,然后分析了直流母线电压低频纹波对两级式逆变器系统造成的影响,包括对前级 DC/DC 变换器输入的影响、对后级逆变器输出的影响和对母线电容本身的影响。针对上述对二次电压纹波大小分析,结合前人提出的一些控制策略,分析其不足之处,提出了三种改善控制策略并分析相应的优点。

紧接着讨论了三种抑制母线电压低频纹波的方法：① 电压反馈环节加入陷波器；② 后级逆变器瞬时功率前馈；③ 基于电荷平衡控制的变结构控制方法，用来改善两级式逆变器中间母线电压的动态特性。

首先，阐述了电压反馈环节加入陷波器的控制机理，通过分析电压控制器在 14 Hz 和 140 Hz 的带宽下，后级逆变器投载和卸载时的仿真波形，进而分析电压环带宽对母线电压动态特性的影响。通过加入陷波器来解决由于改变带宽所引起的电感电流二次纹波增大的问题，同时改善母线电压的动态特性，通过在含有陷波器的双环控制下，对后级逆变电路投谐振时进行仿真分析，验证含有陷波器的双环控制的有效性。

其次为了使后级逆变器负载变化时前级电感电流迅速做出响应，研究了一种基于传统双环控制的功率前馈控制算法，即将后级逆变电路输出电压与输出电流相乘得到瞬时输出功率，除以前级输出电压得到前馈量，与前级 Boost 双环控制的电压外环控制器的输出量相加作为电流内环新的给定量。通过仿真和实验验证了控制算法的有效性，并分析指出该控制方法可以改善母线电压的动态特性，但不能很好地抑制二次纹波电流。

最后，研究了基于电荷平衡控制的变结构控制方法，提出了一种基于电荷平衡控制和传统控制相组合的方法。前者负责改善动态下 U_b 的控制，后者负责稳态下抑制二次纹波电流 i_{2nd} 的控制，通过监控后级逆变器的负载电流 i_o 的 di_o/dt 和两级式逆变器的中间母线电压 U_b 来实现电荷平衡控制模式的切入与退出。通过仿真及实验验证了所提出方法的有效性和可行性。

4 两级式逆变器损耗模型

两级式逆变器损耗主要发生在开关器件、电感以及电解电容等方面,其中开关器件和电感产生的损耗要远远大于电解电容产生的损耗。本章主要是针对这三个方面损耗分别建模,再求整体的损耗模型。

4.1 两级式逆变器基本损耗模型

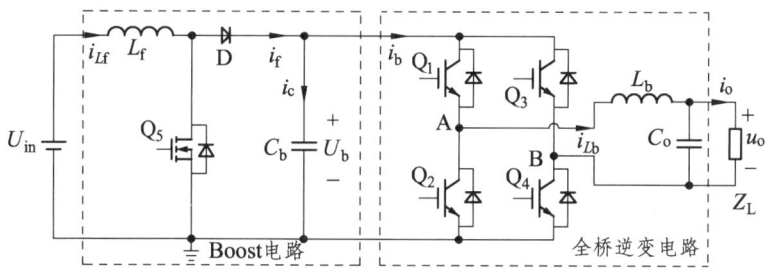

图 4-1 两级式逆变器主电路原理

两级式逆变器主电路原理如图 4-1 所示,前级为 Boost 电路,后级为全桥逆变电路,中间母线并联一个电解电容 C_b,用来储能和减小母线电压纹波大小。C_b 取值较大,承担了两级式逆变器前后级功率解耦工作。

4.1.1 前级电路基本公式

当 Boost 工作于稳态时,其波形如图 4-2 所示。根据储能电感在一个开关周期 T_f 内积累的能量和释放的能量相等,可得

$$U_b = \frac{1}{1-D_f} U_{in} \tag{4-1}$$

其中,D_f 为前级 Boost 开关管 Q_5 的占空比。

当开关管 Q_5 开通时，储能电感 L_f 承受正向电压 U_{in}，电感电流 i_{Lf} 升高。假设 U_{in} 恒定，L_f 是理想电感，i_{Lf} 呈线性变化，则

$$U_{in} = L_f \frac{di_{Lf}}{dt} = L_f \frac{\Delta i_{Lf}}{D_f T_f} \quad (4-2)$$

其中，T_f 是前级电路的开关周期。

根据式（4-1）和式（4-2）可得 L_f 的电流纹波量 Δi_{Lf}：

$$\Delta i_{Lf} = \frac{U_{in} T_f}{L_f}\left(1 - \frac{U_{in}}{U_b}\right) \quad (4-3)$$

假设稳态时 L_f 的平均电流为 I_{av_f}，则 L_f 的峰值电流 i_{p_f} 和谷底电流 i_{v_f} 为

$$\begin{cases} i_{p\_f} = I_{av\_f} + \Delta i_{Lf} = I_{av\_f} + \dfrac{U_{in} T_f}{2L_f}\left(1 - \dfrac{U_{in}}{U_b}\right) \\ i_{v\_f} = I_{av\_f} - \Delta i_{Lf} = I_{av\_f} + \dfrac{U_{in} T_f}{2L_f}\left(\dfrac{U_{in}}{U_b} - 1\right) \end{cases} \quad (4-4)$$

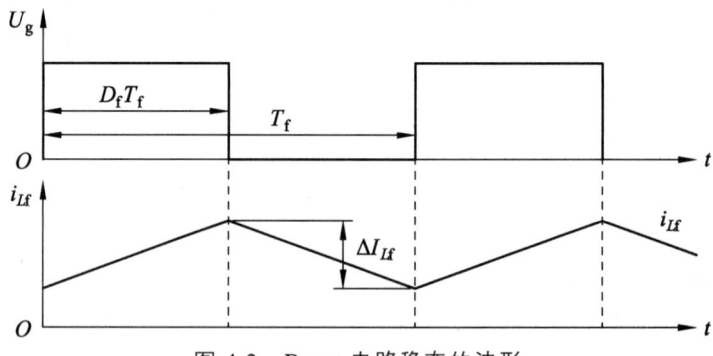

图 4-2 Boost 电路稳态的波形

4.1.2 后级电路基本公式

后级单相全桥逆变电路采用的是 SPWM 控制方式，固定高低频桥臂，低频臂开关管 Q_1、Q_2 开关频率为 $1/T_o$，高频臂开关管 Q_3、Q_4 开关频率为 $1/T_b$，上半周期和下半周期刚好正负对称，其损耗模型是一样的，故仅分析 T_o 周期前半周期的损耗模型，下半周期类似。和前级损耗模型不同，后级逆变电路中高频臂开关管 Q_4 的占空比是正弦变化的，且开关管开通瞬间和

关断瞬间的漏极电流大小不相等，这使得每一个节拍开通瞬间漏极电流要小于关断瞬间漏极电流。单相全桥逆变器拓扑图如图 4-3 所示，假设逆变器工作在 T_o 周期前半周期的第 N 个节拍，开关管 Q_4 漏极电流变化如图 4-4 所示。

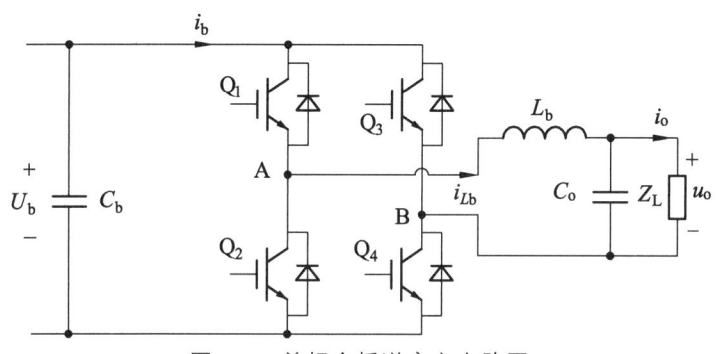

图 4-3 单相全桥逆变主电路图

图 4-4 中，i_q 为开关管 Q_4 漏极电流变化曲线，$i_\text{av\_b}$ 为 Q_4 漏极平均电流变化曲线，在电网周期 T_o 内，$i_\text{av\_b}$ 呈正弦变化。$i_\text{p\_b}(N)$ 为第 N 个节拍中 i_q 在 Q_4 关断瞬间的值，因其大小在 $T_\text{off\_b}(N)$ 时间段内最大，故称之第 N 个节拍的 i_q 峰值电流。$i_\text{v\_b}(N)$ 为第 N 个节拍中 i_q 在 Q_4 关断状态结束时刻的值，因其大小在 $T_\text{off\_b}(N)$ 时间段内最小，故称之第 N 个节拍的 i_q 谷底电流。$i'_\text{v\_b}(N)$ 为第 $N-1$ 个节拍的谷底电流。$I_\text{av\_b}(N)$ 为 $T_\text{off\_b}(N)$ 时间段内的平均电流。$\Delta i_{Lb(N)}$ 定义为第 N 个节拍的 i_q 电流纹波值。

逆变电路中，低频臂开关管 Q_1 恒开通，高频臂开关管 Q_4 进行开关动作，电路可等效为一个占空比 D_b 呈正弦量变化的 Buck 电路，得

$$D_\text{b}(N) = \frac{U_\text{o}}{U_\text{b}} |\sin(2\pi f_\text{o} N T_\text{b})| \qquad (4\text{-}5)$$

其中，$D_\text{b}(N)$ 为第 N 个节拍的开关管 Q_4 的占空比。

在 $T_\text{off\_b}(N)$ 时间段，$I_\text{av\_b}(N)$ 为 i_q 的平均电流，是 $i_\text{p\_b}(N)$ 和 $i_\text{v\_b}(N)$ 的中位值，根据三角形中位线定理，$I_\text{av\_b}(N)$ 所处的时间点刚好落在 $T_\text{off\_b}(N)$ 时间段的中点，即

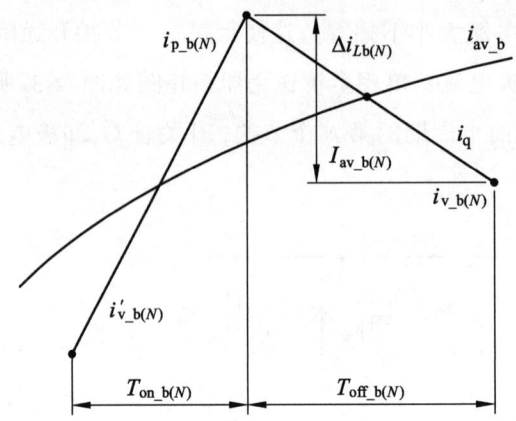

图 4-4 逆变电路第 N 个节拍开关管电流变化

$$I_{av\_b}(N) = I_{av\_b\_max} \sin\left[2\pi f_o\left([NT_b - (1-D_b(N))T_b/2]\right)\right]$$
$$= I_{av\_b\_max} \sin\left[2\pi f_o(N-1/2)T_b + \frac{U_o|\sin(2\pi f_o NT_b)|T_b}{2U_b}\right] \quad (4-6)$$

当开关管 Q_1 开通、Q_3、Q_4 关断时，滤波电感 L_b 承受反向电压 U_o，电感电流 i_{Lb} 升高。假设 U_o 恒定，L_b 是理想电感，i_{Lb} 纯线性变化，结合式（4-5）得第 N 个节拍电流纹波量 $\Delta i_{Lb}(N)$：

$$\Delta i_{Lb}(N) = \frac{U_o T_b}{2L_b}\left(1 - \frac{U_o}{U_b}|\sin(2\pi f_o NT_b)|\right) \quad (4-7)$$

根据式（4-5）和式（4-6），得 L_b 第 N 个节拍峰值电流 $i_{p\_b}(N)$ 和谷底电流 $i_{v\_b}(N)$：

$$\begin{cases} i_{p\_b}(N) = I_{av\_b\_max} \sin\left[2\pi f_o\left((N-1/2)T_b + \frac{U_o|\sin(2\pi f_o NT_b)|T_b}{2U_b}\right)\right] + \frac{U_o T_b}{2L_b}\left(1 - \frac{U_o}{U_b}|\sin(2\pi f_o NT_b)|\right) \\ i_{v\_b}(N) = I_{av\_b\_max} \sin\left[2\pi f_o\left((N-1/2)T_b + \frac{U_o|\sin(2\pi f_o NT_b)|T_b}{2U_b}\right)\right] + \frac{U_o T_b}{2L_b}\left(\frac{U_o}{U_b}|\sin(2\pi f_o NT_b)| - 1\right) \end{cases}$$
$$(4-8)$$

4.1.3 损耗简化公式

1. 开关管开关损耗的简化推导

开关管开通和关断过程中电压、电流简化波形如图 4-5 所示，其中 i_v

代表电感电流的谷点电流，就是相应开关管开通时刻的电流；i_p 代表电感电流的峰值电流，就是相应开关管关断时刻的电流。t_{cr} 和 t_{cf} 分别代表电流上升时间和下降时间，t_{vr} 和 t_{vf} 分别代表电压上升时间和下降时间。

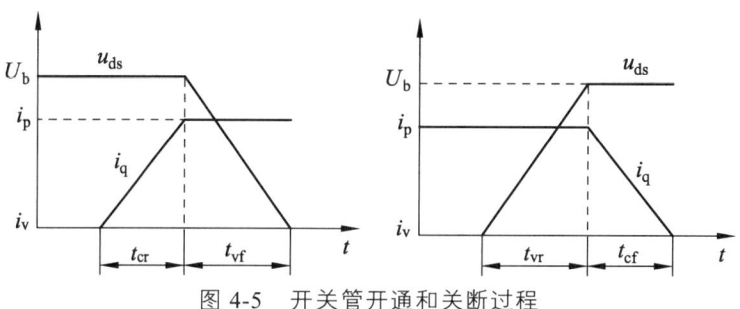

图 4-5　开关管开通和关断过程

开关管开通过程，电流 i_q 先从 i_v 上升到 i_p 后，电压 u_{ds} 才开始从 U_b 下降到零，开通损耗 P_{on} 可以表示为

$$P_{on} = \int_0^{t_{cr}+t_{vf}} u_{ds} i_q \mathrm{d}t \tag{4-9}$$

开关管关断过程，电压 u_{ds} 先从零上升到 U_b，电流 i_q 才从 i_p 下降到 i_v，关断损耗 P_{off} 可以表示为

$$P_{off} = \int_0^{t_{vr}+t_{cf}} u_{ds} i_q \mathrm{d}t \tag{4-10}$$

根据式（4-9）和式（4-10）可得开关管一个周期内的开关损耗：

$$P_{sw} = P_{on} + P_{off} = K_{ti}(i_p^2 + i_v^2)u_{ds} + K_{tv}(i_p + i_v)u_{ds}^2 \tag{4-11}$$

其中，K_{ti} 代表电流幅值与电流上升下降时间的关系系数，两者成正比；K_{tv} 代表电压幅值与电压上升下降时间的关系，两者也成正比。

2. 前级电路损耗

（1）开关管 Q_5。

假设 Q_5 导通时压降为 u_{on_Q5}，根据式（4-1），可得 Q_5 的通态损耗：

$$P_{on\_Q5} = I_{av\_f} u_{on\_Q5}\left(1 - \frac{U_{in}}{U_b}\right) \tag{4-12}$$

根据式（4-4）和式（4-11），可得 Q_5 的开关损耗：

$$P_{\text{SW\_Q5}} = 2K_{\text{tv\_Q5}} I_{\text{av\_f}} U_b^2 + 2K_{\text{ti\_Q5}} U_b \left[I_{\text{av\_f}}^2 + \frac{U_{\text{in}}^2 T_f^2}{4L_f^2} \left(1 - \frac{U_{\text{in}}}{U_b} \right)^2 \right] \quad (4\text{-}13)$$

（2）二极管 D。

假设二极管 D 的导通压降为 $u_{\text{on\_D}}$，有

$$P_{\text{on\_D}} = i_{\text{av\_f}} u_{\text{on\_D}} \frac{U_{\text{in}}}{U_b} \quad (4\text{-}14)$$

（3）电感 L_f。

电感损耗包括铜损 P_{cu} 和铁损 P_{fe}。

铜损包括直流损耗和交流损耗，因为平均电流不变，直流损耗不变，仅考虑交流铜损，则有

$$P_{\text{cu\_Lf}} = R_{\text{ac\_Lf}} \left[\frac{U_{\text{in}} T_f}{2L_f} \left(1 - \frac{U_{\text{in}}}{U_b} \right) \right]^2 / 3 \quad (4\text{-}15)$$

式中：$R_{\text{ac\_Lf}}$ 为前级电感绕组的交流电阻。

磁芯采用 Magnetic 的 Koolmμ 材料，铁损与电流纹波的关系为

$$P_{\text{fe\_Lf}} = B_f^2 f_f^{1.46} = f_f^{1.46} \left[\frac{U_{\text{in}} T_f}{2N_{Lf} A_{Lf}} \left(1 - \frac{U_{\text{in}}}{U_b} \right) \right]^2 \quad (4\text{-}16)$$

式中：B_f 为 Boost 工作时电感峰值磁通密度，f_f 为 Boost 的开关频率，N_{Lf} 和 A_{Lf} 分别代表线圈匝数和磁芯截面积。

3. 后级电路损耗

后级电路中 Q_3 和 Q_4 由高频 PWM 驱动；Q_1 和 Q_2 由低频 PWM 驱动，只需要考虑通态损耗，由于假设 i_{Lb} 的有效值不变，所以无需考虑 U_b 变化对 Q_1 和 Q_2 通态损耗的影响。

以输出电压正半周期为例，在一个开关周期内，Q_3 高频工作，Q_4 的反并联二极管 D_4 则续流。各部分损耗如下：

(1) 开关管 Q_3。

假设 Q_3 第 N 拍导通压降为 $u_{on\_Q3}(N)$，根据式（4-5）得到 Q_3 的通态损耗为

$$P_{on\_Q3}(N) = \frac{I_{av\_b}(N)u_{on\_Q3}(N)U_o}{U_b}\left|\sin(2\pi f_o NT_b)\right| \qquad (4\text{-}17)$$

根据式（4-8）和式（4-11），Q_3 第 N 拍的开关损耗为

$$P_{sw\_Q3}(N) = 2K_{tv\_Q3}(N)I_{av\_b}(N)U_b^2 + 2K_{ti\_Q3}U_b\left[2I_{av\_b}^2(N) + \frac{U_o^2 T_b^2}{2L_b^2}\left(1 - \frac{U_o}{U_b}\left|\sin(2\pi f_o NT_s)\right|\right)^2\right] \qquad (4\text{-}18)$$

(2) 二极管 D_4。

假设 D_4 在第 N 拍电流下压降为 $u_{on\_D4}(N)$，其通态损耗为

$$P_{on\_D4}(N) = I_{av\_b}(N)u_{on\_D4}(N)\left(1 - \frac{U_o}{U_b}\left|\sin(2\pi f_o NT_b)\right|\right) \qquad (4\text{-}19)$$

(3) 电感 L_b。

与 L_f 类似，根据式（4-8），第 N 拍的交流铜损和铁损分别为

$$P_{cu\_Lb}(N) = \frac{R_{ac\_Lb}}{3}\left[\frac{U_o T_b}{2L_b}\left(1 - \frac{U_o}{U_b}\left|\sin(2\pi f_o NT_b)\right|\right)\right]^2 \qquad (4\text{-}20)$$

$$P_{fe\_Lb}(N) = B_b^2 f_b^{1.46} = f_b^{1.46}\left[\frac{U_o T_b}{2N_{Lb}A_{Lb}}\left(1 - \frac{U_o}{U_b}\left|\sin(2\pi f_o NT_b)\right|\right)\right]^2 \qquad (4\text{-}21)$$

式中：B_b 为逆变器工作时电感峰值磁通密度，R_{ac_Lb} 为电感绕组的交流电阻，f_b 为后级逆变器的开关频率，N_{Lb} 和 A_{Lb} 分别代表线圈匝数和磁芯截面积。

后级电路中的器件损耗需依据 N 值在一个逆变周期内累加得到。

4.2 基于 Datasheet 的 IGBT 损耗模型

4.2.1 Datasheet 中 IGBT 损耗曲线

不同厂家生产的 IGBT，以及同一厂家生产的不同系列 IGBT，由于制造工艺不一样，其性能特性都会有所差异。而在性能特性中，开关损耗对

于研发者尤为重要,因为其直接影响产品的效率。除了少部分 Datasheet 中开关损耗以数据表形式呈现,大多数 Datasheet 中开关损耗以开关损耗曲线形式呈现,如图 4-6～图 4-8 所示。

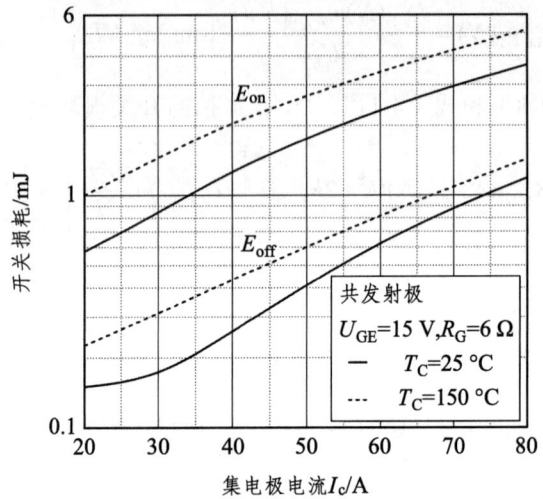

图 4-6　FGH40N60SMDF 典型开关损耗与集电极电流之间的关系

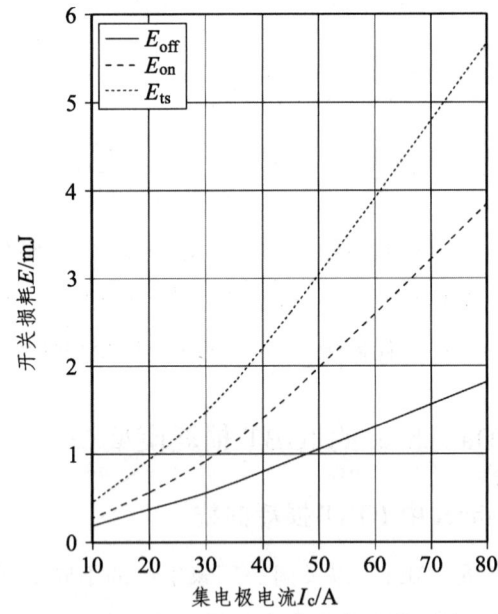

图 4-7　IKW40N60H3 典型开关损耗与集电极电流之间的关系

图 4-6 为 ON Semiconductor 生产的型号为 FGH40N60SMDF 的 IGBT 典型开关损耗与集电极电流之间的关系曲线,包括开通损耗曲线与关断损耗曲线。其中,T_c 为 PN 结结温,U_{GE} 为开通电压,R_G 为驱动电阻,I_c 为集电极电流,E_{on} 为开通损耗,E_{off} 为关断损耗。图中 U_{GE}= 15 V,R_G= 6 Ω,虚线为 T_c= 150°时测得的损耗曲线,实线为 T_c= 25°时测得的损耗曲线。观察图 4-6 损耗曲线:相同 I_c 和相同 T_c 的情况下,E_{on} 比 E_{off} 大得多;相同 I_c 的情况下,T_c= 25°时的 E_{on} 或 E_{off} 小于 T_c= 150°时的 E_{on} 或 E_{off};相同 T_c 的情况下,E_{on} 或 E_{off} 与 I_c 正相关。

图 4-7 为 Infineon 生产的型号为 IKW40N60H3 的 IGBT 典型开关损耗与集电极电流之间的关系曲线,包括开通损耗曲线、关断损耗曲线和总损耗曲线。其中,E_{ts} 为总开关损耗(E_{ts}= E_{on}+E_{off}),U_{GE}= 15 V,U_{CE}= 400 V,R_G= 7 Ω,T_c= 175°,虚线为开通损耗曲线,实线为关断损耗曲线,点划线为总损耗曲线。观察图 4-7 所示损耗曲线:相同 I_c 的情况下,E_{on} 比 E_{off} 大得多;E_{on}、E_{off} 和 E_{ts} 与 I_c 正相关;I_c 小于 10 A 时,E_{on} 和 E_{off} 相差不大;I_c 越大,E_{on}、E_{off} 和 E_{ts} 增加越快。

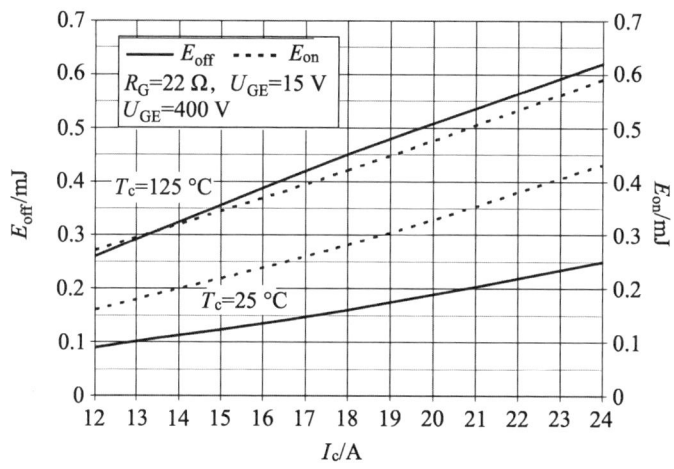

图 4-8 IXGA16N60C2 典型开关损耗与集电极电流之间的关系

图 4-8 为 IXYS 生产的型号为 IXGA16N60C2 的 IGBT 典型开关损耗与

集电极电流之间的关系曲线,包括开通损耗曲线和关断损耗曲线。其中,$U_{GE}=15\ V$,$U_{CE}=400\ V$,$R_G=22\ \Omega$,虚线为开通损耗曲线,实线为关断损耗曲线。观察图 4-8 所示损耗曲线:相同 I_c 的情况下,$T_c=25°$ 的 E_{on} 或 E_{off} 小于 $T_c=125°$ 的 E_{on} 或 E_{off};相同 T_c 的情况下,E_{on} 或 E_{off} 与 I_c 正相关;相同 I_c 和 $T_c=25°$ 的情况下,E_{on} 比 E_{off} 大得多;$T_c=125°$ 的情况下,$I_c<13.3\ A$ 时,则 $E_{on}>E_{off}$,$I_c>13.3\ A$ 时,则 $E_{on}<E_{off}$。

综上,IGBT 开通损耗和关断损耗与集电极电流正相关,除了少部分特殊情况以外,开通损耗要大于关断损耗。

4.2.2 多项式拟合法

已知若干个离散数据点,通过调整函数 $f(x)$ 的若干个待定系数,使得 $f(x)$ 与已知的数据点的偏差足够小,这称之为拟合,则函数 $f(x)$ 称为拟合函数。当拟合函数为多项式时,称为多项式拟合。

假设给定离散数据点 (x_i,y_i)($i=0,1,\cdots,m$),Φ 为最高次数不超过 n 的多项式构成的函数类,现求多项式 $p_n(x)=\sum_{k=0}^{n}a_k x^k \in \Phi$,使得误差平方和 $I=\sum_{i=0}^{m}(p_n(x_i)-y_i)^2$ 最小,误差平方和可表示为

$$I=\sum_{i=0}^{m}\left(p_n(x_i)-y_i\right)^2=\sum_{i=0}^{m}\left(\sum_{k=0}^{n}a_k x_i^k - y_i\right)^2 \quad (4\text{-}22)$$

而满足式(4-22)的 $p_n(x)$ 称为最小二乘拟合多项式。特别地,当 $n=1$ 时,称为线性拟合或直线拟合。

显然式(4-22)为 $a_0,a_1,\cdots,a_n$ 的多元函数,因此上述问题即为求 $I=I(a_0,a_1,\cdots,a_n)$ 的极值问题。由多元函数求极值的必要条件,得

$$\frac{\partial I}{\partial a_j}=2\sum_{i=0}^{m}\left(\sum_{k=0}^{n}a_k x_i^j - y_i\right)x_i^j=0,\quad j=0,1,\cdots,n \quad (4\text{-}23)$$

即

$$\sum_{k=0}^{n}\left(\sum_{i=0}^{m}x_i^{j+k}\right)a_k = \sum_{i=0}^{m}x_i^j y_i, \quad j=0,1,\cdots,n \quad (4\text{-}24)$$

式（4-24）是关于 a_0, a_1, $\cdots$, a_n 的线性方程组，用矩阵表示为

$$\begin{bmatrix} m+1 & \sum_{i=0}^{m}x_i & \cdots & \sum_{i=0}^{m}x_i^n \\ \sum_{i=0}^{m}x_i & \sum_{i=0}^{m}x_i^2 & \cdots & \sum_{i=0}^{m}x_i^{n+1} \\ \vdots & \vdots & & \vdots \\ \sum_{i=0}^{m}x_i^n & \sum_{i=0}^{m}x_i^{n+1} & \cdots & \sum_{i=0}^{m}x_i^{2n} \end{bmatrix} \begin{bmatrix} a_0 \\ a_1 \\ \vdots \\ a_n \end{bmatrix} = \begin{bmatrix} \sum_{i=0}^{m}y_i \\ \sum_{i=0}^{m}x_i y_i \\ \vdots \\ \sum_{i=0}^{m}x_i^n y_i \end{bmatrix} \quad (4\text{-}25)$$

式（4-24）和式（4-25）称为正规方程组或法方程组。其中，方程组（4-25）的系数矩阵是一个对阵正定矩阵，故方程组存在唯一解。从式（4-25）中可解出 a_k（$k=0$, 1, $\cdots$, n），从而得到多项式函数：

$$p_n(x) = \sum_{k=0}^{n} a_k x^k \quad (4\text{-}26)$$

可以证明，式（4-26）中的 $p_n(x)$ 满足式（4-22），即 $p_n(x)$ 为所求的多项式拟合函数。

4.2.3 前后级损耗模型

不同厂家生产的 IGBT，以及同一厂家生产的不同系列 IGBT，其开关损耗曲线都不一样，这里以 Infineon 公司产生的 IGBT IKW40N60H3 为例，开关损耗曲线如图 4-7 所示。

图 4-7 中包含开通损耗曲线和关断损耗曲线，通过数据采集工具 image2data 获取开通损耗 E_{on} 和关断损耗 E_{off} 关于漏极电流 i_c 的离散数据点。获取规则：曲线曲率变化大处获取数据点尽量分布密一些，而曲线曲率变化小处获取数据点可分布疏一些。开通损耗曲线取 22 个数据点，关断损耗曲线取 20 个数据点，所获取的离散数据点如表 4-1 和表 4-2 所示。

表 4-1　开通损耗关于漏极电流的数据点

i_c/A	E_{on}/mJ	i_c/A	E_{on}/mJ
10.172 0	0.314 6	50.073 7	2.000 0
13.611 8	0.393 3	53.685 5	2.202 2
17.223 6	0.483 1	57.125 3	2.427 0
21.007 4	0.606 7	60.221 1	2.595 5
24.275 2	0.719 1	62.973 0	2.775 3
27.715 0	0.853 9	66.068 8	2.966 3
31.842 8	1.022 5	68.820 6	3.146 1
35.798 5	1.202 2	71.744 5	3.325 8
39.410 3	1.370 8	74.668 3	3.505 6
43.022 1	1.573 0	76.904 2	3.640 4
46.289 9	1.764 0	79.828 0	3.820 2

表 4-2　关断损耗关于漏极电流的数据点

i_c/A	E_{off}/mJ	i_c/A	E_{off}/mJ
10.000 0	0.191 7	52.653 6	1.105 3
13.095 8	0.236 8	56.265 4	1.195 5
17.051 6	0.293 2	59.705 2	1.297 0
20.835 4	0.372 2	62.801 0	1.375 9
24.963 1	0.439 8	65.896 8	1.454 9
29.262 9	0.541 4	68.820 6	1.511 3
33.906 6	0.631 6	72.088 5	1.590 2
38.550 4	0.755 6	74.668 3	1.669 2
43.194 1	0.868 4	77.420 1	1.748 1
48.009 8	1.003 8	79.828 0	1.815 8

对表 4-1 中开通损耗 E_{on} 关于漏极电流 i_c 的数据点进行多项式曲线拟合，经实验测试发现，当多项式最高次数达到 3 时，误差平方和 SSE 为 0.001 6，接近于零，R-square 高达 0.999 9，拟合效果非常好，拟合函数对

开通损耗数据点解释能力非常强。多项式拟合函数如式（4-27）所示，拟合效果如图 4-9 所示。

$$E_{on} = f_{on}(i_c) = -4.798 \times 10^{-6} i_c^3 + 9.598 \times 10^{-4} i_c^2 - 1.209 \times 10^{-3} i_c + 0.242\,7 \quad (4\text{-}27)$$

对表 4-2 中关断损耗 E_{off} 关于漏极电流 i_c 的数据点进行多项式曲线拟合，经实验测试发现，当多项式最高次数达到 3 时，误差平方和 SSE 为 0.001 6，接近于零，R-square 高达 0.999 7，拟合效果非常好，拟合函数对关断损耗数据点解释能力非常强。多项式拟合函数如式（4-28）所示，拟合效果如图 4-10 所示。

$$E_{off} = f_{off}(i_c) = -1.583 \times 10^{-6} i_c^3 + 2.84 \times 10^{-4} i_c^2 + 9.117 \times 10^{-3} i_c + 0.069\,4 \quad (4\text{-}28)$$

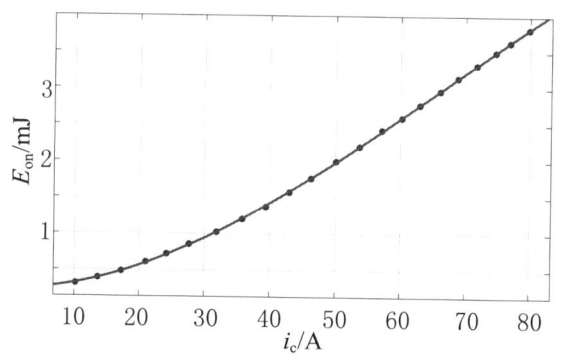

图 4-9　开通损耗拟合

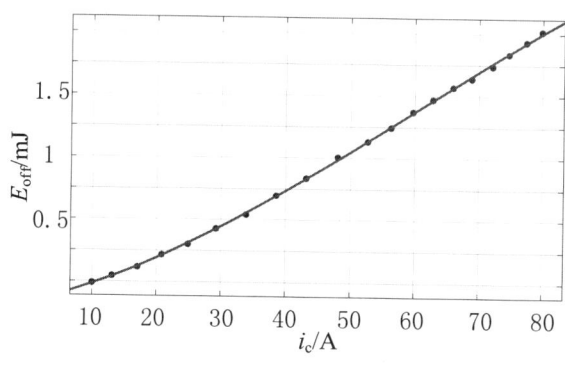

图 4-10　关断损耗拟合

1. 前级损耗模型

根据 4.1 节分析，前级 Boost 电路在工作时储能电感有电流纹波，开关管开启电流（开通后瞬间电流）和关断电流（关断前瞬间电流）并不一样，因电感纹波电流的存在，使得开启电流减小，关断电流增大，进而使开通过程损耗降低，关断过程损耗增大。根据式（4-4）、式（4-27）和式（4-28），得

$$\begin{aligned} E_{\text{loss\_f}} &= E_{\text{on\_f}} + E_{\text{off\_f}} \\ &= f_{\text{on}}(i_{\text{v\_f}}) + f_{\text{off}}(i_{\text{p\_f}}) \\ &= f_{\text{on}}\left[I_{\text{av\_f}} + \frac{U_{\text{in}}T_{\text{f}}}{2L_{\text{f}}}\left(\frac{U_{\text{in}}}{U_{\text{b}}} - 1\right)\right] + f_{\text{off}}\left[I_{\text{av\_f}} + \frac{U_{\text{in}}T_{\text{f}}}{2L_{\text{f}}}\left(1 - \frac{U_{\text{in}}}{U_{\text{b}}}\right)\right] \end{aligned} \quad (4\text{-}29)$$

2. 后级损耗模型

结合式（4-27）、式（4-28）可得第 N 个节拍开关管 Q_4 开关损耗：

$$\begin{aligned} E_{\text{loss\_b}}(N) &= E_{\text{on\_b}}(N) + E_{\text{off\_b}}(N) \\ &= f_{\text{on}}(i_{\text{v\_b}}(N)) + f_{\text{off}}(i_{\text{p\_b}}(N)) \end{aligned} \quad (4\text{-}30)$$

已知 T_{o} 周期内共有 $N_{\max}=T_{\text{o}}/T_{\text{b}}$ 个节拍，故上半个 T_{o} 周期的能量损耗为

$$\begin{aligned} E_{\text{loss}/2}(N) &= \sum_{i=1}^{N_{\max}/2} E_{\text{loss\_b}}(N) \\ &= \sum_{i=1}^{N_{\max}/2} (f_{\text{on}}(i_{\text{v\_b}}(N)) + f_{\text{off}}(i_{\text{p\_b}}(N))) \end{aligned} \quad (4\text{-}31)$$

故逆变器的损耗功率可表示为

$$P_{\text{loss\_b}} = \frac{2}{T_0} \sum_{i=1}^{N_{\max}/2} (f_{\text{on}}(i_{\text{v\_b}}(N)) + f_{\text{off}}(i_{\text{p\_b}}(N))) \quad (4\text{-}32)$$

4.3 二极管反向恢复特性的建模

4.3.1 Datasheet 损耗建模中的不足

Datasheet 中开关损耗曲线是半导体厂商实验测得到的，具有一定的参考价值。如果实际应用中 IGBT 的状态参数和 Datasheet 中的一样，那么

Datasheet 损耗建模无疑是最好的损耗建模方法。然而，实际应用中 IGBT 的状态参数并不是简单的对 Datasheet 中模型的复盘，前者和后者并不一样，有时还相差特别大，并且，不同的设备中 IGBT 的状态参数也不一样，这导致 Datasheet 损耗建模无法应用到实际中，这限制了 Datasheet 损耗建模的推广。

如图 4-6，IGBT 的状态参数：U_{GE} = 15 V，R_G = 6 Ω，PN 结结温为 25 ℃ 和 150 ℃；图 4-7，IGBT 的状态参数：U_{GE} = 15 V，U_{CE} = 400 V，R_G = 7 Ω，T_c = 175 ℃；图 4-8，IGBT 的状态参数：U_{GE} = 15 V，U_{CE} = 400 V，R_G = 22 Ω，PN 结结温为 25 ℃ 和 125 ℃。可见，不同的半导体厂商，测试的 IGBT 的状态参数各不一样，没有一个统一的标准，有的半导体厂商甚至没给出开关损耗曲线。

在不同的设备中，驱动电阻 R_G、漏源极电压 U_{ds}、IGBT 环路等效电感 L_s 等基本不一样，但是这些却是影响开关损耗的重要因子。R_G 越小，开关管开关速度越快，开关管漏极电流和漏源极电压的重叠面积越小，损耗越小，但是，当其低于一个临界值时，漏极电流的急剧变化将会导致电压尖峰迅速变大，重叠面积反而变得更大，损耗剧烈增加，甚至使 IGBT 损坏。U_{ds} 直接关系到重叠面积的大小，U_{ds} 越大，开关损耗越大。L_s 包括开关管体内寄生电感、PCB 板的线路电感等寄生电感，这是实际设备中不可避免的，它的存在，使得开关管在关断的过程中发生谐振，导致 U_{ds} 出现电压尖峰，从而影响开关损耗，U_{ds} 越大，关断损耗越大。

除了以上几种影响因素，还有一种极其重要的因素，那就是二极管反向恢复特性。二极管反向恢复特性的存在，使得 IGBT 在开通过程中承受除储能电感电流之外的反向恢复电流，导致 IGBT 开通电流出现电流尖峰，然而在 Datasheet 中，二极管反向恢复特性很少提及，只有少部分 Datasheet 描绘出开关管比较接近真实的开关波形，但是并没有详细叙述二极管反向恢复特性对开关管开关损耗的影响，且其开关损管曲线也是避二极管反向恢复特性而不谈。对于开关损耗来说，二极管反向恢复特性是一个不可避免的重要影响因素。因二极管反向恢复特性的存在，开关管开通和关断将会引起电流和电压尖峰。故二极管反向恢复特性的研究也是重中之重，其建模方法迫在眉睫。

4.3.2 二极管反向恢复特性及其对损耗的影响

开关变换器中的基本单元[42]如图 4-11 所示。其中，L_s 为线路分布电感，I_L 为恒流源（代替电感），i_d 为二极管电流，U_o 为输出电压。当开关管 Q 开通，功率二极管 D 关断时，功率二极管和开关管电流换流。由于功率二极管的反向恢复特性，I_L 和功率二极管上的反向恢复电流 i_d 叠加，流过线路分布电感 L_s，共同作用在开关管上，增加了开关管开通时刻的损耗。

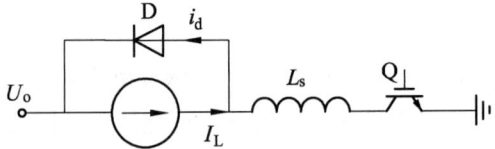

图 4-11　开关变换器基本单元等效电路

1. 传统的反向恢复模型

功率二极管为 PIN 结构，在 n^+ 和 p^+ 区之间增加了一个低掺杂的 n^- 区，如图 4-12 所示。

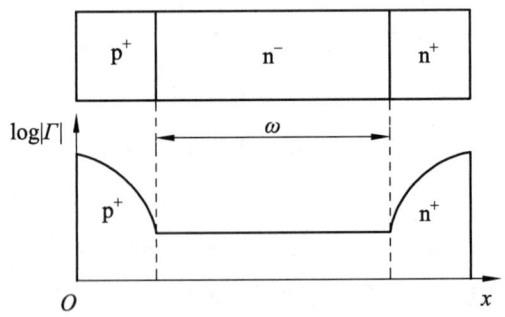

图 4-12　典型的功率二极管结构示意和内部载流子分布

正向导通时，n^- 区聚集了大量的载流子，其浓度远远大于 n^- 区背景掺杂浓度。此时，给功率二极管施加反压，n^- 区存储的载流子被抽离，电压反向阻断能力逐渐恢复。该过程可分为两个阶段：正向电流衰减过程和反向电流恢复过程。

（1）正向电流衰减过程。

从 t_0 时刻开始，二极管电流 i_D 以 U_o/L_s 的速率衰减，如图 4-13 所示。当 i_D 减小至零后反向增加，之后 n^- 区存储的剩余载流子开始抽离。载流子浓度衰减过程如图 4-14 所示。本阶段电流有

$$i_D = I_F - \frac{U_o}{L_s} t \tag{4-33}$$

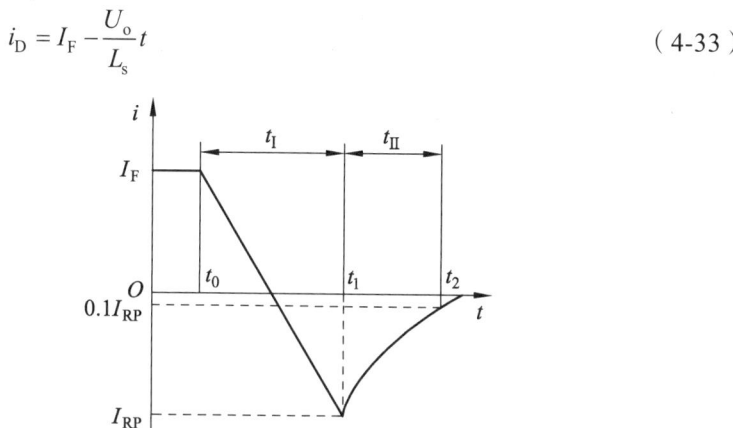

图 4-13 功率二极管的反向恢复传统模型曲线

当 n^- 区边界处载流子浓度在 t_1 时刻到达零时，依据电流的浓度梯度式，反向电流达到最大值，边界处开始建立空间电荷层并承受反偏电压。

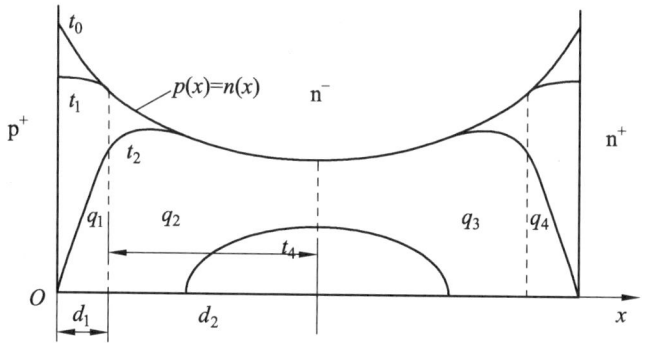

图 4-14 反向恢复过程中基区载流子浓度变化

（2）反向电流恢复过程。

从 t_1 开始进入电流反向恢复过程。在反向电流恢复过程的初期阶段，随着反偏电压的迅速增加，空间电荷层迅速扩展，基区 p^+n 结侧的空穴和基区 nn^+ 结侧的电子在电场作用下被高速扫出基区，形成扫出电流。因为大电场的作用，扫出效应的时间常数 τ_{SW} 要远小于载流子的寿命 τ，扫出电流有较大的幅值且迅速衰减。

在反向电流恢复过程的后期阶段，当反偏电压已经基本建立，空间电荷层和扫出区不再扩展后，基区内仍然留下的剩余载流子主要通过复合作用减小。载流子复合寿命 τ_{RE} 比扫出寿命 τ_{SW} 大一个数量级，这导致了复合电流较小但持续的时间很长。

所以，电流反向恢复时先迅速下降再缓慢下降。

2. 传统模型中存在的问题

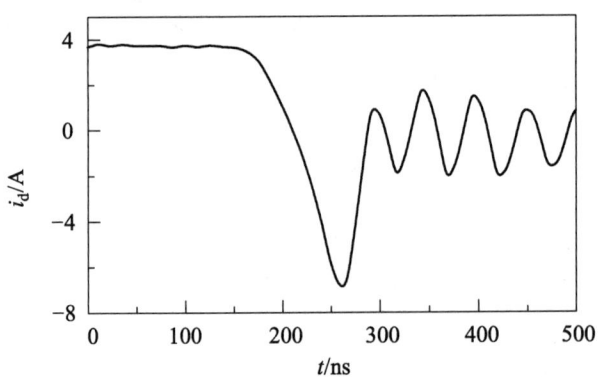

图 4-15 功率二极管反向恢复特性电流测试波形

传统模型中认为二极管正向电流衰减过程的电流变化率 di/dt 等于 U_o/L_s，即电流按恒定斜率下降。然而在实际电路中，功率二极管正向电流衰减过程并非斜率恒定的斜线，而是先有一个斜率短时增加而电流微降，然后再以较大的斜率实现电流迅速大幅下降，最后达到峰值的曲线。图 4-15 所示为实际电路中检测的功率二极管反向恢复特性电流波形。

进一步分析可以发现，功率二极管正向电流衰减过程中分布电感 L_s 的端电压并不等于输出电压 U_o。如图 4-11 所示，在开关管开通时，功率二极管、开关管、分布电感和输出负载形成一个回路。其中，开关管电压不是恒定值，而是逐渐下降为零，如图 4-16 实际测试所示。故分布电感端电压为 $\Delta U = U_o - U_{ce}$，ΔU 由于受到开关管集射极电压 U_{ce} 变化的影响而呈现上升的趋势，而电流变化率 $di/dt = \Delta U/L_s$，导致二极管正向电流衰减过程的电流变化率逐渐升高。到了正向电流衰减过程末期，电流变化率又逐渐减小，这主要是因为在电流正向衰减过程末期，功率二极管端电压实际上逐渐增大，分布电感端电压 $\Delta U = U_o - U_{ce} + U_d$ 逐渐下降到接近零，导致二极管电流变化率逐渐下降，最后至零。

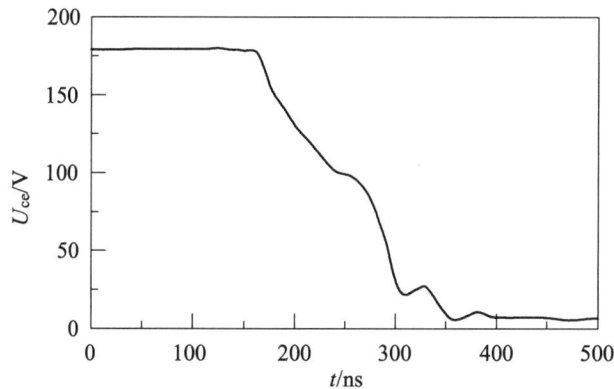

图 4-16　功率二极管关断过程中开关管集射极电压波形

3. 二极管的反向恢复特性对损耗的影响

如图 4-11，开关管 Q 开通，电流 i_c 增大，因为二极管反向恢复电流的存在，i_c 上升到 I_L 之后将继续升高，随着 n⁻ 区积累的载流子的逐渐抽离，i_c 升高到某个值之后将下降，最后稳定在 I_L，载流子至此消耗完。这个过程中，i_c 额外增加的电流尖峰正是二极管反向恢复特性引起的，而此时漏源极电压并未下降到零，使得开通过程出现额外的重叠区 S，如图 4-17 所示，重叠区就是二极管的反向恢复特性给开关管带来的额外损耗。该损耗的大小不仅仅与二极管正向电流有关，还与 L_s 有关[43]。显然，正向电流越大，

n^- 区存储的载流子越多，i_c 的尖峰越大，由二极管的反向恢复特性给开关管带来的额外损耗越大。

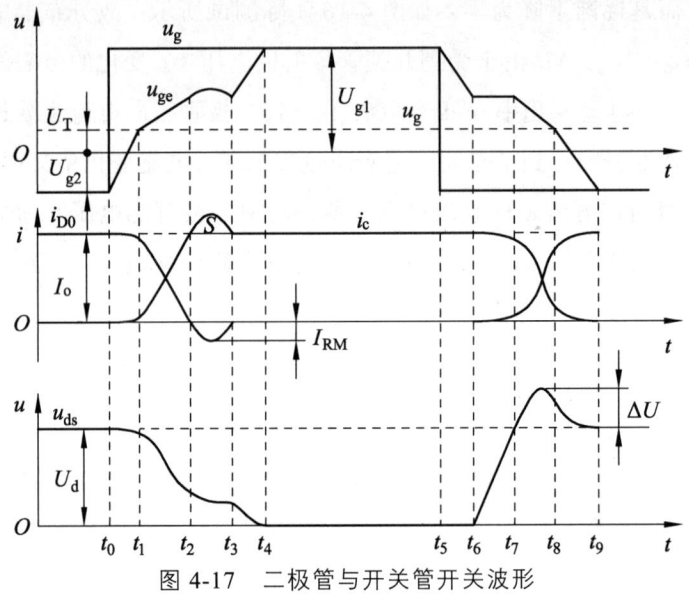

图 4-17 二极管与开关管开关波形

4.3.3 二极管反向恢复特性建模

功率二极管反向恢复特性曲线为非线性曲线，常用的建模方法包括：① 通过曲线起始点和结束点对正向电流衰减过程曲线建立线性模型，缺点是原始信息出现大批量的损失，模型精度不足。② 根据正向电流衰减过程曲线建立多项式模型，缺点是需要高次多项式才能达到满意的精度。

本书提出一种新颖的建模方法，即建立关于 L_s 和 I_F 的二极管反向恢复特性模型。首先，采集在不同 L_s 和不同 I_F 情况下的二极管的反向恢复电流波形数据，对其进行归一化处理得到单位过程模型；然后，对关键参数（正向电流衰减时间 t_I、反向电流恢复时间 t_{II}、反向恢复电流尖峰 I_{RP} 和关断前正向电流 I_F）和单位过程模型（任意 L_s 和 I_F 情况下的归一化反向恢复电流波形）进行提取，通过多项式三维拟合得到关键参数模型；最后根据获得的关键参数模型和单位过程模型，建立功率二极管反向恢复特性模型。模型建立流程如图 4-18 所示。

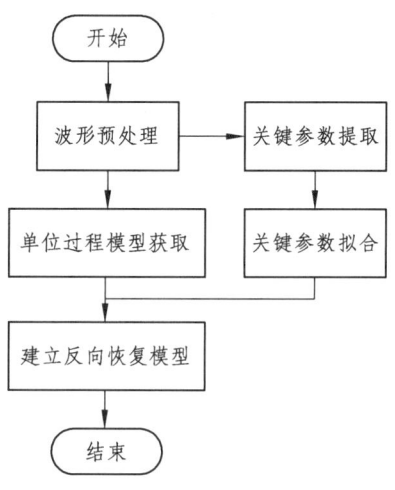

图 4-18　模型建立流程图

1. 数据采集和预处理

为获取功率二极管反向恢复数据，搭建 Boost 电路实验平台，平台实物如图 4-19 所示，对其功率二极管反向恢复电流波形数据进行采集。

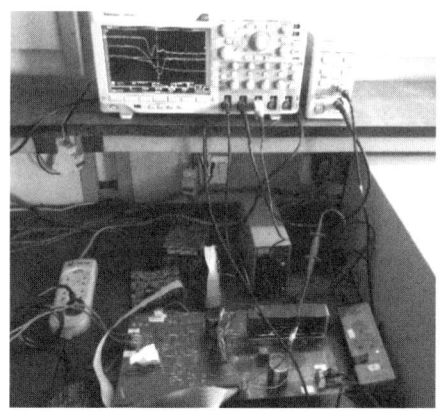

图 4-19　Boost 电路平台实物

实验采集的功率二极管反向恢复电流波形包含大量的原始白噪声，不利于关键参数的提取，影响模型的精度。为滤除白噪声，获取平滑的低噪声波形，本书对实验采集的波形进行了小波去噪。小波去噪参数设置如表 4-3 所示。其中，sym6 是消失矩为 6 的 symlet 小波函数，即近似对称的紧支集正交小波，其具有良好的对称性，能在一定程度上减少对信号进行分析和重构发生的相位失真。

表 4-3 小波去噪参数设置

参数	设定值
阈值选择标准	极大极小值
阈值使用方式	软阈值
分解层数	5
小波包	sym6

小波去噪后电流波形噪声明显降低，如图 4-20 所示，处理前的波形包含大量的毛刺，而处理后的波形光滑平整。

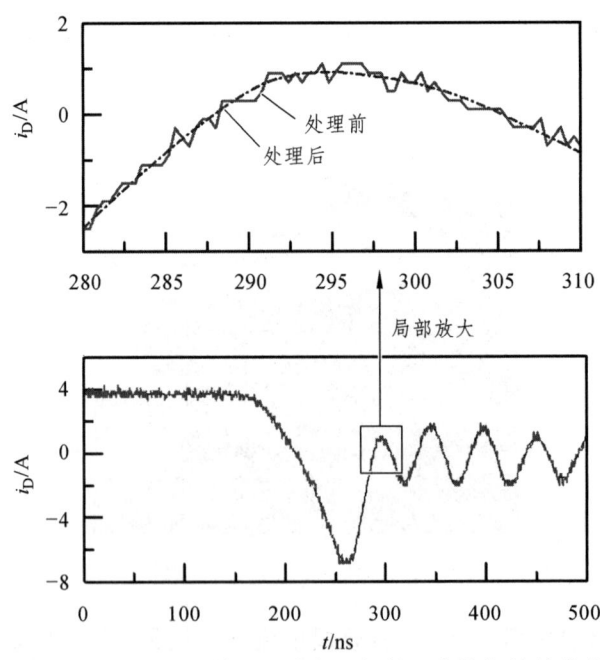

图 4-20 小波去噪前后的功率二极管反向恢复特性曲线

2. 关键参数和单位过程模型获取

小波去噪得到的低噪波形数据，利用 MATLAB 的数据处理功能提取关键参数 I_F、I_{RP}、t_I 和 t_{II}。图 4-21 为二极管反向恢复特性曲线简化图，其中曲线 I 为 $t_0 \sim t_1$ 的曲线段，即正向电流衰减过程，时长为 t_I；曲线 II 为 $t_1 \sim t_2$ 的曲线段，即反向电流恢复过程，时长为 t_{II}。

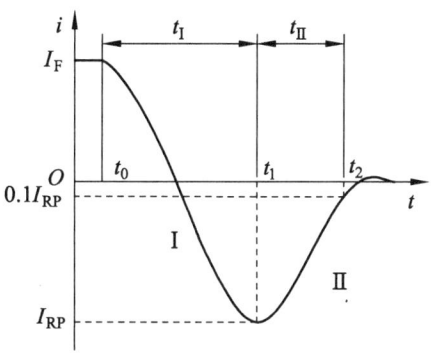

图 4-21 功率二极管反向恢复特性

实验测试不同 L_s 和不同 I_F 条件下，二极管反向恢复曲线不一样，如图 4-22 和图 4-23 所示。根据图 4-11 可知，当 L_s 相同、I_F 不同时，I_{RP} 和 t_I 随着 I_F 的增大也明显增大，但 t_{II} 与 I_F 的关系不明显。根据图 4-18，当 I_F 相同、L_s 不同时，I_{RP} 随着 L_s 的减小有所增加，t_I 则随着 L_s 的减小有所减小，t_{II} 与 L_s 的关系也不明显。上述关系都是非线性的。

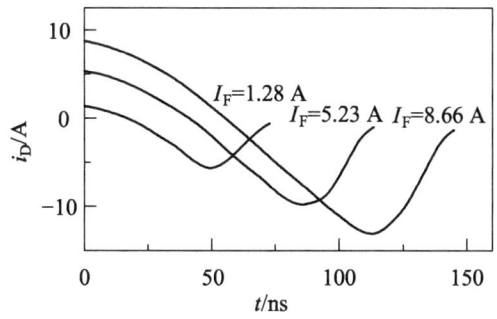

图 4-22 实验测试中相同 L_s 不同 I_F 条件下的二极管反向恢复曲线

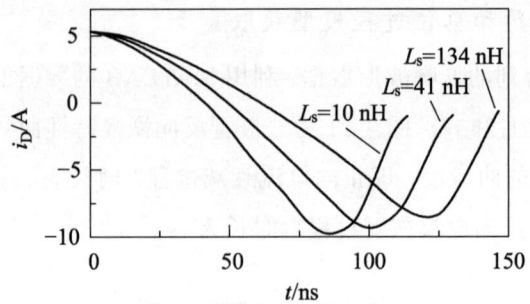

图 4-23 实验测试中相同 I_F 不同 L_s 条件下的二极管反向恢复曲线

为了更好地对不同情况下电流波形的变化趋势进行分析，本书将对所有的曲线进行归一化处理。由于曲线Ⅰ和曲线Ⅱ建模基本类似，故着重阐述对曲线Ⅰ建模，对曲线Ⅱ的建模可类似得到。

实验对曲线Ⅰ进行归一化处理，将曲线Ⅰ的电流向量和时间向量映射到[0，1]×[0，1]空间。将图4-22和图4-23中曲线Ⅰ各条曲线向量映射到[0，1]×[0，1]空间，见图4-24和图4-25曲线Ⅰ。显然，曲线Ⅰ各条曲线基本重合，这表明不同的 L_s 和 I_F 情况下的正向衰减过程模型有共同的基模型，称之为单位正向衰减模型。同样，不同的 L_s 和 I_F 情况下的反向恢复模型也有共同的基模型，称之为单位反向恢复模型，见图4-24和图4-25中的曲线Ⅱ。单位正向衰减模型和单位反向恢复模型统称为单位过程模型。

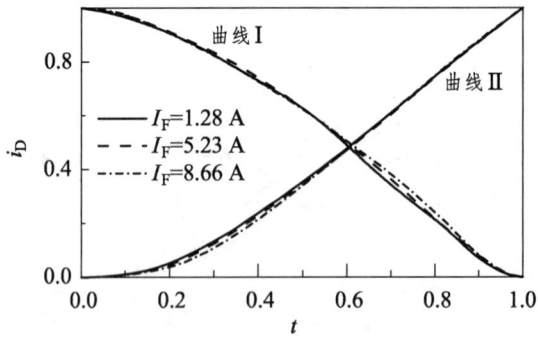

图 4-24 相同 L_s 不同 I_F 条件下的单位过程模型

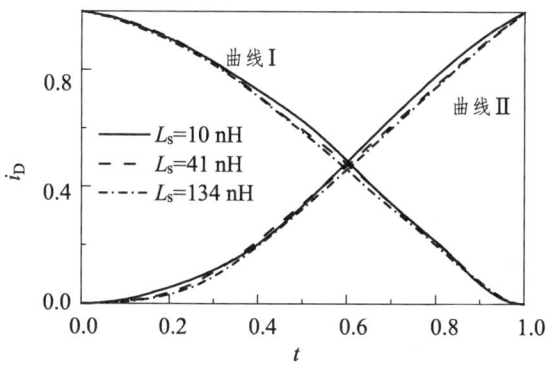

图 4-25 相同 I_F 不同 L_s 条件下的单位过程模型

3. 模型关键参数分析

关键参数 I_F、I_{RP}、t_I 和 t_{II} 已被提取,为了获取关键参数的内在规律,确定其建模方法,依次绘制 t_I、t_{II} 和 I_{RP} 的曲线图,对其变化规律进行分析。t_I、t_{II} 和 I_{RP} 关于 I_F 变化的曲线图如图 4-26 ~ 图 4-28 所示。分析可得:在 L_s 相同的条件下,t_I 与 I_F 成正比,I_{RP} 与 I_F 成反比;而对于图 4-27 中的 t_{II},内在变化规律不明显,故 t_{II} 要比 t_I 和 I_{RP} 复杂一些。

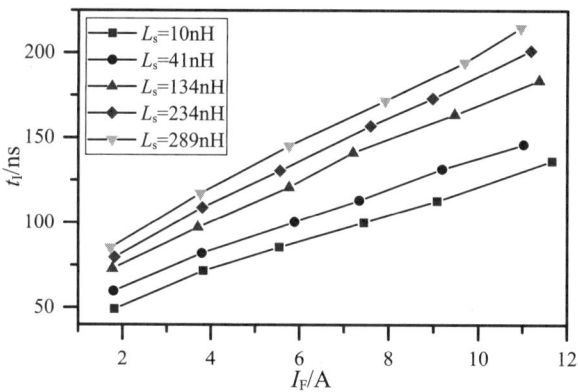

图 4-26 t_I 关于 I_F 变化的曲线图

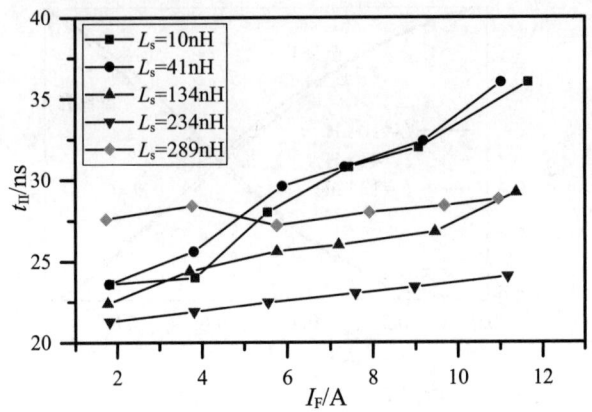

图 4-27 t_{II} 关于 I_F 变化的曲线图

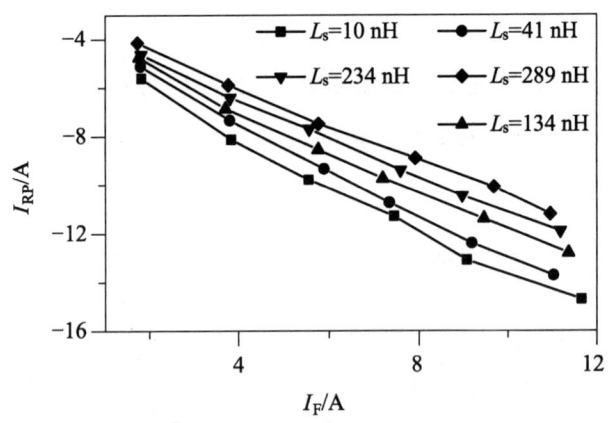

图 4-28 I_{RP} 关于 I_F 变化的曲线图

因每一次测量时元件温度不一样，而且测量时存在测量误差，加之分布电感 L_s 不同，同一个负载测出的 I_F 大小都有一些差异，这里假设同一个负载等级 I_F 大小一样，取 6 次测量的平均值为负载等级对应的 I_F，绘制 t_1、t_{II} 和 I_{RP} 关于 L_s 变化的曲线图，如图 4-29 ~ 图 4-31 所示。分析可得：在 I_F 相同的条件下，t_1 与 L_s 成正比；I_{RP} 与 L_s 成正比；随着 L_s 的增大，t_{II} 先增大，后变小，再变大。

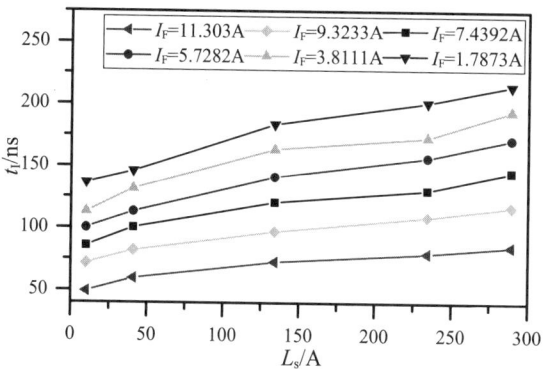

图 4-29 t_I 关于 L_s 变化的曲线图

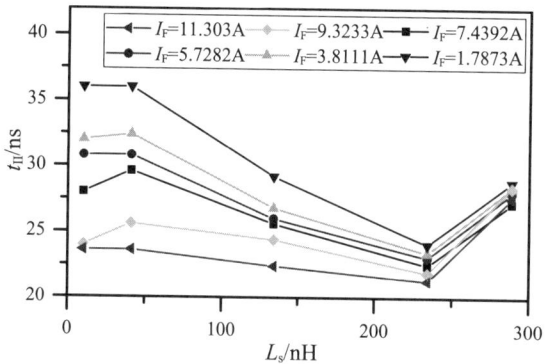

图 4-30 t_{II} 关于 L_s 变化的曲线图

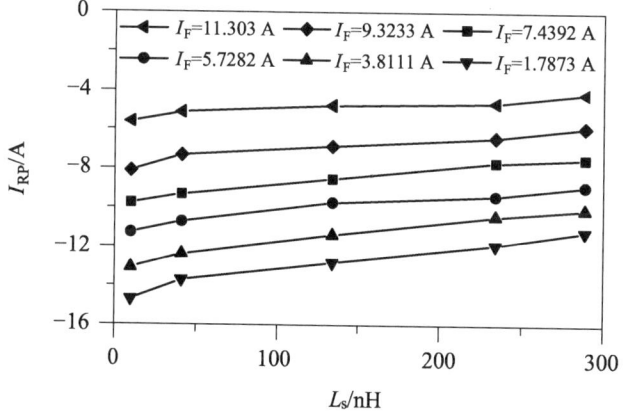

图 4-31 I_{RP} 关于 L_s 变化的曲线图

4. 关键参数模型

本书关键参数模型采用的是三维曲面拟合的方法，待拟合数据样本为 $[I_F, L_s, I_{RP}, t_I, t_{II}]$。为了提高曲面拟合模型对样本数据的描述能力，需要对数据样本进行归一化处理，将待拟合数据映射到 $[0，1]$ 区间，以限制数据分布范围，映射式为

$$x'_i = g(x_i) = \frac{x_i - x_{i\min}}{x_{i\max} - x_{i\min}}, i = 1, 2, \cdots, n \tag{4-34}$$

式中：x'_i 为映射之后的数据值；x_i 为实测值；$x_{i\min} = \min(x_i)$；$x_{i\max} = \max(x_i)$；n 为样本数目。

映射处理后得到归一化数据样本 $[I'_F, L'_s, I'_{RP}, t'_I, t'_{II}]$，并以此获取归一化关键参数模型：

$$\left. \begin{array}{l} I'_{RP} = f_1(I'_F, L'_s) \\ t'_I = f_2(I'_F, L'_s) \\ t'_{II} = f_3(I'_F, L'_s) \end{array} \right\} \tag{4-35}$$

根据式（4-34）和式（4-35）即可得到关键参数模型，如式（4-36）所示。

$$\left. \begin{array}{l} I_{RP} = g^{-1}(f_1(g(I_F), g(L_s))) \\ t_I = g^{-1}(f_2(g(I_F), g(L_s))) \\ t_{II} = g^{-1}(f_3(g(I_F), g(L_s))) \end{array} \right\} \tag{4-36}$$

拟合的目的是根据数据样本得到模型函数 f_1、f_2 和 f_3。常用的拟合有 LOWESS 拟合、多项式拟合、插值拟合，因 LOWESS 拟合和插值拟合得不到具体的模型函数，故本书采用的是多项式拟合。

多项式拟合有两个参数（x 的最高次数 m 和 y 的最高次数 n）需要选择，一般将不同的 m 和 n 代入，选取一组拟合效果最好的参数作为模型参数。评判标准为误差平方和 SSE 和确定系数 R-Square，SSE 越小，R-Square 越大，拟合效果越好，即模型对样本数据的描述能力越强。

实验将样本数据分为训练集和测试集两组，每组 15 份数据。在不同的 m 和 n 的情况下对训练集数据进行拟合，拟合结果如表 4-4 所示。可见，当 $m=2$，$n=2$ 时 I_{RP} 的拟合效果最好；当 $m=1$，$n=3$ 时 t_I 和 t_{II} 的拟合效果最好。

表 4-4　不同的 m 和 n 情况下的拟合结果

m	n	拟合结果	I_{RP}	t_I	t_{II}
3	1	SSE	0.002 6	0.011 0	0.174 3
		R-Square	0.997 3	0.988 4	0.869 9
2	1	SSE	0.002 6	0.011 1	0.359 9
		R-Square	0.997 2	0.988 3	0.731 3
2	2	SSE	0.001 7	0.004 1	0.196 0
		R-Square	0.998 2	0.995 7	0.853 7
1	2	SSE	0.002 4	0.004 5	0.197 1
		R-Square	0.997 4	0.995 3	0.852 8
1	3	SSE	0.002 2	0.002 4	0.012 5
		R-Square	0.997 6	0.997 4	0.990 7

故关键参数 I_{RP} 的模型选 $m=2$，$n=2$，表达式如下：

$$f_1(x,y) = p_{00} + p_{10}x + p_{01}y + p_{20}x^2 + p_{11}xy + p_{02}y^2 \quad (4-37)$$

关键参数 t_I 的模型选 $m=1$，$n=3$，表达式如下：

$$f_2(x,y) = p'_{00} + p'_{10}x + p'_{01}y + p'_{20}x^2 + p'_{11}xy + p'_{30}x^3 + p'_{21}x^2y \quad (4-38)$$

关键参数 t_{II} 的模型选 $m=1$，$n=3$，表达式如下：

$$f_3(x,y) = p''_{00} + p''_{10}x + p''_{01}y + p''_{20}x^2 + p''_{11}xy + p''_{30}x^3 + p''_{21}x^2y \quad (4-39)$$

模型 $f_1 \sim f_3$ 系数如表 4-5 和表 4-6 所示。

表 4-5　模型 f_1 系数

系数	数值	系数	数值
p_{00}	0.832 3	p_{20}	0.106 6
p_{10}	−0.935 3	p_{11}	0.127 3
p_{01}	0.251 1	p_{02}	−0.084 5

表 4-6　模型 f_2 和 f_3 系数

模型 f_2		模型 f_3	
系数	数值	系数	数值
p'_{00}	0.023 1	p''_{00}	−0.098 8
p'_{10}	0.499 6	p''_{10}	1.144 0
p'_{01}	0.666 9	p''_{01}	2.130 0
p'_{11}	0.360 0	p''_{11}	−1.667 0
p'_{02}	−0.929 9	p''_{02}	−6.306 0
p'_{12}	−0.069 1	p''_{12}	0.580 5
p'_{03}	0.492 5	p''_{03}	4.687 0

I_{RP} 的模型拟合曲面如图 4-32 所示，t_I 和 t_{II} 的模型拟合曲面如图 4-33 和图 4-34 所示，可直观地看到拟合效果很好。

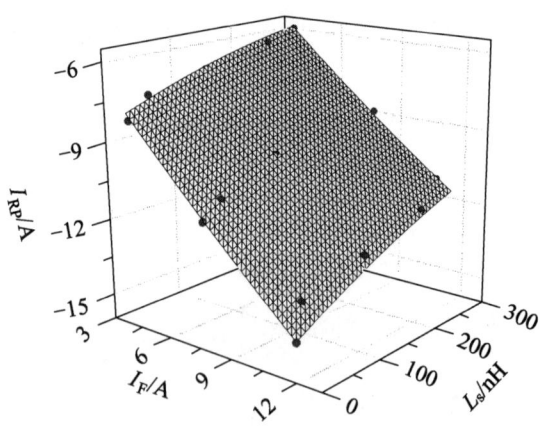

图 4-32　参数 I_{RP} 曲面拟合图

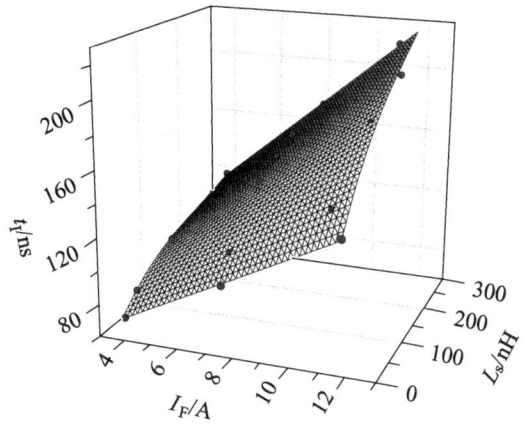

图 4-33 参数 t_I 曲面拟合图

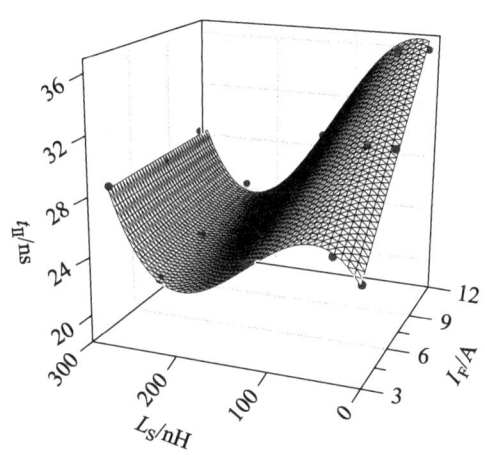

图 4-34 参数 t_{II} 曲面拟合图

模型在保证优良拟合能力的基础上,同样还必须有很好的泛化能力。为了验证模型的泛化能力,用实测值对模型进行验证,实测值和预测曲面对比如图 4-35~图 4-37 所示。观察可发现,预测值非常逼近实测值。

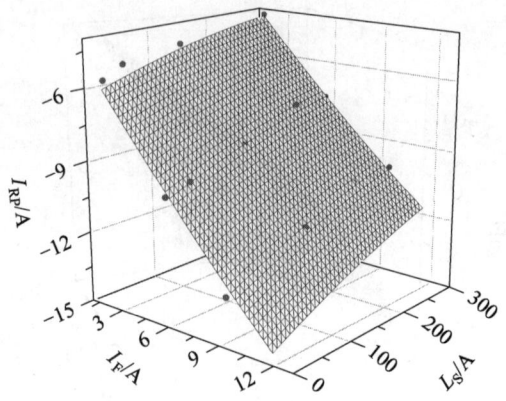

图 4-35　I_{RP} 的实测值和预测曲面对比

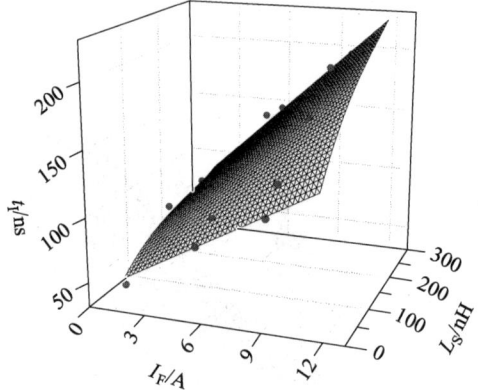

图 4-36　t_I 的实测值和预测曲面对比

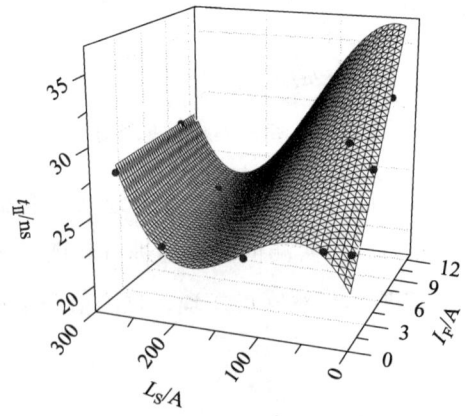

图 4-37　t_{II} 的实测值和预测曲面对比

为了评价模型的准确性,本书用常用的评价指标 MAPE(平均绝对百分误差)对预测值进行评价,衡量模型的优劣程度,如表 4-7 所示。MAPE 越小,则说明预测值与真实值的差别越小,即预测效果越好。表 4-7 中各关键参数的 MAPE 值都很小,最大 3.38%,准确性很高,满足系统要求。

表 4-7 关键参数的平均绝对百分误差

关键参数	$I_{RP}/\%$	$t_I/\%$	$t_{II}/\%$
MAPE	2.799 2	3.457 9	2.642 6

5. 组建反向恢复波形

通过上一节得到的关键参数模型,得到预测值 pt_I、pt_{II} 和 pI_{RP},将单位过程模型中单位正向衰减模型投影到 $[0, pt_I] \times [pI_{RP}, pI_F]$ 空间,将单位反向恢复模型投影到 $[pt_I, pt_I+pt_{II}] \times [pI_{RP}, 0]$ 空间,得到二极管反向恢复特性电流波形。

实验建立训练集数据对应的反向恢复特性模型,并和真实波形进行对比,如图 4-38 和图 4-39 所示。真实波形和模型得到的波形基本一致。

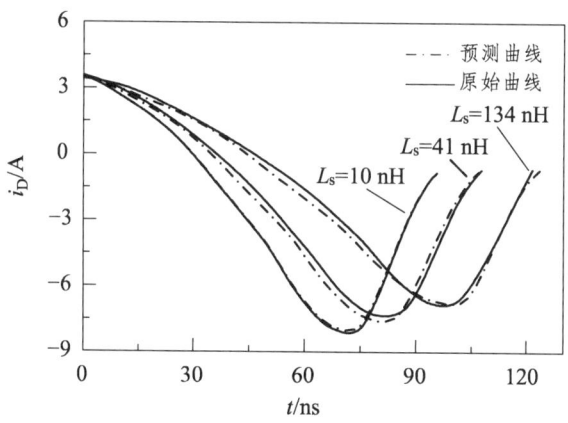

图 4-38 训练集 $I_F=3.56$ A 时反向恢复实测曲线和预测曲线对比

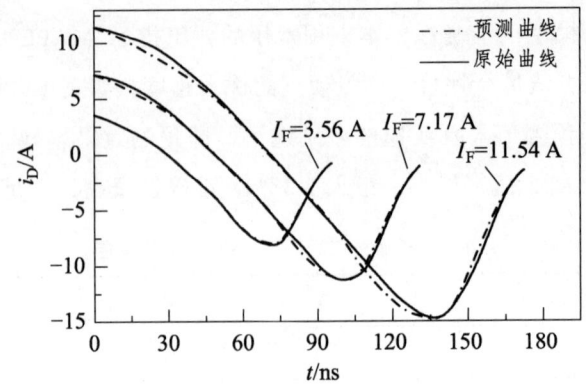

图 4-39 训练集 $L_s=10\ nH$ 时反向恢复原始曲线和预测曲线对比

4.3.4 模型验证

模型是通过训练集数据得到的，和训练集数据吻合得非常好，但是并不能说明模型准确有效。为了验证模型的准确性，获取模型在测试集情况下的反向恢复波形，并和实验波形进行对比，如图 4-40 和图 4-41 所示。观察可发现，测试集中的预测曲线逼近试验检测的原始曲线，整体预测效果并不弱于训练集的预测效果，这表明本书得到的模型具有很强的泛化性和很高的实验价值。

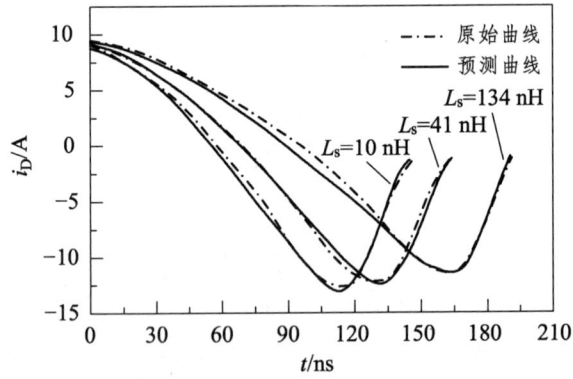

图 4-40 测试集 $I_F=9.18\ A$ 时反向恢复原始曲线和预测曲线对比

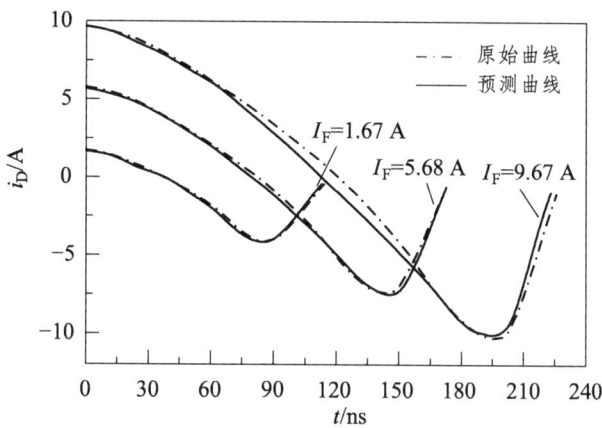

图 4-41 测试集 $L_s=250$ nH 时反向恢复原始曲线和预测曲线对比

4.4 基于遗传优化支持向量机的两级式逆变器的损耗建模

4.4.1 支持向量机

支持向量机（Support Vector Machine，SVM）是一种全新的和强有力的分类和回归工具，它建立在 VC 维（Vapnik-Chervonenks dimension）理论和结构化风险最小原则基础上，具有学习速度快、泛化性好的特点，能够较好地解决小样本、非线性、高维数和局部极小点等实际问题，被认为是神经网络的替代方法。其学习策略是间隔最大化，将实际的问题转化为一个带不等式约束的二次凸规划问题，以便在计算机内更好地处理[44-47]。

假设 $\{(x_i, y_i), i=1, 2, \cdots, n, x_i \in \mathbf{R}^n, y_i \in \mathbf{R}\}$ 为训练集。支持向量机使用如下高维特征空间的非线性函数对样本集进行拟合：

$$f(x) = \boldsymbol{\omega}^T \varphi(x) + b \qquad (4\text{-}40)$$

式中：$\varphi(x)$ 为数据 x 到高维特征空间 $\mathbf{R}^n$ 的非线性映射；$\boldsymbol{\omega}$ 为高维特征空间的权重向量；b 为偏置。对于支持向量机的回归问题，可以表示为如下约束优化问题：

$$\begin{cases} \min\limits_{\boldsymbol{\omega},b} \dfrac{1}{2}\boldsymbol{\omega}^{\mathrm{T}}\boldsymbol{\omega} \\ \text{s.t.} \quad y_i - \boldsymbol{\omega}\cdot\varphi(x_i) - b \leqslant \varepsilon \\ \quad\quad \boldsymbol{\omega}\cdot\varphi(x_i) + b - y_i \leqslant \varepsilon, i=1,2,\cdots,n \end{cases} \quad (4\text{-}41)$$

当约束条件无法实现时，通过引入松弛变量 ξ_i、ξ_i^* 将最优化问题转化为如下形式：

$$\begin{cases} \min\limits_{\boldsymbol{\omega},\xi,\xi^*} \dfrac{1}{2}\boldsymbol{\omega}^{\mathrm{T}}\boldsymbol{\omega} + C\sum\limits_{i=1}^{n}(\xi_i + \xi_i^*) \\ \text{s.t.} \quad y_i - \boldsymbol{\omega}\cdot\varphi(x_i) - b \leqslant \varepsilon + \xi_i \\ \quad\quad \boldsymbol{\omega}\cdot\varphi(x_i) + b - y_i \leqslant \varepsilon + \xi_i^* \\ \quad\quad \xi_i \geqslant 0 \\ \quad\quad \xi_i^* \geqslant 0, i=1,2,\cdots,n \end{cases} \quad (4\text{-}42)$$

式中：C 为用来平衡模型复杂项和训练误差项的惩罚系数，C 越大表示对超出 ε 管道数据点的惩罚越大；ξ_i、ξ_i^* 为松弛因子；ε 为不敏感损失函数。

采用拉格朗日乘子法求解这个具有线性不等式约束的二次规划问题，如式（4-43）。

$$\begin{aligned} \max_{\alpha,\alpha^*,\beta,\beta^*} \min_{\boldsymbol{\omega},b} \{ L_p = &\dfrac{1}{2}\boldsymbol{\omega}^{\mathrm{T}}\boldsymbol{\omega} + C\sum_{i=1}^{n}(\xi_i + \xi_i^*) - \\ &\sum_{i=1}^{n}\alpha_i(\varepsilon + \xi_i - y_i + \boldsymbol{\omega}^{\mathrm{T}}x_i + b) - \\ &\sum_{i=1}^{n}\alpha_i^*(\varepsilon + \xi_i^* + y_i - \boldsymbol{\omega}^{\mathrm{T}}x_i - b) - \\ &\sum_{i=1}^{n}(\beta_i\xi_i + \beta_i^*\xi_i^*) \} \end{aligned} \quad (4\text{-}43)$$

其中，α_i，α_i^*，β_i，$\beta_i^* \geqslant 0$（$i=1, 2, \cdots, n$）为拉格朗日乘子。根据多元函数最值定理，函数对各变量的一阶偏导等于零，即

$$\dfrac{\partial L_p}{\partial \boldsymbol{\omega}} = 0 \Rightarrow \boldsymbol{\omega} = \sum_{i=1}^{n}(\alpha_i - \alpha_i^*)x_i \quad (4\text{-}44)$$

$$\frac{\partial L_\mathrm{p}}{\partial b}=0 \Rightarrow \sum_{i=1}^{n}(\alpha_i-\alpha_i^*)=0 \qquad (4\text{-}45)$$

$$\frac{\partial L_\mathrm{p}}{\partial \xi_i}=0 \Rightarrow C-\alpha_i-\beta_i=0 \qquad (4\text{-}46)$$

$$\frac{\partial L_\mathrm{p}}{\partial \xi_i^*}=0 \Rightarrow C-\alpha_i^*-\beta_i^*=0 \qquad (4\text{-}47)$$

将式（4-44）~式（4-47）代入式（4-43），即可将该问题可转化为以下对偶问题：

$$\begin{cases} \min_{\alpha,\alpha^*} \quad \frac{1}{2}\sum_{i=1}^{n}\sum_{j=1}^{n}(\alpha_i-\alpha_i^*)(\alpha_j-\alpha_j^*)K(x_i,x_j)+ \\ \qquad \varepsilon\sum_{i=1}^{n}(\alpha_i+\alpha_i^*)-\sum_{i=1}^{n}y_i(\alpha_i-\alpha_i^*) \\ \text{s.t.} \quad \sum_{i=1}^{n}(\alpha_i-\alpha_i^*)=0 \\ \qquad 0 \leqslant \alpha_i \leqslant C \\ \qquad 0 \leqslant \alpha_i^* \leqslant C \end{cases} \qquad (4\text{-}48)$$

其中，只有部分参数 $\alpha_i-\alpha_i^*$ 不为 0，它就是问题中的支持向量，其对 ω 有贡献。求解上述问题得到的支持向量机回归函数：

$$f(x)=\sum_{x_i \in SV}(\alpha_i-\alpha_i^*)K(x_i,x)+b \qquad (4\text{-}49)$$

式中：$K(x_i,x)$ 称为核函数，需要满足 Mercer 条件。本书选取最常用的高斯核函数 $K(u,v)=\exp(-g\|u-v\|^2)$ 进行建模。利用支持向量机建立效率模型需要确定参数 ε、C 和 g。一般来说，这些参数都需要根据经验选取，这不利于支持向量机的推广使用，因此，本书引入遗传算法来实现这些参数的自动选择。

4.4.2 遗传算法

遗传算法是由生物学中的进化论和遗传科学引入的一种智能算法，它将待优化问题的解进行基因编码,以生物学的思想进行优化,使所求解收敛到准确解区域范围,获得待优化问题的准确解。相比于传统的网格求解方法,遗传算法搜索快、效率高、不易陷入局部最优解中,在复杂的非线性方程的求解中广泛应用[48,49]。

1. 编码

对于目标问题的求解,遗传算法先对所求解进行编码,转化为计算机底层语言,针对不同的问题,有着不同的编码,编码选择的优劣影响所求解的精度。常见的编码有两种:

(1) 二进制编码:二进制编码是最常见的编码,可通过 0 和 1 组成的二进制字符串对目标问题进行描述。

(2) 格雷编码:格雷编码与二进制编码非常相似,唯一区别就是解域到符号串的映射不一样,如在二进制中 3 和 4 对应 0011 和 0100,而在格雷编码中 3 和 4 对应 0010 和 0110。由于数据上独有的特点,格雷编码局部搜索能力更强。

2. 选择

作为遗传算法的第一步,选择操作非常重要,它先对个体适应度进行计算,丢弃适应度差的个体,选择适应度高的优良个体。在遗传算法中,适应度越高,被选中的概率越大。个体的选择概率如式(4-50)所示。

$$P_i = \frac{f_i}{\sum_{i=1}^{M} f_i} \quad (4\text{-}50)$$

其中,M 为种群个体总数,f_i 为个体适应度值。

常用的选择算法有轮盘赌选择法、随机遍历抽样法、局部选择法和锦标赛选择法,各算法各具千秋。

(1) 轮盘赌选择法。

轮盘赌选择法是最常用的一种算法,它是通过对轮盘赌游戏进行模型演化得出的一种算法，原理简明，操作简单。图 4-42 为轮盘赌选择法的基本原理，它先对种群中的每一个个体适应度进行计算，将适应度转化为选择概率，对于图 4-42 中的四块区域，适应度越大，区域面积越大，轮盘转动过程中选中的概率越大，遗传给下一代的机会越大。从区间[0，1]中产生 4 个随机数 0.39、0.98、0.66 和 0.21，随机数落入区域 s_2、s_4、s_3 和 s_2，即染色体 001100 选中 0 次，染色体 101110 选中 2 次，染色体 010111 选中 1 次，染色体 100010 选中 1 次，个体轮盘赌选择表如表 4-8 所示。

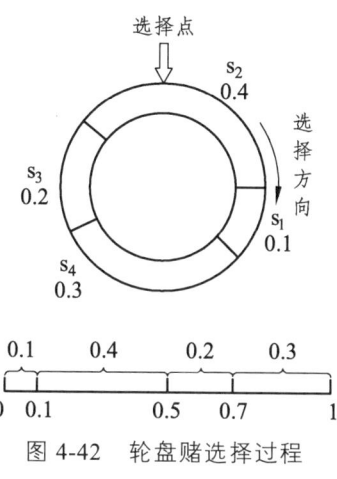

图 4-42　轮盘赌选择过程

表 4-8　个体轮盘赌选择表

染色体	001100	101110	010111	100010
适应度	12	46	23	34
选择概率	0.1	0.4	0.2	0.3
所属区域	s_1	s_2	s_3	s_4
累计概率	0.1	0.5	0.7	1
选中次数	0	2	1	1

（2）随机遍历抽样法。

与轮盘赌选择法不同的是，随机遍历抽样法采用等距离选取方式进行选择。假设种群中待选择个体总数为 N，则选择点的距离为 $1/N$，在[0，$1/N$]

区间的均匀随机数就是第一个选择点的位置。

（3）局部选择法。

局部选择法与其他选择法不同，它没有将种群当作个体间的相邻集，而是给个体增加约束环境，使得个体只能与相邻个体进行交互。而局部之间的相邻定义来源于种群的分布结构。

（4）锦标赛选择法。

锦标赛选择法的思想来自于体育锦标赛，它先随机选择若干个体，再对个体进行对比，选出冠军个体作为最优个体，遗传到下一代中。

综上所述，轮盘赌选择法原理简明，操作简单，在实践中应用最多，故本书选择轮盘赌选择法作为遗传算法的选择算子。

3. 交叉

和生物遗传一样，交叉在遗传算法中必不可少，可极大地提高算法效率。它的原理是选中的染色体之间交互部分编码基因，获得新的最优个体。本书采用的是格雷编码，交叉操作有如下两种：

（1）单点交叉：在遗传算法中，单点交叉使用最为广泛。它从种群中随机选出两个个体A和B，确定交叉点，设置交叉概率，产生一个随机数，若随机数大于交叉概率，则将两个个体在交叉点附近的部分染色体进行交换，形成新的个体，使得新的个体在继承个体A的染色体的同时，容纳了个体B的特征。

（2）多点交叉：多点交叉以单点交叉为基础，增加交叉点，使得新的个体包含更多个体B的特征。

多点交叉异于单点交叉，它对个体原始特征的破坏更大，避免了单点交叉造成的收敛过早，使得其搜索能力增强，适用于复杂的求解当中。单点、多点交叉算法的原理如图4-43所示。

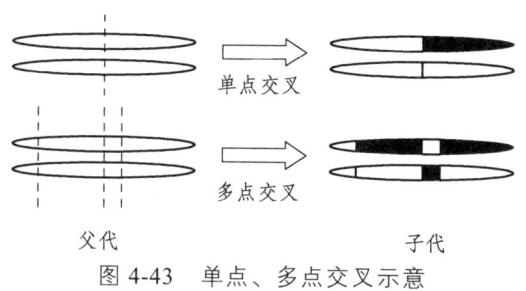

图 4-43　单点、多点交叉示意

4. 变异

在生物学中，变异对于种群的进化有着至关重要的作用，它可以产生新的基因，使得个体能够更好地适应环境。变异算子在遗传算法中占有同样的地位，它可以增加求解效率，也能在很大程度上避免算法陷入局部最优解。它选择个体的染色体编码的基因位，再对基因位进行取反，将 0 替换为 1，将 1 替换为 0，产生新的基因个体。交叉和变异都可以产生新的个体，两者相互配合才能避免目标解过早收敛，或者陷入局部最优。

5. 适应度函数

相比于其他优化算法，遗传算法通过适应度对所求解的准确度进行评价，辨别解的优劣程度。种群中，个体适应度越大，代表个体越为优良，所求解越接近真实解，反之，个体越为劣质，将会在种群进化中被淘汰。

通常，求解的目标函数不能直接作为适应度函数，需要进行一些简单的变换操作。若目标函数为求最小值问题，则

$$fit(f(x)) = \begin{cases} C_{\max} - f(x), f(x) < C_{\max} \\ 0, \text{else} \end{cases} \quad (4\text{-}51)$$

其中，$f(x)$ 为目标函数，$C_{\max}$ 为目标函数的最大值，若目标函数为求最小值问题，则有

$$fit(f(x)) = \begin{cases} f(x) - C_{\min}, f(x) > C_{\min} \\ 0, \text{else} \end{cases} \quad (4\text{-}52)$$

其中，$C_{\min}$ 为目标函数的最小值。

在进化初期，种群可能会出现适应度高的个体，它竞争能力强，将会对算法求解空间造成干扰，使得算法陷入局部最优。为避免这种情况发生，需要对适应度进行映射变换，常见的映射变换有线性、幂指数和指数。

线性变换指的是将适应度函数通过一次函数进行变换，假设 f 为原始适应度函数，f' 为线性变换后的新适应度函数，则线性变换为

$$f' = a \cdot f + b \tag{4-53}$$

其中，a 为变换乘子，b 为常数项。

变换法则：原始适应度均值等于线性变换后的新适应度函数均值，线性变换后的新适应度函数最大值等于原始适应度均值的 c 倍，则变换乘子和常数项可以通过式（4-54）确定。

$$a = \frac{(c-1)f_{\text{avg}}}{f_{\max} - f_{\text{avg}}} \quad b = \frac{(f_{\max} - cf_{\text{avg}})f_{\text{avg}}}{f_{\max} - f_{\text{avg}}} \tag{4-54}$$

其中，f_{avg} 为适应度均值，$f_{\max}$ 为适应度最大值。其适应度函数的线性变换的曲线如图 4-44 所示。

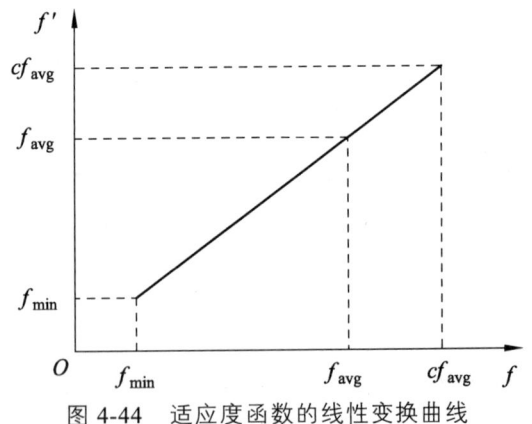

图 4-44　适应度函数的线性变换曲线

6. 寻优流程

遗传算法从初始种群开始，通过不断地选择、交叉和变异来产生下一代群体，直到达到种群设定值为止。适应度值是遗传操作的唯一标准，即

优良的品种更容易保留下来。基本遗传算法的流程如图 4-45 所示。

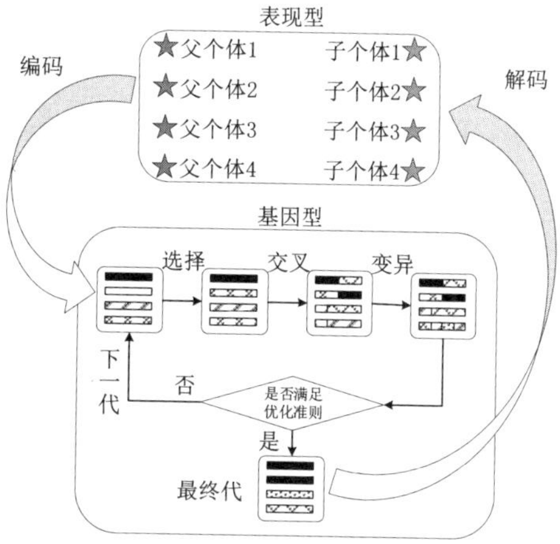

图 4-45 遗传算法运算流程

遗传算法的一般结构描述如下：

（1）根据具体问题，选择编码方式，随机产生初始种群，个体数目一定，每个个体表示为染色体的基因编码。

（2）建立合适的适应度函数，计算种群中各个个体的适应度值。

（3）选择：按照一定的方法，通过适应度值的大小，从当前种群中选出适应能力强的个体。

（4）交叉：将新产生的种群按照一定的规则搭配，以一定概率（交叉率）交换它们中的部分基因。

（5）变异：对于新产生的种群，每个个体都有一定的概率来变换其一个或一些基因。

（6）结束：如果满足代数要求或其他一些指标，则其遗传过程中适应度值最高的个体作为最优解输出；否则，迭代执行（2）~（5）步。

4.4.3 建模

1. 数据样本的采集与预处理

以常见的两级式逆变器为效率建模对象，通过支持向量机建立其效率预测模型，利用遗传算法优化模型参数。逆变器如图 4-46 所示，前级电路为 Boost 电路，给电路提供升压作用，可拓宽输入电压范围；后级电路为全桥逆变电路，将直流转换为正弦交流电压。其中，电感 L_f 的感值为 1 mH，输出电压 U_o 有效值为 110 V，中间母线电压 U_b 为 200 V，电路采用的是纯电阻负载。

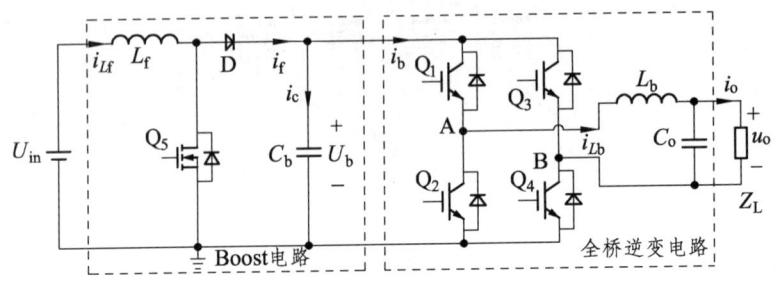

图 4-46　两级式逆变器主电路原理图

本书的支持向量机效率模型为双输入单输出模型，输入量为输入电压 U_{in} 和输出功率 P_o，输出量为两级式逆变器效率 η，效率建模的目的是得到效率模型 $\eta = f(U_{in}, P_o)$。实验通过调节负载电阻的大小来调节输出功率 P_o 的大小，负载电阻的取值一般有两种方法：一种是按电阻大小等间隔取值，如 24.2 Ω、48.4 Ω、72.6 Ω、…、484 Ω；另一种是按电流大小等间隔取值，再用电压除以电流得到电阻阻值。第一种方法取值方便，但是会造成小电流区域电流取值的集中程度要高于大电流区域，造成误差向大电流区域倾斜。本书采用的是第二种方法，有效地解决了这个问题。

逆变器的效率 η 为输出功率 P_o 和输入功率 P_i 之商。实验对电路的输入功率 P_i、输出功率 P_o 以及输入电压 U_{in} 进行采样，通过调节负载电阻的大小来改变输出功率 P_o 的大小，测得 24 组数据样本 $[P_i, P_o, U_{in}, \eta]$，经处理后得到数据样本 $[U_{in}, P_o, \eta]$。处理后的样本数据如表 4-9 所示。

表 4-9 处理后的样本

样本序号	U_{in}/V	P_o/W	η	样本序号	U_{in}/V	P_o/W	η
1	450	6 000	94.58	13	630	2 000	94.86
2	450	9 000	94.99	14	630	6 000	96.84
3	450	11 000	94.81	15	630	9 000	97.04
4	450	2 400	92.08	16	630	10 000	97.11
5	450	4 400	93.91	17	630	3 400	96.23
6	450	6 400	94.77	18	630	5 600	96.89
7	550	3 000	93.86	19	750	2 000	92.96
8	550	4 000	94.49	20	750	6 000	95.78
9	550	6 000	95.08	21	750	9 000	96.01
10	550	9 000	95.58	22	750	11 000	96.04
11	550	2 400	93.00	23	750	3 400	94.75
12	550	5 600	95.00	24	750	6 400	95.83

为了提高模型的泛化能力、减少程序训练的时间,在进行支持向量机模型建立的时候,对数据进行归一化处理,即将输入信号和输出信号的取值范围限制在[0,1]区间内。归一化式为

$$\tilde{x}_i = \frac{x_i - x_{i\min}}{x_i - x_{i\max}}, i = 1, 2, \cdots, n \quad (4\text{-}55)$$

式中:$\tilde{x}_i$ 为归一化之后的数据值;x_i 为实测值;$x_{i\min}=\min(x_i)$;$x_{i\max}=\max(x_i)$;n 为样本数目。

为了不失一般性,对实验采集的 24 组数据样本随机分为 18 组训练样本,6 组测试样本。训练样本用来训练支持向量机效率模型,测试样本则用来检验模型的准确性和鲁棒性。

2. 建立效率模型

本书中支持向量机模型采用的是高斯核函数,允许的终止判据 e 设置

为 0.001。模型有 3 个重要参数 ε、g 和 C 需要确定,其中,参数 ε 一般取值为 0.01,参数 g 和 C 不好确定,一般根据经验来选取,但是这不能使模型达到最优,也不利于支持向量机的推广。为了获得最优的参数 g 和 C,本书采用遗传算法对其进行寻优,寻优流程图如图 4-47 所示。

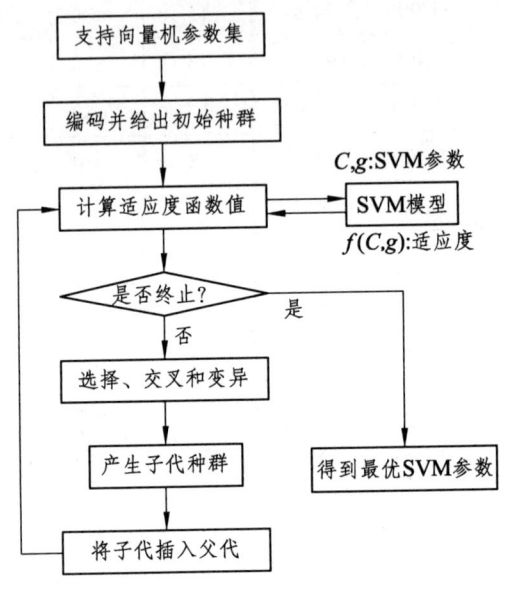

图 4-47 参数寻优流程图

(1)参数的设置和待求变量范围的确定。

利用遗传算法寻优,算法参数的设置和变量范围的确定非常的重要,其设置的合理性直接影响算法的时间复杂性、空间复杂性和稳健性。本书设置最大进化代数为 200,代沟为 0.9,变量 C 的取值范围为 0~200,变量 g 的取值范围为 0~50。

(2)待求变量的编码。

遗传算法是基于二进制数字串的寻优算法,它的操作对象为二进制码(标准二进制码或者格雷码)构成的染色体数字串,因为本书求解的变量是实数,所以用遗传算法解决变量寻优问题时,首先要建立染色体数字串和变量之间的映射,这就是编码过程。本书有两个待求解变量,每个变量使用 20 位标准二进制码编码，即种群中每个个体染色体数字串的长度为 40。

（3）初始种群生成。

初始种群规模为 20，每个个体含有一个 40 位的染色体数字串，是两个待求变量在标准二进制码上的映射。初始种群中的染色体数字串都是随机生成的，遗传算法以初始种群作为第一代种群开始迭代。

（4）适应度评判。

适应度在遗传算法中用来评判个体的优劣程度，对于不同的问题适应度函数的形式各不相同。本书所采用的适应度和支持向量机 n 次交叉检验（n-fold cross-validation）的均方根误差负相关，均方根误差越小，适应度越大。其中，均方根误差的计算为将原始训练数据随机分为 n 等份，选择其中一份作为测试数据，剩下 $n-1$ 份作为训练数据。n 次交叉验证的过程实际上是把实验重复做 n 次，每次实验都从 n 个部分中选择一个不同的部分作为测试数据（保证 n 个部分的数据都分别做过测试数据），剩下的 $n-1$ 份当作训练数据进行实验，最后把得到的 n 个实验结果取平均数作为原始训练数据适应度的评判标准，以此评判个体的优劣。n 一般大于等于 2，实际操作中从 3 开始选取，本书选取 n 为 5。交叉检验可以有效地防止欠学习和过学习的状态发生，最后得到的结果更具有说服力。

（5）选择、交叉和变异。

种群的选择过程采用的是轮盘赌选择方式，其基本思想是个体被选中的概率与其适应度函数值成正比，个体的适应度越高，选中的概率越大，这确保了每一代种群中的最优个体不会被淘汰。交叉方式采用多点交叉，交叉概率 P_c 为 0.7，变异方式为多点离散变异，变异概率 P_m 为 0.017 5。

（6）终止条件判断。

本书设计的遗传算法终止条件有 2 个：一是种群进化代数超过最大进化代数的二分之一，且最优适应度变化量小于 10^{-4}；二是种群进化代数达到最大进化代数。当这两个条件同时满足的时候进化就会停止，输出最优个体，进而得到参数寻优结果。

遗传算法的引入，计算得到了适应度最小时对应的参数 C 和 g，为了验证遗传算法的准确性和高效性，利用网格搜索寻优法和遗传算法寻优进行了对比，见表 4-10。

表 4-10　表格搜索与遗传算法寻优对比

寻优方法	均方误差 MSE	运算时间/s	参数 C	参数 g
网格搜索	0.001 265	5.704 6	891.443	0.435 3
遗传算法	0.000 582	2.815 9	32.358 2	1.413 6

从表 4-10 可以看出，利用遗传算法对支持向量机效率预测模型的参数 C 和 g 进行寻优，寻优结果为 $[C, g]=[32.358\ 2, 1.416\ 3]$，算法运算时间为 2.815 9 s，均方误差 MSE 为 5.82×10^{-4}。相比于网格搜索寻优法，遗传算法均方误差小，运算时间也大幅度缩减。由图 4-48 所示遗传算法寻优的均方误差变化曲线可知，进化代数为 24 代时最佳均方误差几乎不再变化，即适应度不再变化，适应度最优个体出现，此时均方误差值 MSE 就接近理想最优值，为 5.82×10^{-4}。

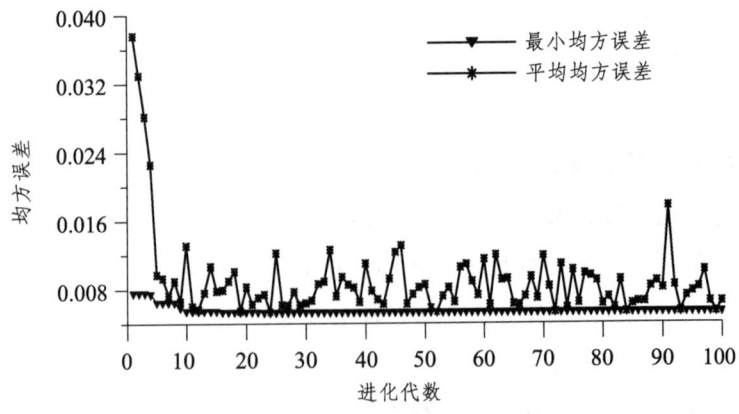

图 4-48　遗传优化均方误差曲线

3. 模型验证

根据上一节得到的支持向量机模型参数 C 和 g，建立支持向量机效率模型。将 15 组训练数据投入效率模型训练，得到偏置 b 和支持向量 SV（support vector）及其权重参数 α_i-α_i^*（非支持向量权重参数 α_i-α_i^* 为 0），即可得到支持向量机回归函数。本书模型有很好的泛化能力，根据训练样本学习之后，将 5 组测试样本代入效率模型的回归函数，得到的效率预测值与实际电路测试值吻合很好，如表 4-11 所示。

从表 4-14 可以看出，五组预测数据中，百分误差最大为 0.2%，最小可以达到 0.055%，模型预测的均方根误差为 5.8216×10^{-4}，预测结果精度非常高。基于遗传优化的支持向量机模型采用的是 VC 维理论和结构风险最小原则，有效地提高了模型的预测精度，所求解为全局最优解，通过优化模型参数 C 和 g 可以强化模型的鲁棒性和泛化能力。

表 4-11 模型预测值和实验测试值对比

输入电压/V	输出功率/W	测试值/%	预测值/%	百分误差/%
450	4 400	93.910	93.815	0.101
550	3 000	93.860	93.722	0.147
550	9 000	95.580	95.517	0.066
550	5 600	95.000	95.052	0.055
630	6 000	96.840	97.034	0.200
630	5 600	96.890	97.017	0.131

4.5 小结

本章首先对两级式逆变器前级和后级电路基本结构和工作原理进行阐述，详细对前级 Boost 电路和后级单相全桥逆变电路进行分析，然后对前后级电路基本公式进行推导，随后结合开关管开通和关断过程中电压电流变化推导开关管一个周期内的开关损耗，分析前后级电路中开关管通态损耗、二极管通态损耗和电感的铜损铁损，结合损耗简化式得出两级式逆变器基本损耗简化模型。

不同厂家或不同系列的 IGBT 性能特性存在差异，为了分析不同 IGBT 的损耗特性，首先，对几种常见的 IGBT 的开关损耗曲线进行分析，得出 IGBT 开通损耗和关断损耗与集电极电流正相关，多数开通损耗大于关断损耗的结论；然后，对多项式拟合原理进行阐述；最后，利用多项式拟合对开关损耗建立前后级电路的开关损耗模型，对后级单相全桥逆变电路开关管电流变化进行分析，深入探讨电流纹波对逆变器损耗的影响。

对于二极管损耗模型的建立，首先阐述了 Datasheet 损耗建模的不足，随后介绍了传统功率二极管反向恢复模型，详细分析了正向电流衰减及反向电流恢复的过程，并说明了传统模型中二极管正向电流衰减过程中电流变化率为恒定值的问题，分析了二极管反向恢复特性对开关管损耗的影响。提出一种新颖的建模方法，它利用功率二极管特有的单位过程模型和关键参数 $t_Ⅰ$、$t_Ⅱ$ 和 I_{RP} 的预测模型获取反向恢复特性模型，得到任意关断前正向电流和任意分布电感条件下的反向恢复特性曲线。经试验验证，所提出的建模方法准确性高，适用性广。

第四节先对支持向量机算法理论进行详细说明，并选择遗传算法来实现损耗模型所需参数 ε、C 和 g 的自动选择；随后对遗传算法的理论进行分析，并详细说明各个流程结构的内容；再对两级式逆变器数据样本进行采集和预处理；接着通过遗传优化支持向量机算法对训练集数据进行训练，获取两级式逆变器效率模型；最后在测试集数据点上进行预测，获得效率预测数据，与测试集效率进行对比验证，验证了效率模型的准确性。

5 在线效率优化控制方法

现代电力电子装置注重的指标有很多，如功率密度、电磁干扰、静动态特性、效率、成本、质量、体积等，其中效率是一个相当重要的指标。另外，逆变器应用领域包括通信、新能源发电和交通等，一般由传统的光伏阵列、化学电池及燃料电池等供电，但是供电电源缺点类型繁多，如电池具有易耗性、光源具有波动性等，因而对逆变器的效率要求较高。例如，光伏并网逆变器的欧洲效率和美国效率标准均采用产品在不同负载下的效率数值加权的方法，这说明人们重视整机全工作范围的效率，而不只是额定功率下的效率值。

5.1 影响两级式逆变器效率的因素

5.1.1 一般影响因素

可以将影响逆变器效率的因素分为电路设计因素、PCB 设计因素、控制算法因素、外部参数因素，下面分别进行阐述。

1. 电路设计因素

（1）开关管和二极管的选择。MOSFET 和二极管在正常工作时会有器件损耗。例如，导通时电流流过器件，会有导通压降，产生通态损耗；器件开关过程中，由于其自身特性，会有开关损耗；另外，功率二极管还有反向恢复损耗。这些能量损耗是影响变换器效率的主要因素。所以在电路设计之初，便要根据功率、电流、电压的具体数值选择合适且低损耗的开关管、二极管型号。

（2）磁性器件的设计。磁性器件具有磁芯损耗（即铁损）还有绕组损耗（即铜损），在系统能量损耗中所占比例较大。而且磁性元件参数与电路特性关系密切，选择磁性材料，包括铁氧体、铁粉芯等，不同工作频率决定选取不同的材料，以防止饱和和降低损耗；还需要注意绕制合适的匝数、选择合适的绕组截面尺寸等。这些因素均对系统效率有影响。

（3）驱动电路的设计。驱动电路是将控制电路的驱动信号进行放大，对主电路进行控制的电路。驱动电路包括隔离驱动和不隔离驱动，隔离驱动的隔离元件有光耦、变压器等。应尽量减小变压器的漏感抗，并采用高铁氧体铁心，以减小对效率的影响；受光耦合器传输速度的影响，驱动电路工作频率不能太高，所以会对系统工作频率产生影响，进而影响系统效率。

2. PCB 设计因素

如果印刷电路板设计不够合理，则会在电路板线路中消耗能量。例如，两根信号线之间的间隙较小时，寄生电容使得一根信号线飞速变化的电压在另外一根信号线上感应出电流信号，进而产生电磁干扰及能量损失。这种 PCB 上导体的寄生参数及铜箔粗糙度，不仅影响空间电磁耦合性，还影响线路的信号损耗，进而影响系统效率。

3. 控制算法因素

前级和后级电路的控制算法对电流波形存在影响。例如，采用峰值电流控制、重复控制、滞环控制及平均电流控制等算法对电感电流波形均有不同的影响，后级逆变电路采用 SPWM 算法或 SVPWM 算法对谐波的影响也较大，导致流过开关管和二极管的电流波形因控制算法的不同而不同，进而器件开关损耗和通态损耗也就不同，最终效率也就不同。例如，文献[50]研究的改进型 SVPWM 便可有效减小每相桥臂中间两管的发热量，进而有效地减小了开关损耗。

4. 外部参数因素

外部参数因素包括输入电压 U_{in}、输出电流 i_o 及负载特性、输出电压 U_o、环境温度等。在电路设计之初，已经确定了输出电压 U_o，而负载特性

及输出电流 i_o、输入电压 U_{in}、环境温度等参数均可能变化，怎样搜寻最大效率下的参数组合正是本章研究的内容。

综上所述，前三类因素属于设计因素，在最初设计电路时便结合外部参数进行确定，有经验的工程师可以根据经验做出尽量恰当的设计，这三类因素与外部参数因素共同决定最终整机效率。电路设计因素和 PCB 设计因素这两个设计因素在系统工作时不发生改变，在整机效率中所占的份额固定不变，只有控制算法因素这一设计因素也许会在系统工作时灵活地对效率产生影响。

5.1.2 中间母线电压对两级式逆变器效率的影响

上一小节具体分析了效率的一般影响因素，这些因素对两级式逆变器的效率具有一定的影响。从变量的角度分析上述电路设计因素的各个变量，发现中间母线电压是一个变动较大的值。而在做实验的过程中发现，设定的中间母线电压不同，整机效率便不同，下面需要对这两者的关系进行详细的分析，以便对两者的关系进行理论公式推导，定量地分析中间母线电压对两级式逆变器效率的影响。

如图 5-1 所示，两级式逆变器有一个中间母线电容 C_b，其电压即中间母线电压 U_b。C_b 的作用是储能和功率解耦，前级 DC/DC 电路得到的直流电压经过中间母线电容得到稳定，后级 DC/AC 电路将此直流电压逆变为所需的交流电压。

仅从前后级损耗角度考虑中间母线电压对整机效率的影响不能很好地理解，而从系统级来考虑则清晰很多，即当电路、器件以及 PCB 设计好后，逆变器的效率取决于输出电压 U_o、输出电流 i_o、输入电压 U_{in} 以及中间母线电压 U_b。前三项统称为不可控外部环境因素，只有中间母线电压 U_b 是可控因素。所以，从系统层面在线调整两级式逆变器效率应该从调整 U_b 入手。

如果中间母线电压 U_b 提高，前级 DC/DC 电路占空比 D_f 将会升高，后级 DC/AC 电路占空比 D_b 将会降低；反过来 U_b 减小，则 D_f 将会降低，D_b 将会升高。而两级式逆变器前后级电路所采用的拓扑结构以及器件型号种类繁多,所以 U_b 的改变对整机转换效率的影响相当复杂,不可一概而论。

以图 5-1 所示前级为 Boost 电路,后级为全桥逆变电路的单相逆变器为例进行分析。

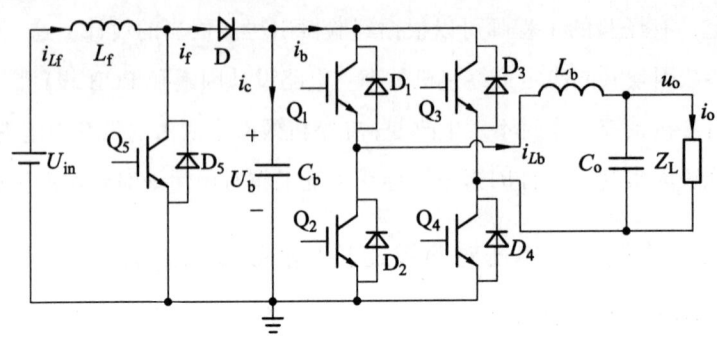

图 5-1 两级式单相逆变器原理

在分析之前先做如下假设:① 系统工作于连续模式;② 后级逆变器调制方式为单极性 SPWM 调制;③ 不考虑功率二极管及开关管寄生二极管的反向恢复过程;④ 为使得推导公式简单化,本来输入电流会随着 U_b 的变化而变化,但此处先假设输入电流 i_{in} 的平均值 I_{av_f} 不随 U_b 的变化而改变。

1. 基本电流公式

因各开关器件损耗与其流过的电流有直接的关系,故先推导前级 Boost 电路中中间母线电压 U_b 与升压电感 L_f 的三角电流纹波量 Δi_f、峰值电流 i_{p_f} 和谷底电流 i_{v_f} 的关系,将这些量作为损耗分析的基础,进而确定其他具体损耗公式,如式(5-1)所示:

$$\begin{cases} D_f = 1 - \dfrac{U_{in}}{U_b} \\[2mm] \Delta i_f = \dfrac{U_{in}T_f}{L_f}\left(1 - \dfrac{U_{in}}{U_b}\right) \\[2mm] i_{p\_f} = I_{av\_f} + \dfrac{U_{in}T_f}{2L_f}\left(1 - \dfrac{U_{in}}{U_b}\right) \\[2mm] i_{v\_f} = I_{av\_f} + \dfrac{U_{in}T_f}{2L_f}\left(\dfrac{U_{in}}{U_b} - 1\right) \end{cases} \quad (5\text{-}1)$$

式中：T_f 是前级升压电路的开关周期。

而推导后级逆变电路器件损耗时需考虑开关管占空比 D_b 是呈正弦量变化的，故推导 U_b 与滤波电感 L_b 的纹波电流量 Δi_b、峰值电流 i_{p_b} 和谷底电流 i_{v_b} 的关系为

$$\begin{cases} D_b(N) = \dfrac{U_o}{U_b}\left|\sin(2\pi f_o NT_b)\right| \\ \Delta i_b(N) = \dfrac{U_o T_b}{2L_b}\left(1 - \dfrac{U_o}{U_b}\left|\sin(2\pi f_o NT_b)\right|\right) \\ i_{p\_b}(N) = I_{av\_b}(N) + \dfrac{U_o T_b}{2L_b}\left(1 - \dfrac{U_o}{U_b}\left|\sin(2\pi f_o NT_b)\right|\right) \\ i_{v\_b}(N) = I_{av\_b}(N) + \dfrac{U_o T_b}{2L_b}\left(\dfrac{U_o}{U_b}\left|\sin(2\pi f_o NT_b)\right| - 1\right) \end{cases} \quad (5\text{-}2)$$

式中：f_o 为逆变器输出电压工作频率；$I_{av\_b}(N)$ 为滤波电感 L_b 电流第 N 拍的平均值；T_b 为后级逆变电路的开关周期。

2. 开关管开关损耗的简化推导

图 5-2 所示为开关管开通及关断过程中电压电流的理论波形。为简化分析，将开通关断过程设定为硬开关。其中，i_v 表示电感电流的谷底电流，即相应开关管开通时刻的电流；i_p 表示电感电流的峰值电流，即相应开关管关断时刻的电流。

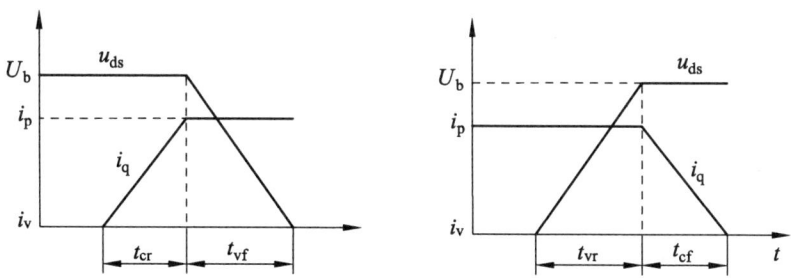

图 5-2 开关管开通和关断过程

根据文献[51]中的公式，图中流过开关管的电流上升时间 t_{cr} 和下降时间 t_{cf}，开关管漏源两端的电压上升时间 t_{vr} 和下降时间 t_{vf}，均近乎各自与该

开关管的电流和电压幅值成正比例。故简化推导一个周期内开关管的开关损耗为

$$P_{sw} = K_{ti}(i_p^2 + i_v^2)u_{ds} + K_{tv}(i_p + i_v)u_{ds}^2 \tag{5-3}$$

式中：K_{ti} 表示电流幅值与电流上升下降所需时间的关系系数；K_{tv} 表示电压幅值与电压上升下降所需时间的关系系数。

3. 前级电路损耗

（1）开关管 Q_5。

由式（5-1）推导得到 Q_5 的通态损耗为

$$P_{on\_Q5} = I_{av\_f} u_{on\_Q5}\left(1 - \frac{U_{in}}{U_b}\right) \tag{5-4}$$

其中，u_{on_Q5} 为 Q_5 导通时的压降。

由式（5-1）和式（5-3）推导得开关管 Q_5 的开关损耗为

$$P_{sw\_Q5} = 2K_{tv\_Q5} I_{av\_f} U_b^2 + 2K_{ti\_Q5} U_b \cdot \left[I_{av\_f}^2 + \frac{U_{in}^2 T_f^2}{4L_f^2}\left(1 - \frac{U_{in}}{U_b}\right)^2\right] \tag{5-5}$$

（2）功率二极管 D。

根据 Boost 变换器占空比公式，可得功率二极管 D 的通态损耗为

$$P_{on\_D} = i_{av\_f} u_{on\_D} \frac{U_{in}}{U_b} \tag{5-6}$$

其中，u_{on_D} 为功率二极管 D 的导通压降。

（3）升压电感 L_f。

本书磁芯采用 Magnetic 的 Koolmµ 材料，升压电感损耗分为绕组损耗（即铜损 P_{cu}）和磁芯损耗（即铁损 P_{fe}）。铜损又分为直流损耗和交流损耗，因平均电流不变，直流损耗不变，故仅考虑交流铜损，则铜损为

$$P_{cu\_L_f} = R_{ac\_L_f}\left[\frac{U_{in} T_f}{2L_f}\left(1 - \frac{U_{in}}{U_b}\right)\right]^2 / 3 \tag{5-7}$$

式中：R_{ac_Lf} 为升压电感绕组的交流电阻值。

磁芯损耗，即铁损与升压电感电流三角纹波的关系为

$$P_{\text{fe\_Lf}} = B^2 f_f^{1.46} = f_f^{1.46} \left[\frac{U_{\text{in}} T_f}{2 N_{Lf} A_{Lf}} \left(1 - \frac{U_{\text{in}}}{U_b} \right) \right]^2 \quad (5\text{-}8)$$

式中：B 为前级 Boost 电路工作时升压电感峰值磁通密度；f_f 为前级 Boost 电路的开关管开关频率；N_{Lf} 表示电感线圈匝数；A_{Lf} 表示电感磁芯截面积。

4. 后级电路损耗

后级全桥逆变器高频臂由开关管 Q_1 和 Q_2 组成；低频臂由 Q_3 和 Q_4 组成。由于低频臂开关管开关频率极低，故只需考虑通态损耗，忽略其开关损耗；前面已经做过了假设，即假设电感电流 i_{L_o} 的有效值不变，故不需要考虑 U_b 的变化对低频臂开关管通态损耗的影响。

以并网输出电压正半周为例，在一个开关周期内，高频臂开关管上管 Q_1 以高频工作，对应下管 Q_2 的反向并联二极管 D_2 则导通续流。一个逆变周期除以一个高频臂开关周期便得到 N 值，每个器件的损耗便是所有小区间的损耗的累加和。推导的各个器件的损耗公式如下：

（1）开关管 Q_1。

由式（5-2）得到 Q_1 的通态损耗为

$$P_{\text{on\_Q1}}(N) = \frac{I_{\text{av\_b}}(N) u_{\text{on\_Q1}}(N) U_o}{U_b} |\sin(2\pi f_o N T_b)| \quad (5\text{-}9)$$

式中：$u_{\text{on\_Q1}}(N)$ 为 Q_1 第 N 拍的导通压降。

由式（5-2）及式（5-3），得出 Q_1 第 N 拍的开关损耗为

$$P_{\text{SW\_Q1}}(N) = 2 K_{\text{tv\_Q1}} I_{\text{av\_b}}(N) U_b^2 + 2 K_{\text{ti\_Q1}} U_b \cdot \\ \left[2 I_{\text{av\_b}}^2(N) + \frac{U_o^2 T_b^2}{2 L_b^2} \left(1 - \frac{U_o}{U_b} |\sin(2\pi f_o N T_s)| \right)^2 \right] \quad (5\text{-}10)$$

（2）功率二极管 D_2。

功率二极管 D_2 的通态损耗为

$$P_{\text{on\_D2}}(N) = I_{\text{av\_b}}(N) u_{\text{on\_D2}}(N) \left(1 - \frac{U_o}{U_b} |\sin(2\pi f_o N T_b)| \right) \quad (5\text{-}11)$$

式中：$u_{on\_D2}(N)$ 为 D_2 在第 N 拍电流下的压降值。

（3）滤波电感 L_b。

由式（5-2）计算滤波电感在第 N 拍的交流铜损和铁损，其实每一拍均与前级升压电感的原理相似。

$$P_{cu\_Lb}(N) = \frac{R_{ac\_Lb}}{3} \cdot \left[\frac{U_o T_b}{2L_b}\left(1 - \frac{U_o}{U_b}|\sin(2\pi f_o N T_b)|\right)\right]^2 \quad (5\text{-}12)$$

$$P_{fe\_Lb}(N) = B^2 f_b^{1.46} = f_b^{1.46} \cdot \left[\frac{U_o T_b}{2N_{Lb} A_{Lb}}\left(1 - \frac{U_o}{U_b}|\sin(2\pi f_o N T_b)|\right)\right]^2 \quad (5\text{-}13)$$

式中：B 为滤波电感峰值磁通密度；R_{au_Lb} 为绕组交流电阻；f_b 为后级电路高频臂开关管的开关频率；N_{Lb} 为电感线圈匝数；A_{Lb} 为电感磁芯截面积。

5. 中间母线电压与各器件损耗的关系

仔细观察式（5-4）～式（5-13），这些公式是多变量的函数，如果将其他变量看作定值，只研究中间母线电压 U_b 与各个损耗的关系，可见各个损耗随着 U_b 的变化而变化，有些损耗关系明确，有些则不确定，这就是 U_b 与损耗关系的复杂性，所以 U_b 与效率之间的关系也较为复杂。对各式进行归纳总结，可得到 U_b 与各器件损耗的关系见表 5-1。

表 5-1　U_b 上升时与各器件损耗的关系

损耗类型	P_{on_Q5}	P_{sw_Q5}	P_{on_Q1}	P_{sw_Q1}	P_{fe_Lf}	P_{on_D}	P_{on_D2}	P_{cu_Lb}	P_{cu_Lb}	P_{fe_Lb}
变化情况	上升	不确定	下降	不确定	上升	下降	上升	上升	上升	上升

由表（5-1）可知，中间母线电压 U_b 与整机损耗密切相关，这些损耗包括前后级所有开关管和二极管的通态损耗和开关损耗、前级泵升电感和后级滤波电感的铜损和铁损，以及 U_b 改变带来的杂散损耗等。有些器件的损耗随 U_b 的上升而上升，有些器件的损耗随 U_b 的上升而下降，有些器件的损耗则与 U_b 之间没有明确的关系，呈现非线性关系。最终分析可得，中间母线电压 U_b 对系统效率有直接的影响。

5.2 前级 DC/DC 变换器的控制

5.2.1 Boost 变换器的建模与控制

1. Boost 模型建立

在 DC/DC 变换器电路中，由于包括了诸如开关管或二极管之类的非线性元件而变成一个非线性系统。但是当变换器工作在稳态附近时，会发现电路状态变量的小信号扰动量之间的关系呈现出线性特性。因此，在研究 DC/DC 变换器的稳态工作特性时，通常将它近似为线性系统，从而引入了状态空间平均的概念[52]。所以，Boost 升压变换器亦可以利用状态空间平均法来建立数学模型。

首先，将电感电流与电容电压设定为状态变量，则列得状态方程：

$$\begin{cases} L_f \dfrac{di_{in}}{dt} = U_{in} - \overline{u_i} \\ C_b \dfrac{dU_b}{dt} = \overline{i_f} - \dfrac{U_b}{R} \end{cases} \quad (5\text{-}14)$$

式中：U_{in} 和 i_f 表示变量，其状态如表 5-2 所示。

表 5-2 状态变量

变量	开通状态	关断状态
U_{in}	0	U_b
i_f	0	i_{in}

根据表 5-2 可计算得到 U_{in} 和 i_f 的平均值为

$$\begin{cases} \overline{U_{in}} = 0 \times D + U_b \times (1-D) = (1-D)U_b \\ \overline{i_f} = 0 \times D + i_{in} \times (1-D) = (1-D)i_{in} \end{cases} \quad (5\text{-}15)$$

将式（5-15）代入式（5-14）可得

$$\begin{cases} L_f \dfrac{di_{in}}{dt} = U_{in} - U_b + DU_b \\ C_b \dfrac{dU_b}{dt} = (1-D)i_{in} - \dfrac{U_b}{R} \end{cases} \quad (5\text{-}16)$$

将式（5-16）转到频域，则有

$$\begin{cases} sL_f I_{in}(s) = U_{in}(s) - U_b(s) + DU_b(s) \\ sC_b U_b(s) = (1-D)I_{in}(s) - U_b(s)/R \end{cases} \quad (5\text{-}17)$$

据上述分析，得 Boost 电路模型框图如图 5-3 所示。图中，U_T 表示三角载波峰值。

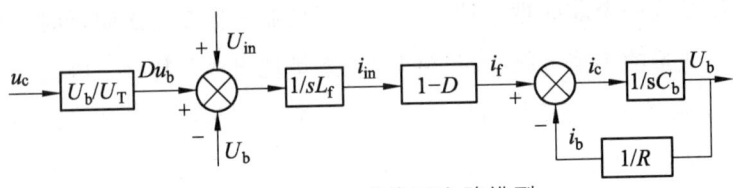

图 5-3　Boost 变换器电路模型

2. Boost 控制策略

Boost 电路的双环控制框图如图 5-4 所示。其中，电压作为外环，电流作为内环。由于采用的是纯数字化控制，即 DSP 只能对数字信号进行处理。因此，需要先运用 A/D 采样电路将模拟的输出电压、输入电压和电感电流转换为数字信号，然后再运用 DSP 对此数字信号进行处理。如图 5-4，将输出电压与给定电压信号相减得到一电压信号，该误差信号经过电压环控制器 $G_{vb}(s)$ 得到电流内环的给定信号 i_{in}^*；然后将电流给定信号 i_{in}^* 与电感电流 i_{in} 相减得到一电流误差信号，之后该电流误差信号经过电流环控制器 $G_{ib}(s)$ 得到控制量；最后此控制量与载波信号比较得到占空比 D，通过驱动电路后控制开关管操作。

（1）电流环设计。

从图 5-3 可知，Boost 输入电感电流 i_{in} 不仅与控制有关，还存在输入电压 U_{in} 和输出电压 U_b 两个扰动量。针对扰动量，一般的处理方式会采用忽略法和补偿法。忽略法简单而容易实现，但是动态性能不好，所以常采用补偿法来增强系统的稳定性。电流环控制框图如图 5-5 所示。

5 在线效率优化控制方法

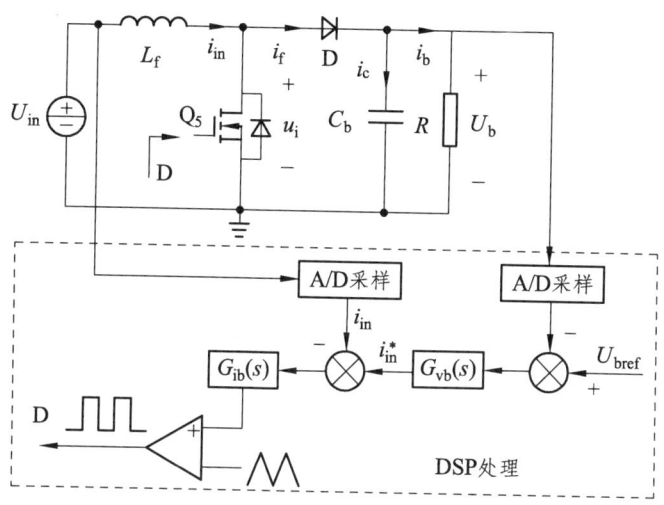

图 5-4 Boost 电路双环控制框图

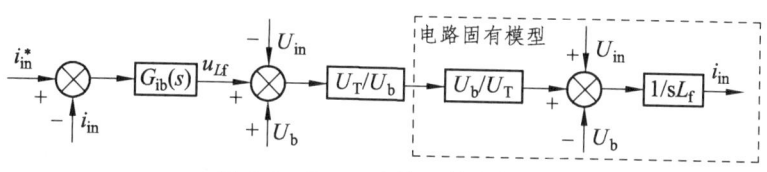

图 5-5 Boost 电流环控制框图

通过 DSP 进行扰动补偿处理，可将扰动量从控制图中消去，如图 5-6 所示。

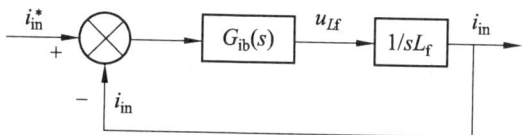

图 5-6 Boost 电流环简化控制框图

电流内环采用典型的 PI 控制器，其表达式为

$$G_{ib}(s) = K_{pib}\frac{\tau_{iib}s+1}{\tau_{iib}s} \qquad (5\text{-}18)$$

式中：K_{pib} 为 Boost 电流环 PI 控制的比例系数，τ_{iib} 为积分系数。

由此可得，电流内环的开环传递函数为

$$H_{ib}(s) = K_{pib} \frac{\tau_{iib}s+1}{\tau_{iib}s} \cdot \frac{1}{sL_f} \qquad (5\text{-}19)$$

对于电流环，一般要求响应速度要快，即带宽要设置得大一点。这里，设计电流环控制器参数 $K_{pib}=12$，$\tau_{iib}=0.2$。

（2）电压环设计。

Boost 电压外环的控制框图如图 5-7 所示。图中，$G_{vb}(s)$ 表示电压环控制器，$G_b(s)$ 表示电流环的闭环传递函数，其表达式为

$$G_b(s) = \frac{G_{ib}(s)}{sL_f + G_{ib}(s)} \qquad (5\text{-}20)$$

由电流环设计分析可知，电流环控制器在低频处的幅值远远大于 sL_f，可认为电流内环控制反馈的电流 i_{in} 能够快速并精确地跟踪上给定电流 i_{in}^*，因此 $G_b(s)$ 的值可认为等于 1。忽略负载电流引起的扰动，则可得 Boost 电压环的控制简化框图如图 5-8 所示。

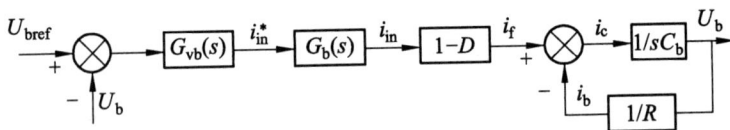

图 5-7　Boost 电压环控制框图

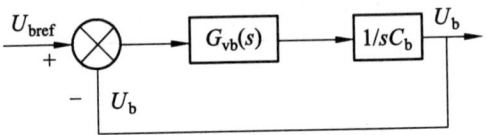

图 5-8　Boost 电压环简化控制框图

Boost 电压环采用单零点双极点的控制器，如式（5-21）所示：

$$G_{vb}(s) = \frac{K_{pvb}}{s} \frac{s+\omega_{zv}}{s+\omega_{pv}} \qquad (5\text{-}21)$$

式中：K_{pvb} 表示比例系数；ω_{zv} 表示控制器的零点；ω_{pv} 表示极点。其中，

选取合适的极点 ω_{pv} 不仅可以用来抑制高频信号,还可以减小在高频部分右半平面零点所带来的影响;选取合适的零点 ω_{zv} 来减小超调量;系数 K_{pvb} 保证具有足够的相位裕度使系统稳定。Boost 变换器选用的输出电容容值为 220 μF,开关频率为 20 kHz,设计电压环控制器参数 K_{pvb}=90,ω_{zv}=20,ω_{pv}=240。

5.2.2 仿真与实验验证

1. 仿真分析

为了验证 Boost 变换器采用双环控制的有效性,使用 saber 仿真软件建立了 Boost 电路的仿真模型,如图 5-9 所示。仿真中采用传递函数实现数字控制,对升压电感电流 i_L、输入直流电压 U_{in}、输出电压 U_b(即中间母线电压)进行采样,调整控制器的参数,得到仿真波形,如图 5-10 所示。其仿真参数见表 5-3。由仿真波形可知,前级 Boost 电路将 100 V 的直流输入电压升压到 200 V,利用电压外环电流内环的双环控制方式,系统在 20 ms 处即可进入稳态,输出电压达到设计要求,由此说明该控制的有效性。

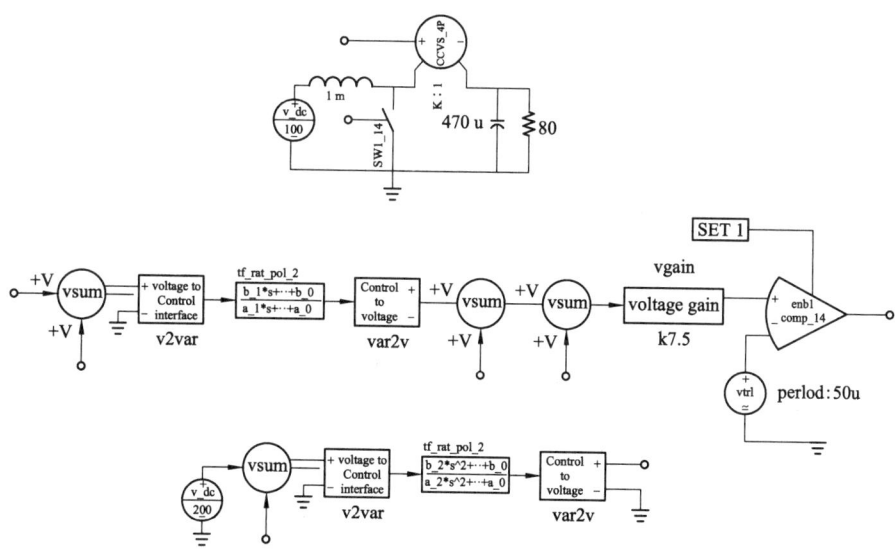

图 5-9 Boost 电路仿真模型

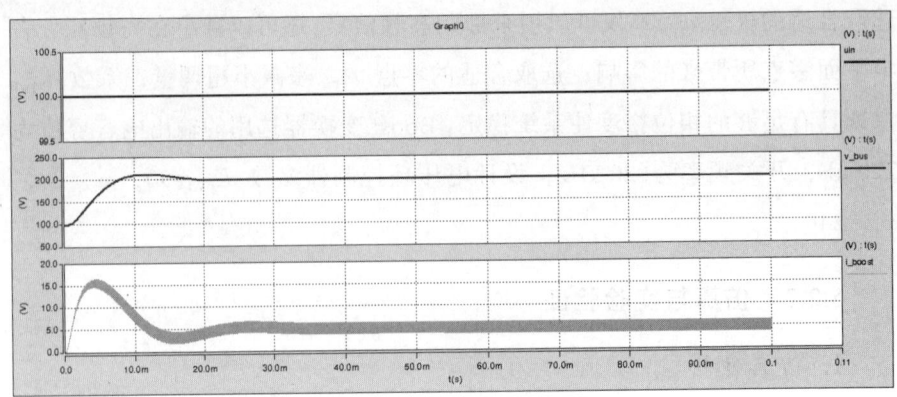

图 5-10 仿真波形

表 5-3 Boost 变换器仿真参数

仿真参数	数值
直流输入电压 U_{in}/V	100
输出电压 U_b/V	200
升压电感 L_f/mH	1
母线电容 C_b/μF	470
负载阻抗 R/Ω	80
开关频率 f_s/kHz	20

2. 实验验证

为了验证实际 Boost 电路中该控制器的有效性，搭建了一台功率为 500 W 的实验样机，并使用型号为 TM320F28335 的 DSP 芯片进行纯数字化控制。其中，DSP 主要完成采样信号的数字化处理及控制算法的实现，得到实验波形，如图 5-11 所示。图中，从上到下依次为前级 Boost 开关管驱动波形、直流输出电压 U_b、输入升压电感电流 i_{in}。图 5-11（a）为稳态下的实验波形，可以看出，Boost 电路在 100 V 的直流输入电压中，能够保证稳定的 200 V 输出，此时占空比为 0.5，开关频率为 20 kHz。

另外，在 Boost 的实际电路中需要增加软启动，否则在启动过程中容易产生很大的冲击电流，损坏开关管。在本书中，对 DSP 程序进行修改来实现 Boost 的软启动,其实验波形如图 5-11(b)所示。从图中可知,Boost 的输出直流电压在开关管开通后线性上升,并能够快速达到稳态值 200 V,此时输入电感电流的冲击也比较小,由此可以保证电路运行的安全性。

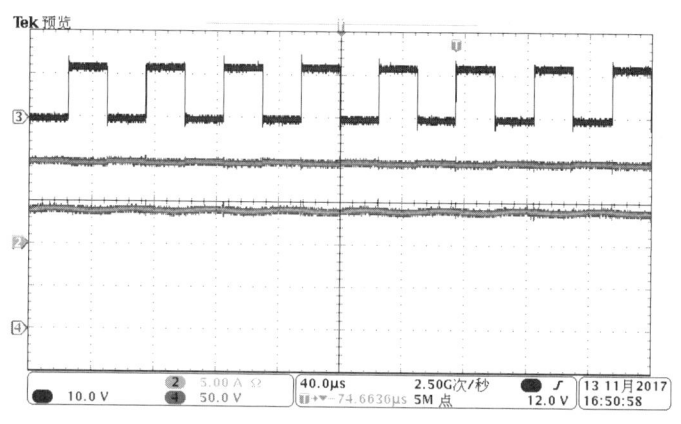

(a)稳态波形

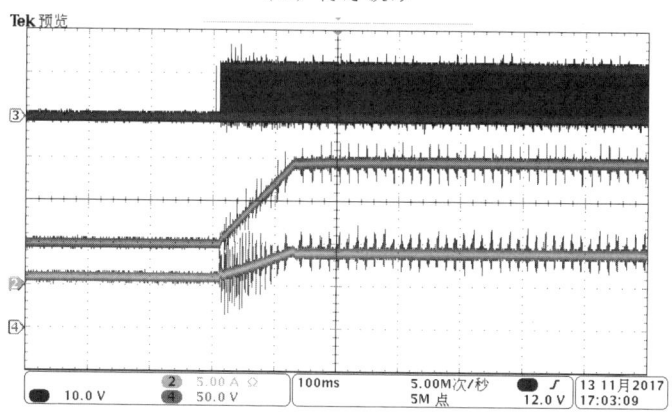

(b)软启动波形

图 5-11 Boost 变换器实验波形

5.3 二自由度控制下的后级单相逆变器控制

5.3.1 负载特性

针对单相逆变器而言,在交通、通信和电力系统等领域都有广泛的研究和应用,其所带的负载也不一样,如照明类纯电阻负载、电机类阻感负载和阻容负载,以及不控整流电路负载等。当从一种负载转换到另一种性质的负载时,逆变器的输出电压波形容易发生周期性畸变,同时谐波增加,影响各种电气设备的日常运行。

(1)纯电阻、阻感与阻容负载。

逆变器所带的负载性质不一样,其负载阻抗 $1/Z_L(s)$ 的表达式也不一样,纯电阻负载、阻感负载和阻容负载的阻抗表达式如表 5-4 所示,这里阻感负载表示电阻和电感串联,阻容负载表示电阻和电容串联。

表 5-4 不同性质负载下的 $1/Z_L(s)$

负载性质	$1/Z_L(s)$
纯电阻	$1/Z_L(s)=1/R$
阻感	$1/Z_L(s)=1/(sL_b+R)$
阻容	$1/Z_L(s)=(sC_o)/(sC_oR+1)$

(2)不控整流性负载。

以图 5-12 所示的单相逆变器带整流性负载电路为例。其中,U_b 表示输入电压,u_g 表示逆变桥输出电压,u_o 表示输出电压,i_o 表示输出负载电流,i_L 表示电感电流,L 表示滤波电感,C 表示滤波电容,i_s 表示直流侧线路电流,C_o 表示负载电容,R_o 表示负载电阻。

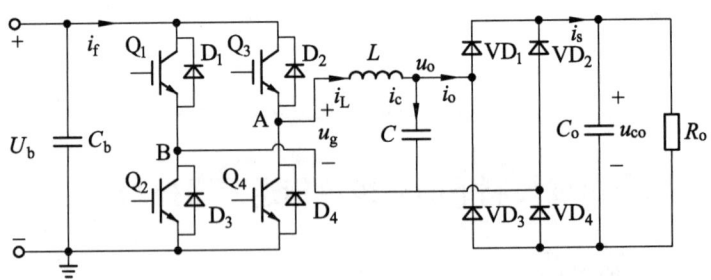

图 5-12 单相逆变器带整流性负载电路

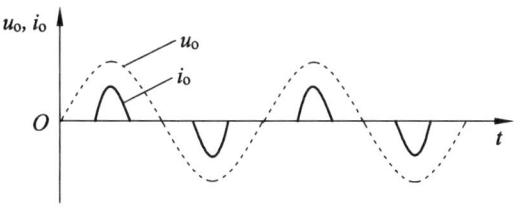

图 5-13 输出电压和输出电流

图 5-13 为输出电压和输出电流示意图。该非线性不控整流负载有两种工作模式。

（1）二极管导通模式。

此时逆变电路向负载电阻电容放电。

$$\begin{cases} |u_o| = u_{co} \\ i_s = C_o \dfrac{du_{co}}{dt} + \dfrac{u_{co}}{R_o} \end{cases} \quad (5-22)$$

由此推导得到

$$i_s = \sqrt{2}\omega C_o U_2 \cos(\omega t + \delta) + \dfrac{\sqrt{2}U_2}{R_o}\sin(\omega t + \delta) \quad (5-23)$$

式中：U_2 表示输出电压 u_o 的有效值。

式（5-23）中，第 1 变量代表电容电流分量，第 2 变量代表负载电流中的电阻电流分量。由于通常 $\omega RC \gg 1$，所以电容电流分量远大于电阻电流分量。而且，随着 ωRC 的增加，二极管的导通角会迅速下降到 $\pi/6$ 左右。这使得非线性负载下的负载电流可以在 $\pi/6$ 的导通角内从零迅速上升到纯电阻负载电流的 3 倍，带来了很大的谐波电流成分。

（2）二极管截止模式。

此时只有负载电容向负载电阻放电。

$$\begin{cases} C_o \dfrac{du_{co}}{dt} = -\dfrac{u_{co}}{R_o} \\ i_s = 0 \end{cases} \quad (5-24)$$

此模式相当于逆变器处于空载状态，负载阻抗无穷大。可见，此非线性不控整流负载本质上类似于一个间歇式脉冲负载。也可以理解为对输出电压的间歇式干扰。因为传统的控制是基于线性理论得到的，故而在处理此类负载时需将传统控制加以改进。

5.3.2 传统控制存在的问题

从图 5-14 所示的电压外环简化控制框图来看，在传统双环控制中，一般是在理想情况下进行分析，即忽略输出电流的扰动。但在实际情况下，如图 5-15 所示的电压环控制框图中，系统仍然存在一个扰动量，其负载阻抗为 $1/Z_L(s)$。在传统控制中，电压环控制器 $G_v(s)$ 需要承担两个作用，一个是通过零极点补偿来使系统稳定，另一个是抑制负载 $1/Z_L(s)$ 所带来的干扰。

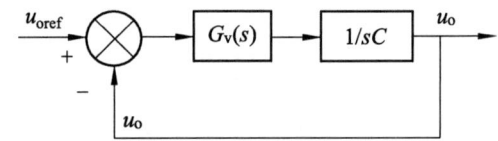

图 5-14　电压环简化框图

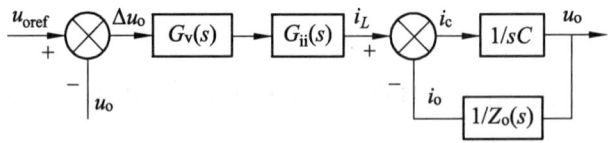

图 5-15　逆变器电压环控制框图

$G_v(s)$ 采用传统的 PI 结构，其表达式为

$$G_v(s) = K_p \left(1 + \frac{1}{\tau_{iv} s}\right) \quad (5\text{-}25)$$

传统控制中，$G_v(s)$ 的设计如式（5-25），在分析过程中，可将逆变系统当作一个随动系统，比例系数 K_p 往往起主导作用，而积分相对作用较小，以避免引起高频振荡。仅考虑比例系数 K_p 而忽略负载的扰动时，在离散数字模式下，推导周期为 T 并含有零阶保持器的电压环，可得其 Z 域开环传

递函数为

$$G_o(Z) = \frac{T \cdot K_p}{C \cdot (Z-1)} \quad (5\text{-}26)$$

对其特征方程 $1 + G_o(Z) = 0$ 求解得到

$$Z = 1 - \frac{T \cdot K_p}{C} \quad (5\text{-}27)$$

根据电压环的稳定条件 $|Z|<1$，可得电压环放大倍数 K_p 应该符合：

$$0 < K_p < \frac{2C}{T} \quad (5\text{-}28)$$

事实上，式（5-28）相当于空载条件下系统能够保持稳定 K_p 的约束条件，而在加载下 K_p 可以设置得更大。但变 K_p 的控制方法受检测信号延迟的影响，容易在投卸载瞬间造成参数振荡，从而引起输出电压振荡。而固定 K_p 的设计，则需要依据式（5-28）给出。再结合逆变器系统一般要求控制精度达到 0.5%，以输出 AC 220 V 的系统为例，则图 5-15 中的 Δu_o 一般为 1.56 V，由 K_p 引起的电感电流增量为

$$\Delta i_L < 3.11 C/T \quad (5\text{-}29)$$

针对逆变器带整流性负载而言，这个电感电流增量可能达不到整流性负载在二极管导通模式下迅速增加的负载电流增量，从而造成输出电压下跌失真。

根据图 5-15，可得系统的闭环传递函数为

$$G_c(s) = \frac{G_v(s) \cdot Z_o(s)}{1 + Z_o(s) \cdot (sC + G_v(s))} \quad (5\text{-}30)$$

可见，$Z_L(s)$ 是一个严重的扰动量。这个扰动会影响逆变器的稳定性，也会降低逆变器的动态特性，逆变电压波形畸变度增加也是其表现。从纯电阻、阻感、阻容负载以及不控整流性负载的特性分析中可知，负载阻抗 $1/Z_L(s)$ 的表达形式多种多样，显然，传统控制中对 K_p 的约束无法保证所设

计的 K_p 能够在宽频率范围内远远大于 $1/Z_L(s)$ 的值。换言之，这样的设计将使得负载阻抗的扰动变得不可忽略。尽管系统可能仍然保持稳定，但输出电压的动态特性将会变差，尤其是在非线性负载条件下所带来的谐波电流。

在传统的双环控制中，虽然在设计控制器的时候忽略了负载的扰动，但在实际情况下，该负载扰动依然存在，特别是逆变器带纯电阻负载、阻感负载、阻容负载和不控整流性负载时，如果仅由 $G_v(s)$ 一组控制参数来补偿系统输出电压的跟踪性能和抗负载干扰性能，容易引起输出的扰动与不稳定，系统要求将无法得到满足。因此，针对此现象，应该分别采用两组控制器对系统的跟踪和抗干扰特性进行设计，从而达到更佳的效果。

5.3.3 二自由度控制

本节提出一种二自由度 PI 控制器来改善逆变器纯电阻负载、阻感负载、阻容负载和不控整流性负载所引起的不稳定现象。所谓二自由度 PI 控制器[53]，是指可以通过独立设计两组 PI 参数，来分别调节系统的目标跟踪特性和抗干扰性能，从而达到最佳效果。忽略电流内环，其控制框图如图 5-16 所示。可见，与传统双环控制相比，它仅是在给定电压 u_{ref} 与误差比较器间增加了一个控制函数 $F(s)$，但产生的效果明显不一样了[54]。

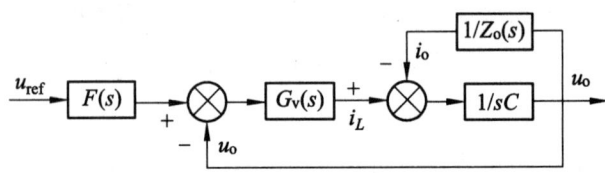

图 5-16 二自由度 PI 控制框图

根据图 5-16 所示控制框图可知：① 图中的 $u_o G_v(s)$ 与 $u_o/Z_L(s)$ 的差值决定了抗负载干扰特性；② $F(s)$ 与 $G_v(s)$ 的设计共同决定了系统的输出电压跟踪性能。

因此，这个控制器需要先设计 $G_v(s)$ 中的 PI 参数，再来设计 $F(s)$ 中的 PI 参数。从而实现二自由度下的抗干扰和跟踪特性的两个 PI 控制器的设计。

5 在线效率优化控制方法

1. 控制器 $G_v(s)$ 的设计

同传统控制一样，$G_v(s)$ 依然采用典型 PI 控制器，主要可用来抑制负载扰动。在二自由度 PI 控制中，传统控制中闭环传递函数式（5-30）就变成了新控制方法中正向通道中的一个串联传递函数，并可以变形为

$$G_f(s) = \frac{G_v(s)}{\dfrac{1}{Z_o(s)} + G_v(s) + sC} \tag{5-31}$$

可见，当 $G_v(s)$ 远大于 $1/Z_L(s)$ 时，则可以将 $Z_L(s)$ 从式（5-31）中忽略，也就是抑制了负载带来的扰动，为系统的稳定性设计提供一个干扰可忽略的数学模型，便于后面 $F(s)$ 的设计。在传统控制中，$G_v(s)$ 的设计因为条件的约束不能设计得很大，而在二自由度控制中，$G_v(s)$ 不存在这样的约束，其参数可以设计得更大，具有更高的幅频增益特性。

对于不控二极管整流性负载，在二极管截止模式，负载阻抗 $Z_L(s)$ 无穷大，$1/Z_L(s)$ 很小，$G_v(s)$ 很容易满足条件。在二极管导通模式，考虑二极管的内阻，将其假设为 R_s，则整流电路的等效电路如图 5-17 所示。

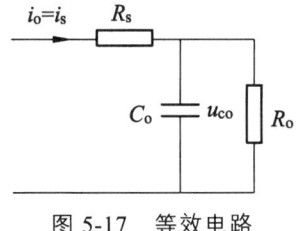

图 5-17 等效电路

此状态下逆变器相当于带负载电阻与电容并联的阻容性负载，负载阻抗在频域下的表达关系式为

$$\frac{1}{Z_o(s)} = \frac{R_o C_o s + 1}{R_s R_o C_o s + R_s + R_o} \tag{5-32}$$

结合表 5-4 中不同负载下的 $1/Z_L(s)$ 函数和式（5-32）得到相应幅频域的伯德图，如图 5-18 所示。

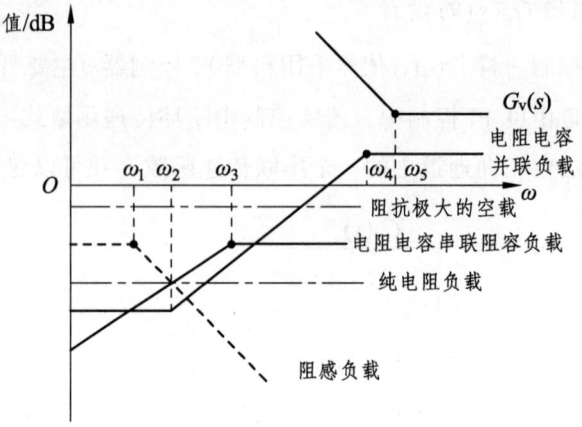

图 5-18　$1/Z_L(s)$ 伯德图和 $G_v(s)$ 分析

2. 控制器 $F(s)$ 的设计

定义好 $G_v(s)$ 后，再设计 $F(s)$。$F(s)$ 本质上是在原有 PI 控制器上增加目标值滤波器，其综合控制算法为

$$F(s)G_v(s) = K_{pv}\left[\alpha + \left(\frac{1}{\tau_{iv}s} - \beta\frac{1}{\tau_{iv}s+1}\right)\right] \quad (5\text{-}33)$$

式中：α 表示 K_{pv} 的二自由度系数；β 表示 τ_{iv} 的二自由度系数。

根据式（5-25）和式（5-33）可得目标值滤波器 $F(s)$ 的传递函数结构为

$$\begin{aligned}F(s) &= \frac{\tau_{iv}s}{K_{pv}(\tau_{iv}s+1)}K_{pv}\left[\alpha + \left(\frac{1}{\tau_{iv}s} - \beta\frac{1}{\tau_{iv}s+1}\right)\right] \\ &= \frac{\alpha\tau_{iv}s+1}{\tau_{iv}s+1} - \frac{\tau_{iv}s}{\tau_{iv}s+1}\cdot\frac{\beta}{\tau_{iv}s+1}\end{aligned} \quad (5\text{-}34)$$

结合式（5-34），得到系统的控制框图，见图 5-19。

针对式（5-34），有

$$\lim_{s\to 0}F(s) = \lim_{s\to 0}\left(\frac{\alpha\tau_{iv}s+1}{\tau_{iv}s+1} - \frac{\tau_{iv}s}{\tau_{iv}s+1}\cdot\frac{\beta}{\tau_{iv}s+1}\right) = 1 \quad (5\text{-}35)$$

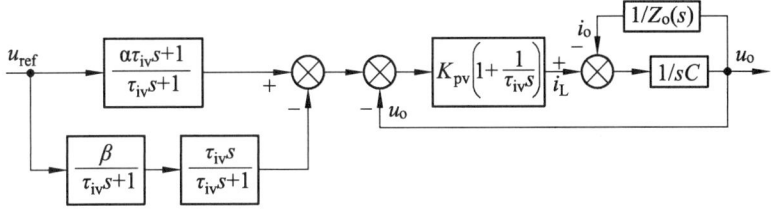

图 5-19 二自由度 PI 控制逆变系统结构

由此可知，该控制器 $F(s)$ 在稳态时输入输出相等，说明 $F(s)$ 的引入并不会影响整个系统的稳定性。

在实际应用中，一般在 $0 \leqslant \alpha \leqslant 2$ 和 $0 \leqslant \beta \leqslant 1$ 范围内选择二自由度化系数[53]，再由系统的阶跃响应特性来确定。二自由度 PI 控制的闭环传递函数为

$$G(s) = F(s) \cdot \frac{G_v(s) \cdot Z_o(s)}{1 + Z_o(s) \cdot (sC + G_v(s))} \qquad (5\text{-}36)$$

设参考输入为单位阶跃信号，以投入不控整流性负载时二极管导通模式为例，此时负载为电阻电容并联的阻容性负载，根据式（5-32）有

$$Z_o(s) = \frac{R_s R_o C_o s + R_s + R_o}{R_o C_o s + 1} = \frac{Z_m}{Z_d} \qquad (5\text{-}37)$$

则系统输出的拉氏变换为

$$Y(s) = \frac{1}{s} \times \frac{(\alpha \tau_{iv} s + 1)(\tau_{iv} s + 1) - \beta \tau_{iv} s}{(\tau_{iv} s + 1)^2} \cdot \\ \frac{Z_m(K_{pv} \tau_{iv} s + 1)}{\tau_{iv} s (CZ_m s + Z_d) + Z_m (K_{pv} \tau_{iv} s + 1)} \qquad (5\text{-}38)$$

根据式（5-38），用 MATLAB 绘得系统的输出响应曲线，如图 5-20 所示。图 5-20（a）表示参数 α 在[0～1.2]之间系统的输出响应曲线，图 5-20（b）所示为参数 β 在[0～1.2]之间系统的输出响应曲线。

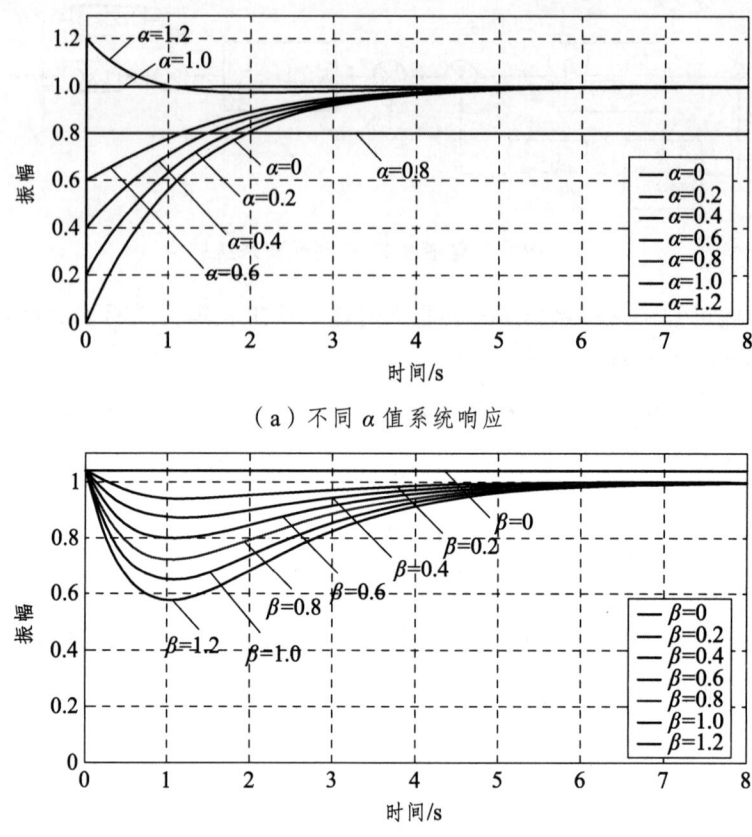

(a) 不同 α 值系统响应

(b) 不同 β 值系统响应

图 5-20　二自由度控制系统单位阶跃响应曲线

由图 5-20 可见，在 $\alpha=0.8$ 和 $\beta=0$ 时，稳态误差较大，系统无法正确跟踪给定值；随着参数 α 的增大，系统的响应速度越快，但是一直增大 α 数值，会增加响应的超调量；随着参数 β 的增加，系统响应越慢。据此确定参数 $\alpha=1.0$，$\beta=0.2$。图 5-21 进一步给出了不同性质负载下二自由度控制与传统控制下的单位阶跃响应曲线，其中传统控制参数 $K_{pv}=0.043$，$\tau_{iv}=0.055$，二自由度 PI 控制参数 $K_{pv}=0.68$，$\tau_{iv}=0.026$。可见，采用二自由度 PI 控制方法的单位阶跃响应速度要比采用传统控制方法快。

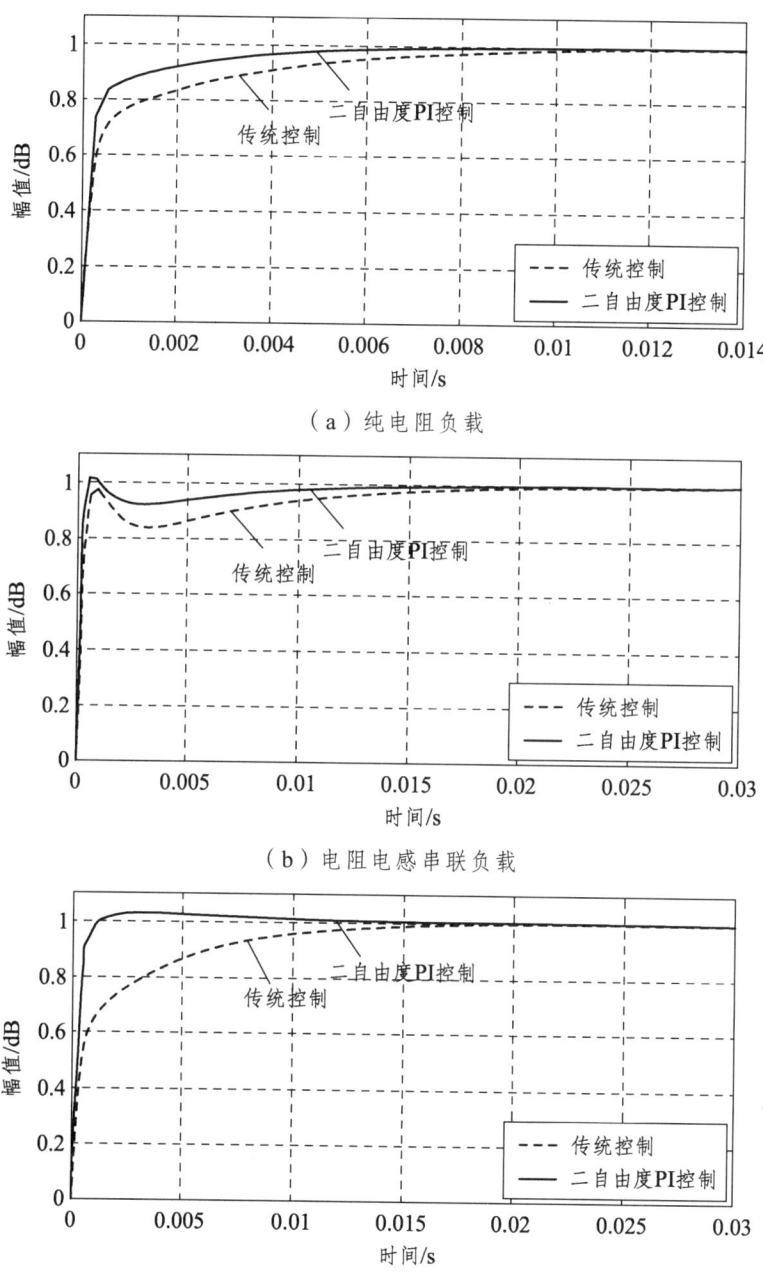

(a)纯电阻负载

(b)电阻电感串联负载

(c)电阻电容串联负载

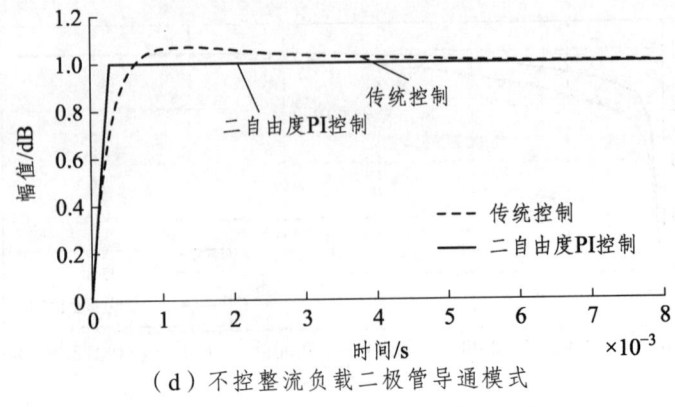

(d) 不控整流负载二极管导通模式

图 5-21 两种控制方法的单位阶跃响应对比

5.4 两种控制对两级式逆变器前级电路损耗的影响

5.4.1 中间母线电压二次谐波分析

1. 母线电压二次谐波的来源

两级式逆变器的中间母线电压二次谐波的来源示意如图 5-22 所示。图中，U_{in} 表示直流输入电压，u_o 表示后级逆变器输出交流电压，i_{in} 表示前级输入电流，i_f 表示前级通过二极管电流，i_c 表示中间母线电容电流，i_b 表示后级输入电流，i_o 表示后级输出负载电流。

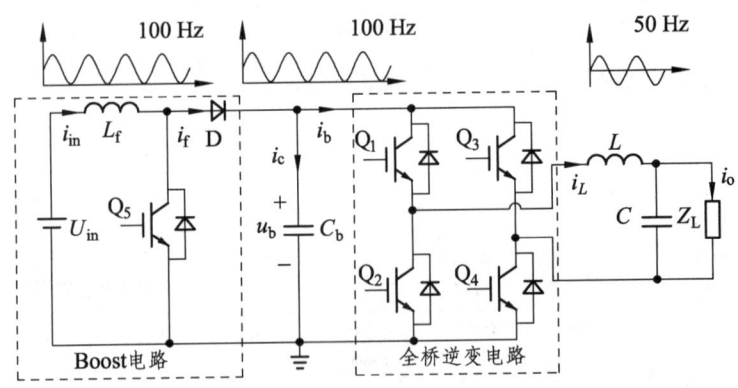

图 5-22 两级式逆变器母线电压二次谐波

后级逆变器的输出电压和电流均为工频，输出功率含有两倍频的输出脉动量，导致了前级输入和中间母线电压的脉动。当电路带阻性负载时，逆变器的输出电压 u_o、输出电流 i_o、瞬时输出功率 p_o 为

$$\begin{cases} u_o = U_o \sin \omega_o t \\ i_o = I_o \sin \omega_o t \\ p_o = u_o i_o = \dfrac{1}{2} U_o I_o - \dfrac{1}{2} U_o I_o \cos 2\omega_o t \\ \quad = \dfrac{1}{2} U_o I_o - \dfrac{1}{2} U_o I_o \cos \omega t \end{cases} \quad (5\text{-}39)$$

式中：U_o 和 I_o 分别表示逆变器输出电压和电流的幅值；ω_o 表示角频率，$\omega = 2\omega_o$。

后级逆变器输入电流的 i_f 表达式为

$$i_f = K_1 \frac{P_o}{U_b} = K_1 \left(\frac{U_o I_o}{2 U_b} - \frac{U_o I_o}{2 U_b} \cos \omega t \right) \quad (5\text{-}40)$$

式中：K_1 等于逆变器输入功率除以输出功率；U_b 为中间母线电压的平均值。

从式（5-40）可以明显看到，在逆变器的输入电流中包括了直流分量和交流分量，其中交流分量的频率为输出频率的两倍。二次谐波分量主要由前级直流变换器的输出支路和母线电容 C_b 来提供。当二次谐波分量仅由前级的输出支路 L_f 提供时，则前级 DC/DC 变换器存在很大的二次纹波；当二次谐波分量仅由母线电容 C_b 提供时，母线电容上将存在很大的纹波电压。通常情况下，二次纹波分量由前级 DC/DC 变换器的输出支路和母线电容 C_b 共同承担。

假设该二次纹波分量全部由中间母线电容 C_b 提供时，母线电容电流为

$$i_c = K_1 \frac{U_o I_o}{2 U_b} \cos \omega t \quad (5\text{-}41)$$

由式（5-41）可得母线电容纹波电压 ΔU_b 为

$$\Delta U_b = \frac{1}{C_b} \int i_c \mathrm{d}t = K_1 \frac{U_o I_o}{4 \omega_o C_b U_b} \sin \omega t \quad (5\text{-}42)$$

则中间母线电压 u_b 的表达式为

$$u_b = U_b + \Delta U_b = U_b + \frac{K_1 U_o I_o}{4\omega_o C_b U_b}\sin\omega t = U_b + U_{b-ac}\sin\omega t \qquad (5\text{-}43)$$

2. 母线电压二次谐波的影响

（1）对前级输入电源的影响。

由式（5-43）可知，两级式逆变器中间母线电压必然存在二次谐波。由于功率的匹配关系，这必然导致前级直流变换器的输入电流存在二次谐波。对于两级式逆变系统而言，前级的输入电源一般为蓄电池、燃料电池和光伏阵列等。若前级输入电源为蓄电池，则此二次谐波电流将使得蓄电池所要处理的功率增大，进而导致电池的损耗和发热更为严重，使得系统的效率降低，甚至降低蓄电池的寿命。若前级输入电源为燃料电池，在同等功率条件下，二次谐波电流的存在增大了电池的输出功率，电池的容量也相应增加，此状态下电池需要更多的燃料才能得到同等的输出功率，大大降低了燃料电池的利用率，提高了系统的成本。若输入电源为光伏阵列，输入侧的二次谐波电流同样会导致电池的瞬时输出功率增大，需要的光伏电池的容量会增大，降低了光伏电池的整体利用，增加了系统的成本，同样会缩短光伏电池的寿命。此外，由于光伏电池的输出电流和输出电压存在二次纹波，这将影响光伏电池实现 MPPT（最大功率跟踪），使得光伏电池在最大功率点出现二次功率振荡，降低了光伏电池的输出能力[55]。

对于变换器本身而言，二次谐波电流的存在，主要影响功率开关器件和磁性元件的损耗。其中：对于开关器件来说，二次谐波电流越大，流过功率开关器件的电流有效值也增大，从而增加了开关器件的通态损耗，降低了变换器的效率；对于磁性元件来说，二次谐波电流将使得磁性元件的瞬时值增加，进而使得磁芯损耗增加，导致磁性元件过热，严重时磁通可能出现饱和现象，为此，需要增加线圈匝数或者使用更大的磁芯，但这会增加铜耗，降低变换器的效率。

（2）对后级逆变器的影响。

对于两级式逆变器而言，后级逆变电路的作用主要是将前级的直流电压转换为符合系统要求的正弦波。在正常运行时，后级逆变器的输入电压不能太低，否则输出电压电流可能出现削顶的现象，导致输出波形畸变，严重影响设备的正常工作。而中间母线电压作为后级逆变器的输入电压，如果其二次谐波过大，当对逆变器的负载进行加载或卸载时，中间母线电压波动比较大。投载时，中间母线电压 U_b 会有一个比较大的跌落，有可能导致 U_b 无法满足逆变器正常输出正弦波所需的输入电压；卸载时，U_b 存在较大的上升值，有可能超过开关器件所能承受的电压值范围，从而损坏开关器件。而且，中间母线电压的大幅度波动也可能导致后级逆变器无法稳定工作。

（3）对中间母线电容的影响。

中间母线电容在两级式逆变器中主要起着功率解耦的作用，从而使得前级和后级电路可以独立控制。中间母线电容一般选择的是电解电容，改变其容值在一定程度上可以抑制中间母线电压的二次谐波。但是电解电容的使用寿命有限，一般只有几千个小时，而且随着工作环境温度的升高，其寿命也相对下降；再者，电解电容对二次谐波的抑制能力有限，而且还会降低整个系统的动态响应；电解电容由于存在的等效串联电阻（ESR）较大，有二次谐波的电流流过时，其等效串联电阻上产生的功率损耗也相应增加，可能会引起电解电容发热，进而降低其使用寿命。如果前级直流变换器的输入侧接的是光伏阵列的话，则电解电容寿命的降低将导致光伏电站的寿命下降，造成资源的浪费。

5.4.2 两级式逆变器控制

1. 传统控制

由上述分析可知，两级式逆变器由于中间母线电解电容的存在，其前级 Boost 变换器和后级逆变器是单独控制的。针对两级式逆变器，中间母线电压主要由前级 Boost 变换器来控制,后级逆变器单独控制即可。所以,这里只分析前级电路的传统控制方式,其控制框图如图 5-23 所示,不包含虚线框内的控制器。从第三章的分析可知,前级 Boost 变换器主要采用的是电压外环电流内环的双环控制。由于传统控制中电压反馈环节含有二次纹波电压,电压环设计一般带宽较低,使得输入电流含有的二次纹波较小。

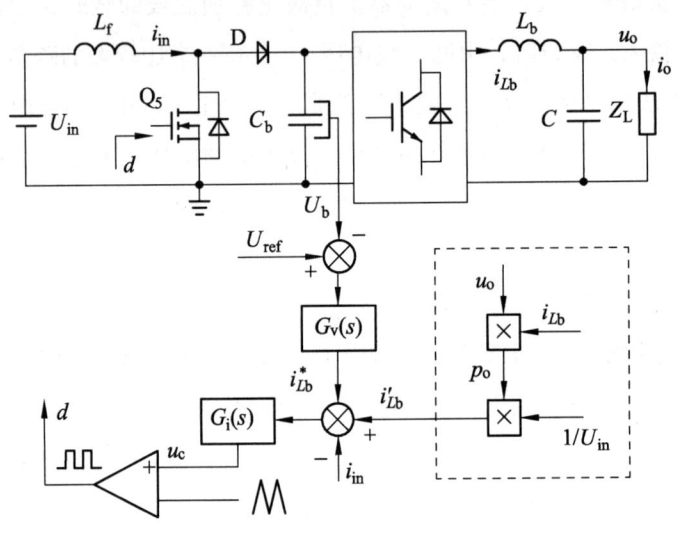

图 5-23 两级式逆变器控制框图

由式(5-43)可见,在传统控制方法下,中间母线电压纹波比较大,大大降低了电解电容 C_b 的寿命,而且对中间母线电压的二次纹波抑制能力有限。中间母线电容由电解电容构成,而该电解电容的寿命是决定整个逆变装置使用寿命的关键。所以,很多学者提出多种方法来抑制两级式逆变器中间母线电压的二次纹波。

中间母线电压二次纹波抑制方法可从硬件和控制两个方面进行阐述。

硬件方面,最简单的方法莫过于增大电容值,但是电容的增加随之带来的是整个系统体积、成本的增大;当电容增大至一定值时,其抑制谐波的能力严重下降,同时还会降低系统的动态响应[56]。文献[57,58]采用的方法是将 LC 串联来达到降低母线电压纹波的效果，但是 L、C 的值要取得很大，不适合小功率场合，而且大幅度波动的谐振电流很容易造成系统的不稳定。文献[59]针对降低母线电压二次谐波，以两级式光伏并网逆变器为对象采用一种增加功率解耦变换器的方法，但是该结构和控制比较复杂、成本也比较高。

控制方面，文献[60]采用一种将后级输出电流的绝对值前馈给前级电流环的指令实现纹波抑制，但文中对此方法的研究深度不够，理论依据缺乏。文献[61]提出一种功率前馈的控制方法，将瞬时输出功率除以输入电压得到一个电流信号，并将此电流信号叠加到前级电流内环的给定处，来达到纹波抑制目的，但是此方法仅研究了中间母线电压纹波，并没有考虑系统的损耗和效率问题。

2. 功率前馈控制

所谓的功率前馈控制，即将逆变侧瞬时输出功率除以输入电压得到一个电流信号 i'_{Lb}，然后叠加到前级电流内环的给定处，使得电流环的给定值为 $i^*_{Lb}+i'_{Lb}$，如图 5-23 中的虚线框。这个电流指令 i'_{Lb} 相当于将逆变侧瞬时输出功率中的二次谐波分量转换成了所需的直流侧输入电流。这样，中间母线电容就无需再提供二次谐波电流，其纹波电压自然就下降了，从而延长了电解电容的寿命。

同理式（5-40），则前级 Boost 输入电流表达式为

$$i_{in} = K_2 \frac{P_o}{U_{in}} = K_2 \left(\frac{U_o I_o}{2U_{in}} - \frac{U_o I_o}{2U_{in}} \cos\omega t \right)$$
$$= I_{dc} + I_{dc\_ac} \cos\omega t$$

（5-44）

式中，K_2 等于前级输入功率除以后级逆变器输出功率。

从控制框图 5-23 可见，功率前馈控制实现简单，无需增加辅助元器件或者电路，只需通过 DSP 改变控制算法即可，而且对中间母线电压二次谐波的抑制效果明显，还能提高系统的动态性能。

然而采用功率前馈控制进行母线电压的二次谐波抑制，仅仅是从抑制中间母线电压角度来考虑，并没有考虑到中间母线电压二次谐波降低了，前级输入电流的二次谐波却相应地增大了，这两者的变化所带来的对系统的损耗和效率问题都没有考虑清楚。因此，本章要针对传统控制和功率前馈控制下的两级式逆变器前级电路损耗进行分析。

5.4.3 前级电路损耗分析

在传统控制和功率前馈控制中，最主要的差别是前级输入电流与中间母线电压的二次谐波。传统控制下，中间母线电压的二次纹波比较大，影响开关器件的开关电压；功率前馈控制下，抑制了中间母线电压的二次纹波，但增大了前级输入电流的纹波，影响了前级 Boost 变换器的开关电流。其开关电压和开关电流的不同导致各个器件的损耗也不同。

前级电路损耗主要来源于开关管、二极管和磁性元件。开关管损耗包括通态损耗、开通损耗和关断损耗；二极管损耗主要由通态损耗、反向恢复损耗构成，其中后者比较小，可忽略不计；对于磁性元件，其损耗主要是磁损和铜损。本节主要针对两级式逆变器的前级 Boost 变换器分别对这两种控制方法下的损耗进行分析：首先建立两种控制方法下的电压与电流的解析方程；其次依据器件数据表的器件伏安特性曲线和 E_{on} 及 E_{off} 与电流的关系曲线，通过 image2data 软件提取曲线参数，采用最小二乘法进行拟合得到伏安表达式和开关电流公式；最终得到相关器件的损耗表达式，建立各器件的损耗模型。前级电路中所用的器件型号如表 5-5 所示。

表 5-5 前级 Boost 电路器件型号

器件	开关管 Q_5	二极管 D	电感 L_f
型号	20N60A4D	RHRG3060	PPF184026 磁芯

1. 曲线拟合

image2data 是一个基于 MATLAB 的 GUI 程序包，可以利用它从论文、报告、图片或其他文件中采集相关曲线数据，然后利用这些数据进行图形的重绘，并与原曲线进行对比来验证所得数据是否正确，为科学研究和论文撰写提供了很大的便利。然后再应用最小二乘法进行曲线的拟合得到相关函数表达式。所谓曲线拟合，是指数据点分布在该曲线上或者上方或下方附近区域近似所得的一条曲线，该曲线既可以反映所得数据的总体分布，又不会有很大的波动，更能体现被逼近函数的特性，使所求逼近函数和已知函数的偏差比较小，如图 5-24 所示，最终曲线拟合后得到的函数关系为 $y = f(x)$。曲线拟合仅是对数据的近似处理，拟合函数 $\varphi(x)$ 并不要求严格地通过所有数据点 (x_i, y_i)，它与函数在 x_i 处的偏差也被称作残差，表达式为

$$\delta_i = \varphi(x_i) - f(x_i) \quad (i = 1, \cdots, m) \tag{5-45}$$

曲线拟合没有严格要求偏差 δ_i 一定都得为零。但是一般情况下会要求 $|\delta_i|$ 按某种度量标准最小，从而使所得曲线能基本反映所给数据点的变化趋势。所谓最小二乘法曲线拟合即是要求误差（偏差）平方和最小的拟合方式。

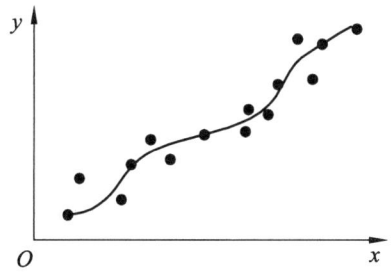

图 5-24 曲线拟合示意

本节内容主要是分析前级 Boost 电路各器件的损耗，首先运用数据表的关系曲线，应用最小二乘法进行拟合，得到相关公式，建立损耗模型。以 IGBT 功率开关管为例，开关管导通状态下计算其通态损耗时，需要开关管开通时其两端的电压和流过开关管电流的关系，查找数据手册，应用如图 5-25 所示的伏安特性曲线，即可进行曲线的拟合，得到电压与电流的关系表达式。

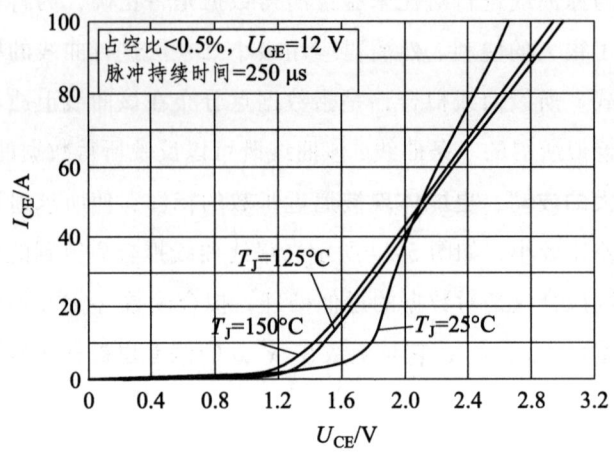

图 5-25　IGBT 伏安特性曲线

在功率开关管正常工作时,其温度一般比较高,因此选取图 5-25 中 $T_J=125\ ℃$ 的伏安曲线,首先采用 image2data 软件提取曲线参数,然后利用最小二乘法进行拟合,得到拟合曲线如图 5-26 所示,并得到电压与电流的关系为

$$U_{ce} = 1.439e^{(0.007\,4I_{ce})} - 0.86e^{(-0.83I_{ce})} \qquad (5\text{-}46)$$

式中:U_{ce} 表示 IGBT 开关管通态电压;I_{ce} 表示开关管开通时流过的电流。

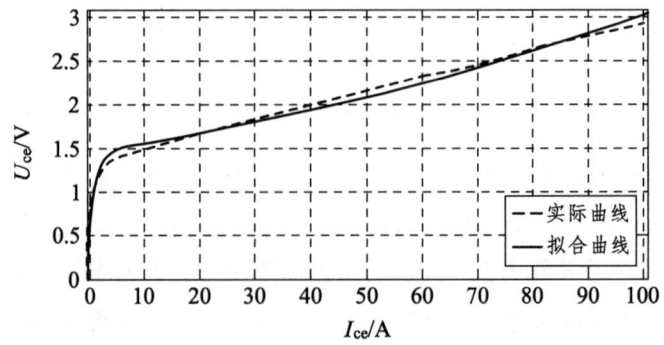

图 5-26　IGBT 伏安特性曲线拟合结果

同理，根据 IGBT 和二极管数据手册中的相关曲线（图 5-27），进行曲线拟合得到拟合曲线如图 5-28 所示，其表达式如表 5-6 所示，其中，L_m、U_m 表示 IGBT 参数手册中的测试电感和电压；L_f、U_b 表示实际电路的电感和母线电压。根据表 5-6 可知，精度 R-square 值越接近 1，拟合精度越高。由图 5-28 可知，拟合所得曲线与实际曲线几乎重合，说明此拟合方法可行有效。

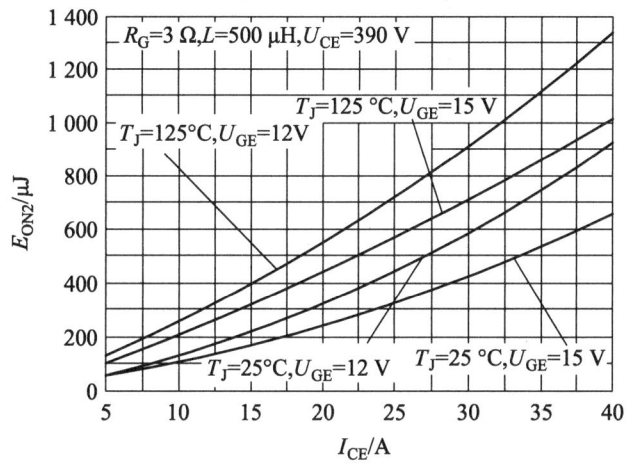

（a）IGBT 开通能量与电流的关系曲线

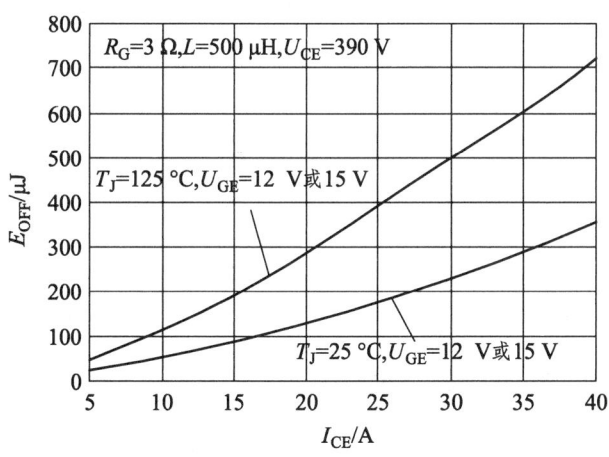

（b）IGBT 关断能量与电流的关系曲线

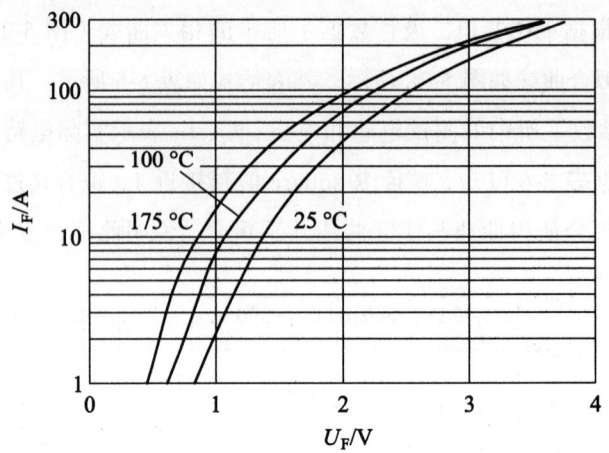

（c）二极管伏安特性曲线

图 5-27 开关器件关系曲线

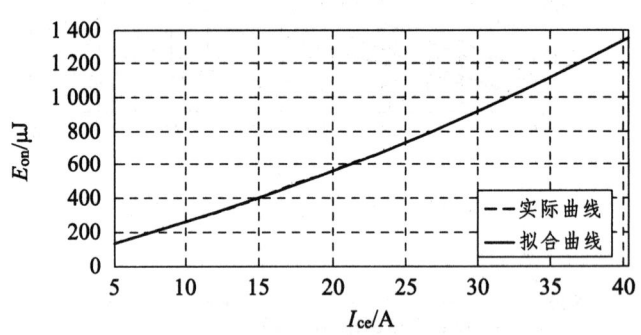

（a）IGBT 开通能量与电流的拟合曲线

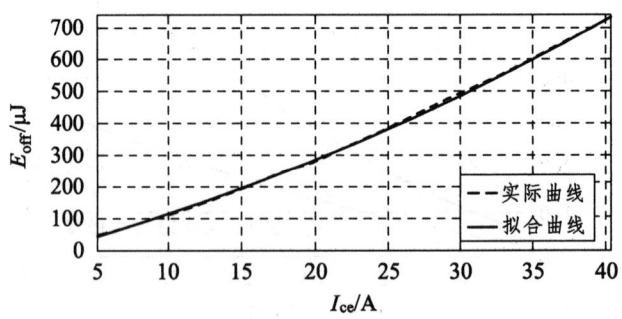

（b）IGBT 关断能量与电流的拟合曲线

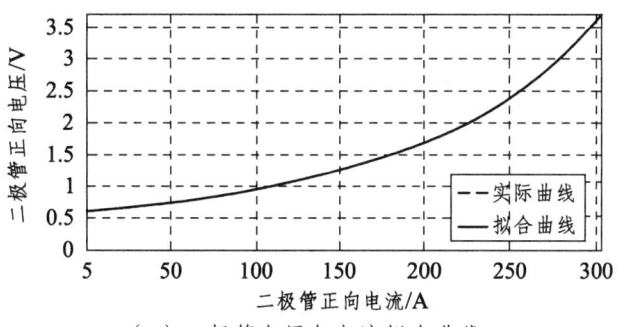

(c) 二极管电压与电流拟合曲线

图 5-28 拟合曲线

表 5-6 关系曲线拟合结果

开关状态	拟合曲线	拟合公式	精度(R-square)
IGBT 通态	图 5-26	$U_{ce} = 1.439\mathrm{e}^{(0.007\,4I_{ce})} - 0.86\mathrm{e}^{(-0.83I_{ce})}$	0.973 6
IGBT 开通	图 5-28(a)	$E_{on} = (0.293\,4I_{ce}^2 + 21.14I_{ce} + 20.11) \cdot \dfrac{L}{L_m} \cdot \dfrac{U_b}{U_m}$	0.999 9
IGBT 关断	图 5-28(b)	$E_{off} = (0.169\,9I_{ce}^2 + 11.82I_{ce} - 19.08) \cdot \dfrac{L}{L_m} \cdot \dfrac{U_b}{U_m}$	0.999 7
二极管通态	图 5-28(c)	$U_F = 4.616\mathrm{e}^{-10}I_F^4 - 1.55\mathrm{e}^{-7}I_F^3 + 3.343\mathrm{e}^{-5}I_F^2 + 0.001\,094I_F + 0.642\,1$	0.999 7

2. 前级电路损耗

定义 100 Hz 的周期为 T_g,开关周期为 T_s,则第 n 拍的输入电流表达式为

$$i_{in}(n) = I_{dc}(n) + I_{dc\_ac}(n)\cos\left(\frac{nT}{T_g} \times 2\pi\right) \quad (5\text{-}47)$$

前级 Boost 电路第 n 拍的占空比 $D_f(n)$ 为

$$D_f(n) = 1 - \frac{U_{in}}{u_b} = 1 - \frac{U_{in}}{U_b + U_{b\_ac}\sin\left(\dfrac{nT_s}{T_g} \times 2\pi\right)} \quad (5\text{-}48)$$

（1）开关管损耗。

假设开关管 Q_5 的导通压降为 u_{on}，则 Q_5 的通态损耗可根据以下几个式子得到：

$$\begin{cases} i_{cond}(n) = I_{dc}(n) + I_{dc\_ac}(n)\cos\left(\dfrac{2\pi(nT_s + 0.5D_{fn}T_s)}{T_g}\right) \\ u_{on} = 1.439e^{(0.007\,4i_{cond})} - 0.86e^{(-0.83i_{cond})} \\ p_{cond} = \dfrac{1}{n}\sum_{n=1}^{n} u_{on}(n) \cdot i_{cond}(n) \cdot D_{fn} \end{cases} \quad (5\text{-}49)$$

开通损耗：

$$\begin{cases} i_{on}(n) = I_{dc}(n) + I_{dc\_ac}(n)\cos\left(\dfrac{2\pi nT_s}{T_g}\right) \\ E_{on} = 0.293\,4i_{on}^{\,2} + 21.14i_{on} + 20.11 \\ p_{on} = f_s \times \dfrac{1}{n}\sum_{n=1}^{n} E_{on}(n) \end{cases} \quad (5\text{-}50)$$

关断损耗：

$$\begin{cases} i_{off}(n) = I_{dc}(n) + I_{dc\_ac}(n)\cos\left(\dfrac{2\pi(nT_s + D_{fn}T_s)}{T_g}\right) \\ E_{off} = 0.169\,9i_{off}^{\,2} + 11.82i_{off} - 19.08 \\ p_{off} = f_s \times \dfrac{1}{n}\sum_{n=1}^{n} E_{off}(n) \end{cases} \quad (5\text{-}51)$$

（2）二极管 D 损耗。

二极管 D 损耗包括通态损耗和反向恢复损耗，因后者比较小，可忽略不计，因此，这里只考虑二极管通态损耗，假设二极管 D 的导通压降为 u_F，则有

$$\begin{cases} u_F = 4.616\mathrm{e}^{-10}i_F^{\ 4} - 1.55\mathrm{e}^{-7}i_F^{\ 3} + 3.343\mathrm{e}^{-5}i_F^{\ 2} + \\ \qquad 0.001\,094 i_F + 0.642\,1 \\ i_F(n) = I_{\mathrm{dc}}(n) + I_{\mathrm{dc\_ac}}(n)\cos\left(\dfrac{2\pi(nT_{\mathrm{s}} + D_{\mathrm{fn}}T_{\mathrm{s}})}{T_{\mathrm{g}}}\right) \\ p_{\mathrm{cond\_D}} = \dfrac{1}{n}\sum\limits_{n=1}^{n} u_F(n)\cdot i_F(n)\cdot(1 - D_{\mathrm{fn}}) \end{cases} \quad (5\text{-}52)$$

（3）电感损耗。

电感损耗一般包括铜损和磁损。铜损可由式（5-53）求得：

$$P_{\mathrm{cu}} = I^2 R_{\mathrm{dc}} \qquad (5\text{-}53)$$

其中，

$$R_{\mathrm{dc}} = \frac{Leg}{s_2 \sigma}$$

$$s_2 = \pi\left(\frac{D}{2}\right)^2 \cdot 10^{-6}$$

$$Leg = 1.2N[(OD - ID) + 2Ht]$$

式中：I 表示电感电流有效值；R_{dc}、s_2、D、Leg、N、OD、ID、Ht 分别表示电感绕线电阻、线截面积、绕线直径、绕线长度、绕线匝数、磁芯外径、磁芯内径、磁芯厚度，其数据可从磁芯手册中查找。

磁损可由式（5-54）求得：

$$P_{\mathrm{m}} = \frac{1}{n}\sum_{n=1}^{n} E(n) \qquad (5\text{-}54)$$

其中，

$$E(n) = V \cdot E_1(n) \cdot 10^{-3}$$

$$E_1(n) = \Delta B(n)^2 \left(\frac{f_{\mathrm{s}}}{1\,000}\right)^{1.46}$$

$$\Delta B(n) = L \cdot \frac{\Delta I}{Ns}$$

$$\Delta I(n) = \frac{U_{\mathrm{in}}T_{\mathrm{s}}(1 - D_{\mathrm{fn}})}{2L}$$

式中：$\Delta I(n)$ 表示第 n 拍的电感纹波电流；$\Delta B(n)$ 表示第 n 拍纹波电流的磁通密度；$E_1(n)$ 表示第 n 拍的磁损耗密度；$E(n)$ 表示第 n 拍的磁损耗；V 表示磁芯体积；P_m 表示磁损耗。

5.4.4 两级式逆变器实验验证

1. 损耗计算

为了说明该损耗计算方法的正确性，以两级式逆变器的前级 Boost 变换器的开关损耗计算为例，电路参数如表 5-7 所示，器件参数如表 5-5 所示。传统控制和功率前馈控制损耗计算结果如图 5-29 所示，图中，P_{cond} 表示 IGBT 通态损耗，P_{on} 表示 IGBT 开通损耗，P_{off} 表示 IGBT 关断损耗，P_{cond_D} 表示二极管通态损耗，P_{cu} 表示电感铜损耗，P_m 表示电感磁损耗，P_{sum} 表示总损耗。可见，传统控制中器件各损耗均小于功率前馈控制下的损耗，效率自然更高。

表 5-7 电路参数

参数	数值
前级输入电压 U_{in}/V	180
前级输出电压 U_b/V	360
电感 L 和 L_b/mH	1.267 6
中间母线电容 $C_b/\mu F$	440
逆变输出电压有效值 U_{oe}/V	220
输出频率 f_o/Hz	50
输出滤波电容 $C_o/\mu F$	10
负载阻抗 Z_L/Ω	48.4
系统开关频率 f_s/kHz	20

5 在线效率优化控制方法

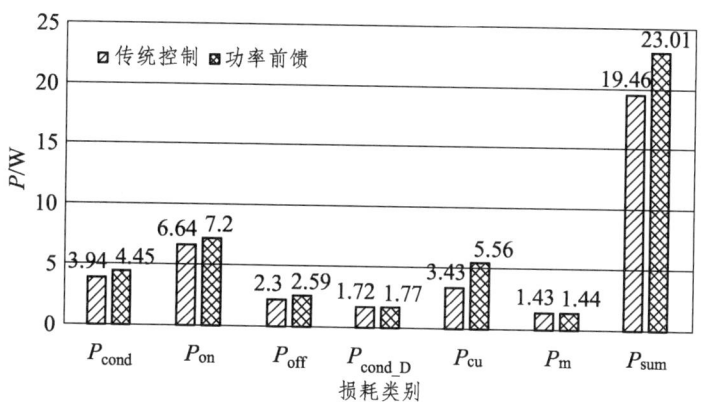

图 5-29 前级电路损耗计算

2. 实验测试

利用图 5-30 实验装置测试传统控制下和功率前馈控制下前级 Boost 变换器和整机的效率。接 900 W 负载时,测试结果如表 5-8 所示,可见,后级逆变器损耗变化不大,影响不大。

表 5-8 实验测试结果

控制方法	传统控制	功率前馈控制
输入功率/W	857	858
前级输出功率/W	839	834
后级输出功率/W	820	818
前级损耗/W	18	25
后级损耗/W	19	16
前级效率/%	97.90	97.09
整机效率/%	95.68	95.34

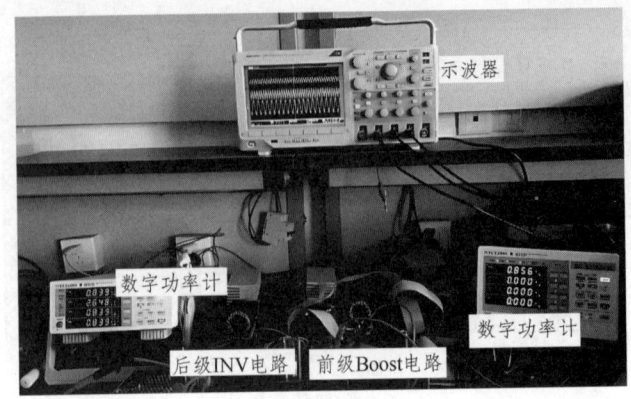

图 5-30 实验装置

实验波形如图 5-31 和图 5-32 所示,从图中可以明显看出,功率前馈控制下,中间母线电压的二次纹波得到抑制,但前级输入电流纹波却增大,两者呈现一种此消彼长的趋势。

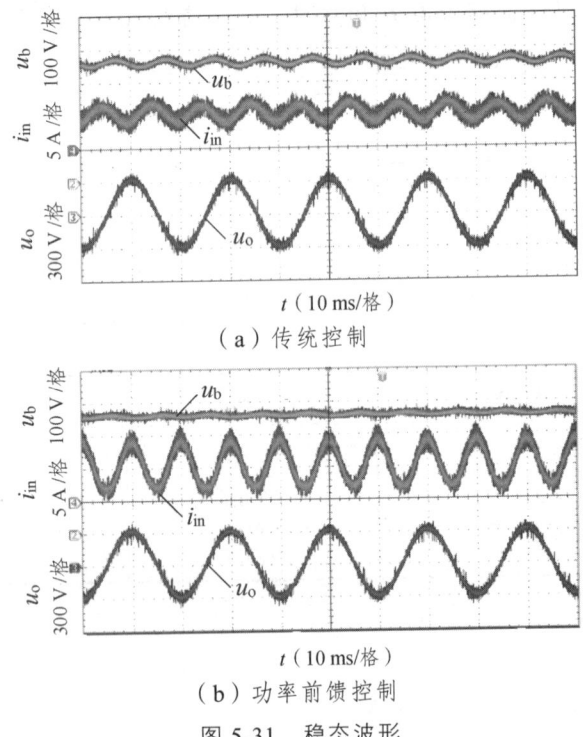

(a) 传统控制

(b) 功率前馈控制

图 5-31 稳态波形

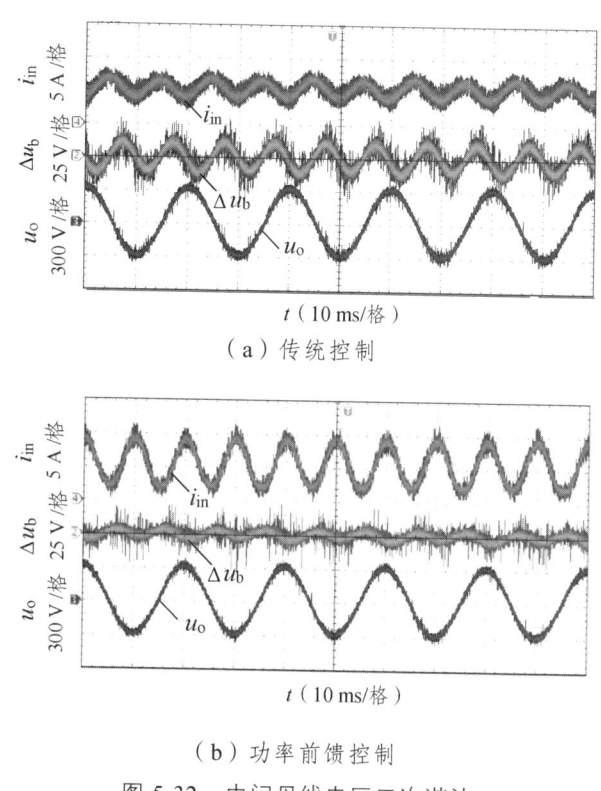

(a) 传统控制

(b) 功率前馈控制

图 5-32 中间母线电压二次谐波

5.5 基于中间母线电压调整的效率优化控制

5.5.1 中间母线电压对前后级电路损耗的影响

从上述可知,针对由前级 Boost 电路和后级逆变电路构成的两级式逆变器系统,在硬件电路设计完成、器件选取好后,其前级输入电压、后级输出电压和输出电流可认为是不可控因素,仅有中间母线电压 U_b 是可控的。在实验中发现,不同的母线电压值,其效率也不同。但直接分析中间母线电压与系统整机效率是很困难的,因为前级 Boost 电路和后级逆变电路是独立控制的,控制中两者互不影响,母线电压 U_b 的改变,直接影响的是前级 Boost 和后级逆变电路的占空比,而前后级电路所选取的器件型号种类繁多，无法直接给出分析。所以，这里从中间母线电压对前后级电路损耗的影响分析入手。

1. 中间母线电压对前级电路损耗的影响

前级电路采用的是 Boost 升压变换器，分析其损耗，主要包括开关损耗、二极管损耗、磁性元件损耗。其中，二极管由于反向恢复损耗较小可忽略不计，可以仅考虑通态损耗。分析 Boost 电路之前，假设 Boost 电路工作在连续模式。

（1）功率开关管 Q_5 的损耗。

在前级 Boost 电路中，其输出电压即两级式逆变器的中间母线电压 U_b，功率开关管损耗有通态损耗 p_{cond_b}、开通损耗 p_{on_b} 和关断损耗 p_{off_b}，其体二极管所造成的损耗比较小，这里忽略不计。开通损耗 p_{on_b} 主要是开关管在开通瞬间，其并联电容由于放电而形成的容性导通损耗，以及从关断到完全开通后渡过放大区的损耗；通态损耗 p_{cond_b} 主要是指开关管导通状态下所引起的损耗，取决于流过该开关管的电流和开关管的导通压降；关断损耗 p_{off_b} 主要是指开关管在关断过程中由于电压增大快而电流减小慢，导致电压和电流的重叠而产生的损耗[62]。功率开关管 Q_5 的一般损耗如式（5-55）所示[63]：

$$\begin{cases} p_{cond\_b} = I_{Q_5} u_{on\_Q_5} \\ p_{on\_b} = \frac{1}{2} f_s C_r U_b^2 \\ p_{off\_b} = \frac{1}{2} f_s U_b I_{Lf} t_{fr} \end{cases} \quad (5-55)$$

式中：f_s 表示开关频率；C_r 表示开关两端的并联输出电容；U_b 为中间母线电压；I_{Q_5} 表示开关管 Q_5 导通时流过的电流平均值；$u_{on\_Q_5}$ 表示开关管 Q_5 的导通压降；I_{Lf} 表示升压电感电流，即前级 Boost 输入电流 I_{in}。

因此，开关管的总损耗为各损耗之和，即

$$p_{Q_5} = p_{on\_b} + p_{cond\_b} + p_{off\_b} \quad (5-56)$$

5 在线效率优化控制方法

对于 Bosst 电路，占空比的表达式为

$$D_f = 1 - \frac{U_{in}}{U_b} \tag{5-57}$$

在 5.2 节中，建立了 Boost 变换器的数学模型，可知流过开关管 Q_5 的电流表达式为

$$i_{Q_5} = i_{in} - i_f \tag{5-58}$$

在 Boost 变换器工作过程中，假设输入电流（升压电感电流）平均值不变，则结合式（5-56）～式（5-58）可得开关管电流平均值表达式为

$$I_{Q_5} = i_{in} - (1 - D_f)i_{in} = D_f i_{in} \tag{5-59}$$

综上所述，依据式（5-55）～式（5-57）和（5-59）即可求得前级 Boost 电路开关管 Q_5 的损耗表达式：

$$p_{Q_5} = \frac{1}{2} f_s C_r U_b^2 + \left(1 - \frac{U_{in}}{U_b}\right) i_{in} u_{on\_Q_5} + \frac{1}{2} f_s U_b i_{in} t_{fr} \tag{5-60}$$

（2）二极管的损耗。

对于二极管 D，由于其反向恢复的损耗比较小，可忽略不计，这里仅分析二极管的通态损耗。假设功率二极管 D 的导通压降为 u_{on_D}，则其通态损耗表达式为

$$p_{cond\_D} = i_f u_{on\_D} = \frac{U_{in}}{U_b} i_{in} u_{on\_D} \tag{5-61}$$

（3）升压电感损耗。

电感损耗主要考虑铜损 p_{cu} 和磁损 p_m。针对前级 Boost 电路中的升压电感，其损耗表达式为

$$\begin{cases} p_{cu\_Lf} = i_{in}^2 R_{cu} \\ p_{m\_Lf} = B^2 f_s^{1.46} = \left[\frac{U_{in} T_s}{2 N_{Lf} A_{Lf}} \left(1 - \frac{U_{in}}{U_b}\right)\right] f_s^{1.46} \end{cases} \tag{5-62}$$

式中：R_{cu} 表示电感的绕线电阻；B 表示电感电流磁通密度；N_{Lf} 表示电感线圈匝数；A_{Lf} 表示电感的磁芯面积；f_s 表示开关频率；T_s 表示开关周期。

2. 中间母线电压对后级电路损耗的影响

后级逆变电路采用全桥逆变结构，主要实现直流到交流的电压转换。针对后级逆变电路，其损耗主要体现在功率开关管和输出滤波电感上。全桥逆变器采用 SPWM 单极性调制方式控制，两组开关管采用不同频率控制，其中功率开关管 Q_1 和 Q_2 为高频臂，Q_2 和 Q_4 为低频臂。低频臂开关频率为工频 50 Hz，可忽略开关损耗而只考虑通态损耗。在进行损耗分析之前，假设输出滤波电感电流有效值不变。依据 SPWM 调制原理，逆变器的占空比呈正弦量变化，其表达式为

$$D_i = \frac{U_o}{U_b} |\sin(2\pi f_o N T_s)| \tag{5-63}$$

式中：U_o 表示逆变器输出电压幅值；f_o 表示工频输出电压频率；T_s 表示开关周期。

对于功率开关管的损耗，低频臂只分析通态损耗，高频臂需分析通态损耗、导通损耗和关断损耗，由于之前已假设输出滤波电感电流有效值不变，这里又主要分析中间母线电压对逆变电路的损耗的影响，因此可以无需考虑母线电压 U_b 的变化对低频臂开关管 Q_3 和 Q_4 通态损耗的影响。高频臂以开关管 Q_1 为例进行分析。

（1）开关管 Q_1 损耗。

针对后级逆变器输出电压的正半周期，一个开关周期内，开关管 Q_1 工作于高频状态，而 Q_2 的反并联二极管则导通续流，则功率开关管 Q_1 的通态损耗 p_{cond_Q1} 为

$$p_{cond\_Q_1} = i_{Q_1} \cdot u_{on\_Q_1} = \frac{u_{on\_Q_1} I_{av\_L} U_o}{U_b} |\sin(2\pi f_o N T_s)| \tag{5-64}$$

式中：u_{on_Q1} 表示开关管 Q_1 的导通压降；I_{av_L} 表示输出滤波电感电流平均值。

功率器件的开关损耗是指其在开关的过程中所产生的损耗，其大小主要与开关频率有关，开关损耗随着开关频率的增大而增高。开关损耗主要包括开通损耗和关断损耗，可用开关瞬间的开通能量和关断能量的积分来进行表示[64]。在半个输出电压周期内，则有

$$p_{sw\_Q_1} = f_s T_o \int_0^{T_o/2} (E_{on} + E_{off})(I_p, t) dt \qquad (5\text{-}65)$$

式中：f_s 表示开关频率；I_p 表示逆变输出电流的峰值。

利用所选取的功率开关管的型号手册提供的开通和关断能量，在一个开关周期内，化简式（5-65），可得开关管实际工作情况下的开关能量：

$$E_{sw\_Q_1}(i) = [E_{on}(I_{nom}, U_{nom}) + E_{off}(I_{nom}, U_{nom})] \frac{i}{I_{nom}} \cdot \frac{U_b}{U_{nom}} \qquad (5\text{-}66)$$

式中：I_{nom}、U_{nom} 分别表示开关管型号手册中的测试电流和电压；i 表示实际工作时流过开关管的交流电流。

对每个开关过程中的损耗进行叠加，则可以得到：

$$p_{sw\_Q_1} = \frac{1}{T_o} \sum_n E_{sw\_Q_1}(i_n) = \frac{1}{\pi} f_s [E_{on}(I_{nom}, U_{nom}) + E_{off}(I_{nom}, U_{nom})] \frac{I_p}{I_{nom}} \cdot \frac{U_b}{U_{nom}} \qquad (5\text{-}67)$$

（2）反并联二极管 D_2 通态损耗。

假设二极管 D_2 的通态压降为 $u_{on\_D_2}$，则功率开关管 Q_2 的反并联二极管 D_2 的通态损耗为

$$p_{cond\_D_2} = i_{D_2} \cdot u_{on\_D_2} = u_{on\_D_2} \cdot I_{av\_L} \left[1 - \frac{U_o}{U_b} | \sin(2\pi f_o N T_s) | \right] \qquad (5\text{-}68)$$

（3）输出滤波电感损耗。

针对后级逆变器的输出滤波电感损耗，同前文分析前级 Boost 电路的升压电感损耗，则有

$$\begin{cases} p_{cu\_L} = i_L^2 R_{cu} \\ p_{m\_L} = B^2 f_s^{1.46} = \left[\frac{U_{in} T_s}{2 N_L A_L} \left(1 - \frac{U_{in}}{U_b} \right) | \sin(2\pi f_o N T_s) | \right]^2 f_s^{1.46} \end{cases} \qquad (5\text{-}69)$$

5.5.2 调节中间母线电压的效率优化控制

1. 在线调 U_b 效率优化控制

由前文分析可知,中间母线电压对两级式逆变器前后级电路的损耗有关键影响。在传统的控制方法中,中间母线电压是固定不变的,即依据后级逆变电路的输出电压等级、最大占空比和 U_b 的低频纹波来设定 U_b 的下限值,同时结合投卸载时电压的波动和功率开关管承受的电压等级,从而大概确定一个 U_b 值,并在此后的系统运行中,保持固定不变,电压 U_b 的确定范围如图 5-33 所示。

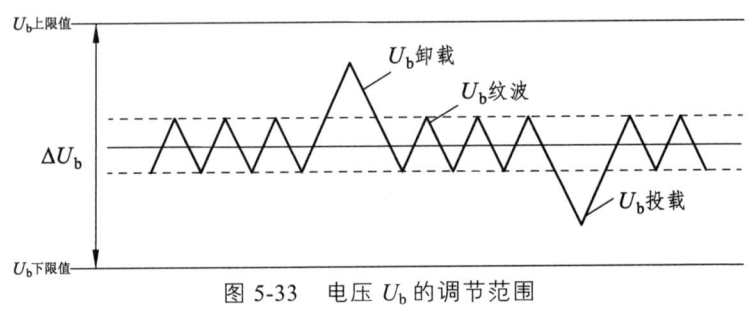

图 5-33 电压 U_b 的调节范围

依据中间母线电压 U_b 对两级式逆变器系统各个器件损耗的影响,如果要设计一个固定的 U_b 值让系统运行在最高效率是很复杂的。光伏系统由光伏阵列、前级 DC/DC 电路和后级逆变电路构成,因此可借鉴光伏系统中的最大效率跟踪(MPPT)方法,在硬件电路已设计完成后,在线调整两级式逆变器的中间母线电压 U_b 来寻找系统最高效率工作点的中间母线电压数值。相比来讲,两者均是通过调整两级式逆变器系统的相关参数来实现相关目标,但该在线调 U_b 方式与 MPPT 最大功率跟踪又有很大的不同,其区别主要从以下几个方面来描述:① 两者调整目标不一样:光伏系统的 MPPT 主要是依据外界光照强度的不同使输入功率达到最大值,而此效率优化控制是为了实现系统的效率最高;② 调整方式不一样:MPPT 调节的是光伏电池的输出电压,即两级式逆变器的输入电压来达到输入功率最高,而此效率优化控制调整的是两级式逆变器的中间母线电压 U_b 值；③ 调节范围不一样：MPPT 的输入电压可以在零到开路电压间大范围调整，而效率优化控制只能在系统设计的小范围内调节 U_b；④ 相关特性曲线不一样：MPPT 是依据已知的光伏特性曲线（I-U 和 P-U 特性曲线）来进行调整，其前提是知道曲线的形状再来寻找控制策略，而此效率优化控制是在未知效率 η 与中间母线电压 U_b 的关系曲线下进行调整控制，系统效率 η 与 U_b 的关系曲线在一定范围内有上升、下降、先上升再下降和先下降再上升四种情况；⑤ 控制策略不一样：MPPT 是在已知特性曲线条件下，寻找波峰值，可以采用电导增量法[65,66]来寻求倒数为零的电压工作点，即此时输入功率达到了最大值，而在此效率优化控制中，效率特性曲线未知，而且电压 U_b 的调节范围有限，很有可能在这个范围内，没有效率波峰值，所以，效率优化控制不适合采用电导增量法来寻找效率最优点，但却可以采用扰动观察法[67]来实现效率的在线调整。

在光伏系统的 MPPT 方法中，扰动观察法[68]是最常用的自寻优类方法之一。其基本原理：首先在一个方向上对光伏电池的输出电压（或电流）进行扰动，然后观察光伏电池输出功率的变化，依据功率的变化趋势不停地改变对电压（或电流）的扰动方向，直到寻找到使光伏电池工作在功率最大点的电压或电流工作点。类似地，本书所述的效率优化控制也可利用扰动观察法进行调节 U_b 的效率寻优。首先计算两级式逆变器在原来固定的中间母线电压 U_b 值上正常工作时系统的整机效率 η_0，对 U_b 以 ΔU_{b1} 值进行正扰动，计算系统整机效率 η_1，比较所测两组效率值的大小，若 η_1 大于 η_0，则 U_b 继续进行正向扰动，若 η_1 小于 η_0，则 U_b 向相反方向扰动，即下一拍以 ΔU_{b2} 值进行负扰动，以此类推，直到系统达到最高值后稳定运行在这一中间母线电压值。由于中间母线电压 U_b 的调节范围有限，所以在调节 U_b 效率优化控制的过程中，U_b 可能最终调整到的数值为上限值、下限值或中间某一数值。根据上述，扰动观察法的步长选取是调节的关键点。因为如果步长选取过大，那在效率较低区间，其调节速度显然加快，能够快速响应,但若是在效率最高点附近区间,则可能会出现在最大效率点两侧做往复运动的情况,使得效率不停地波动;如果步长选取过小,则在效率低的区间,其响应速度较慢,整个效率寻优过程比较长,但在最大效率点附近可以获得更高的精度,效率波动自然减小。所以,定步长的扰动观察法存在不可避免的问题,这里采用一种变步长的扰动观察法调节 U_b 来进行系统整机效率的寻优控制,其流程图如图 5-34 所示。

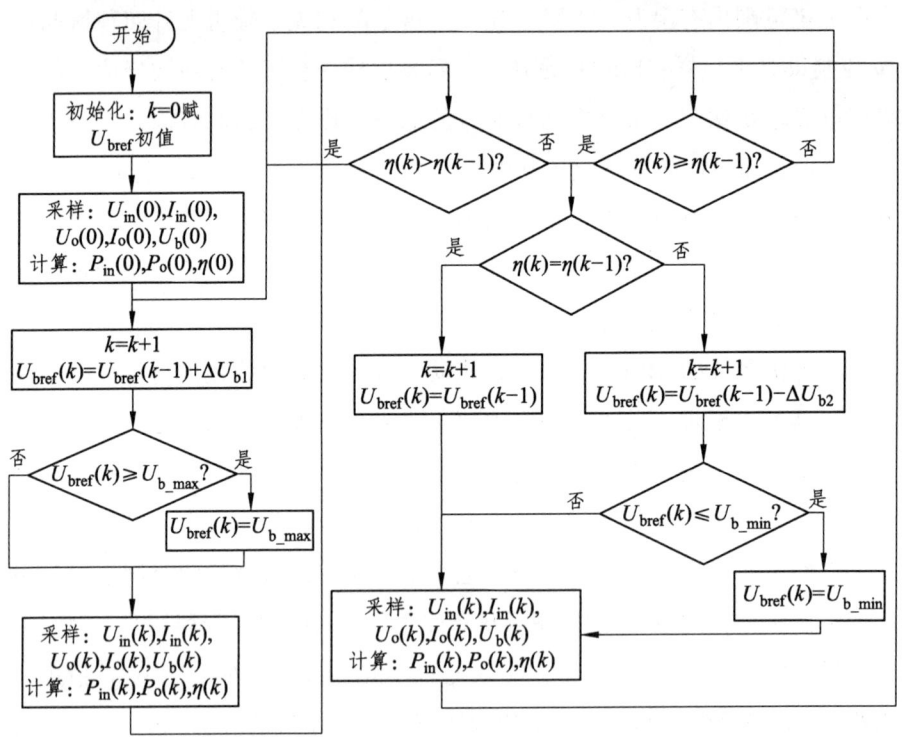

图 5-34 U_b 调节流程图

图 5-34 中,k 表示计数器;$U_{in}(k)$、$I_{in}(k)$、$U_o(k)$、$I_o(k)$、$U_{bref}(k)$、$U_b(k)$、$P_{in}(k)$、$P_o(k)$、$\eta(k)$ 分别表示当前拍两级式逆变器的直流输入电压、输入电流、交流输出电压有效值、输出电流有效值、中间母线电压给定值、中间母线电压输出值、输入功率、输出功率、系统整机效率,当 $k=0$ 时,各个数值均表示初始值;$U_b(k-1)$、$\eta(k-1)$ 分别表示上一拍的中间母线电压值、

系统整机效率；U_{b_max}、U_{b_min} 分别表示中间母线电压上限值和下限值；ΔU_{b1} 和 ΔU_{b2} 表示正向扰动步长和负向扰动步长。

2. 在线调 U_b 的控制

对于两级式逆变器而言，其前级电路与后级电路独立进行控制。中间母线电压 U_b 既是前级 Boost 电路的直流输出又是后级逆变电路的直流输入，因此，U_b 值的调节可通过前级 Boost 电路进行控制。而对于在线调 U_b 的控制，在 Boost 电路的电压外环电流内环相结合的双环控制策略的基础上再加入一环，其控制框图如图 5-35 所示。如上一节所述，采用变步长扰动观察法进行系统效率的寻优，即依据效率的变化来确定 U_b 的变化，所得到的电压 U_b 数值作为双环控制电压环的给定值，并利用 Boost 电路的双环控制来使其输出电压能快速跟踪上给定值。

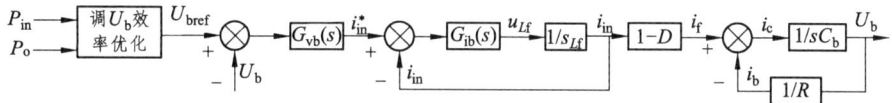

图 5-35　在线调 U_b 的前级 Boost 电路控制

3. 扰动步长的选取

针对两级式逆变器调中间母线电压 U_b 进行最大效率点跟踪，采用变步长扰动观察法调节 U_b 值，其最关键的就是正负向扰动步长的选取。关于 ΔU_b 的选择，扰动步长既不能选取的太大，也不能选取的太小，需要考虑 U_b 在两级式逆变器系统中的可调节范围、系统效率的变化范围以及 DSP 的采样精度，由此，扰动步长 ΔU_b 可由式（5-70）来表达：

$$\Delta U_b = \frac{U_{b\_max} - U_{b\_min}}{2^n \cdot \Delta \eta} \tag{5-70}$$

式中：n 由 DSP 的采样位数减 1 得到，而且由于采样的是交流信号，在采样时还需加入一个直流偏置信号；$\Delta \eta$ 表示系统的效率变化，在实际工程应用中，系统的效率并不容易提升，一般估计能够提升的效率在 2% 以内。由此可知，在 U_b 调节范围大的时候，扰动步长可选取较大的数值，当 U_b 调节范围小的时候，自然扰动步长也较小，才能保证较高的调节精度。

4. 扰动间隔时间的选取

扰动间隔时间是指多长时间对 U_b 进行一次扰动（正向扰动或负向扰动），在这个扰动的过程中，既要考虑到 DSP 的计算时间，也要考虑扰动后 U_b 能否保持当前值的稳定。关于 DSP 的计算时间，DSP 需要对多个变量进行采样，其中既包括直流信号也包括交流信号，然后再进行输入输出功率的计算和系统效率的计算，根据效率的变化判定 U_b 的走向，这个过程需要一定的时间。而且后级逆变电路的输出功率中包含了直流分量和两倍频的谐波分量，所以至少需要一个逆变输出周期才能进行一次效率的计算。考虑到计算精度的问题，选取 5 个逆变输出周期做一次效率的平均值，然后再用于 U_b 的扰动比较合适。

另外，一次扰动发生后，只有当 U_b 稳定后才能进行下一次扰动，所以 U_b 的稳定性必须在扰动间隔时间的考虑范围之内，否则就没有意义。对于所选取的 5 个逆变输出周期对 U_b 进行一次扰动，由于 U_b 的调节范围有限，其扰动步长不会很大，所以 5 个逆变输出周期足够让 U_b 稳定。

5.5.3 拓宽中间母线电压调节范围的控制方法

由上一节所述可知，针对由前级 Boost 电路和后级逆变电路组成的两级式逆变器系统，可以通过调节中间母线电压 U_b 的大小来调整系统的效率，在外界环境改变的条件下，系统依然能够自动调节到效率最高时的中间母线电压工作点。因此，对 U_b 的调节是关键。显然，如果 U_b 的调节范围越大，则寻找到的系统效率最高点也更为精确。所以，拓宽 U_b 的调节范围成为了提高系统效率的关键点。对于两级式逆变器而言，由于后级逆变器的输出功率不仅含有直流量，还存在两倍输出电压频率的脉动量，使得中间母线电压 U_b 上不可避免地存在二次谐波。由图 5-33 可知，U_b 的选取主要是依据后级逆变电路的输出电压等级、最大占空比、U_b 的低频纹波和投载时电压 U_b 跌落的幅值来设定其下限值，同时结合卸载时电压的波动和功率开关器件承受的电压等级来设定其上限值。在硬件电路设计好后，其中不变的因素包括后级逆变电路稳定的输出电压等级、最大占空比和功率开关器件所能承受的电压等级，而可变的只有 U_b 的低频纹波和投卸载时电压 U_b 的波动。因此，对于两级式逆变器系统而言，减小中间母线电压的低频纹波和改善系统的动态性能可以作为拓宽 U_b 的切入点。中间母线电压 U_b 的调节主要由前级 Boost 电路进行控制，Boost 电路在很多的电力电子装置中都有很广泛的应用，为此也有很多研究是关于宽范围输出电压下系统稳定性工作的。

在现有的文献中，关于宽范围输出转换的变换器研究也有很多。例如，文献[69]提出的以一种新型 PFC 电路来实现宽范围输出电压，该 PFC 电路采用一种新型 Buck+Boost 的电路结构使得 Boost 变换器和 Buck 变换器交替工作，从而实现宽范围的直流输出；文献[70]采用一种 PWM 平方型变换器来获取较大的占空比，实现宽范围的输出，而且在高输入电压时也能得到低输出的电压，并且广泛应用在实际的通信电源中；文献[71]为了改善 Boost 电路在非额定工作下的稳定性和动态特性，采用了一种滑膜控制器与典型 PI 控制器相结合的控制方法，通过在滑膜控制器中引入指数趋近律，从而达到系统要求。但是这些硬件电路结构的改变会使得电路结构复杂，开关器件的增加还会使得电路的损耗增加，效率降低，而且一些控制策略的研究，也并不适合所有的电路装置。

1. 上述方法的缺点

本书所设计的两级式逆变器由前级 Boost 电路和后级逆变电路构成，前级和后级电路的连接利用的是中间直流母线电容，通过母线电容进行功率解耦，使得前后级电路能够独立进行控制。前级 Boost 电路和后级逆变电路均采用的是 DSP 全数字化电压外环电流内环的双环控制，其中电流内环均采用的是典型的 PI 控制器,后级逆变电路的电压环采用的是 PI 控制,而 Boost 电路电压外环采用的是单零点双极点的控制器。由第四章讲述可知,在两级式逆变器中由于后级逆变电路的输出功率中不仅含有直流分量,还包含一个两倍输出频率的脉动分量,而对于整个系统来说,其输入输出功率必然是匹配的,导致前级 Boost 变换器中也存在一个两倍逆变输出的谐波分量,这个二次谐波分量主要由前级输入电流和中间母线电压共同承担。

针对两级式逆变器系统,在投卸载时,容易造成中间母线电压的波动,进而导致系统动态特性的不稳定。在进行投卸载的过程中,后级的瞬时输出功率改变,而前级输入功率还未改变,导致前后级电路的功率不平衡,这里以两级式逆变器系统进行投载为例进行中间母线电压波动的分析。如图 5-36 所示为两级式逆变器结构,其中,i_f 表示前级 Boost 流过二极管的电流,i_b 表示后级逆变器的输入电流,i_c 表示流过母线电容 C_b 的电流,i_o 表示逆变器的输出电流。

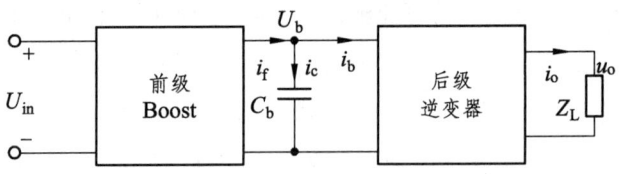

图 5-36 两级式逆变器结构

当后级逆变器进行投载时,假设在这一瞬间,中间母线电压 U_b 暂时保持不变,前级的瞬时功率还处于恒定状态,输出电流 i_o 瞬时增大,由于逆变器的控制使得逆变器输出电压保持原来数值不变,那么逆变器的输出瞬时功率随之增大,导致逆变器的瞬时输入功率增大,此时中间母线电压还保持原来值不变,即逆变器的输入电压不变,则逆变器的输入电流 i_b 增大。逆变器的输入电流 i_b 表达式为

$$i_b = i_f - i_c \tag{5-71}$$

式(5-71)中,前级 Boost 直流变换器的输出电流 i_f 保持不变时,逆变

器输入电流 i_b 增大,则中间母线电容 C_b 向外提供电流,使得中间母线电压 U_b 跌落一定幅值。

在传统控制中,母线电压 U_b 主要由前级 Boost 电路的控制器进行控制,前级 Boost 电路采用的是电压外环电流内环的双环控制,其中典型的 PI 控制器应用于电流环,而外环采用的是单零点双极点的控制器。当逆变器的输出负载瞬时增大时,其瞬时输入功率也变大,导致前后级电路功率不平衡。这个时候,前级 Boost 电路的功率比后级逆变电路所需的输入功率小,而这功率的差值也就由中间母线电容来提供,从而使得母线电压在这个投载过程中减小。母线电压 U_b 的减小,给定的 U_b 指令信号不变,则其电压误差信号会增大,经过电压环控制器 $G_{vb}(s)$ 后,电流环的给定值自然增大;此时从 Boost 电路采样得到的电感电流未发生改变,则电流给定量的增大必然导致电流误差量增大,经过电流控制器 $G_{ib}(s)$ 后,使得电感电流增大,正确跟踪到给定电流信号,从而使得前级的瞬时功率增大。若此时前级 Boost 电路的瞬时功率依然小于后级逆变电路的输入瞬时功率,则母线电压继续提供功率,其电压值继续减小,重复上述控制过程,使得前级电路瞬时功率持续增大,当增大到大于逆变器的瞬时输入功率时,中间母线电容不再提供功率,而是吸收功率,母线电压 U_b 也不再减小,而是开始增加。不断重复此过程,最终使得前后级电路的功率相等,中间母线电压 U_b 也就保持恒定。

2. 基于功率前馈的前级电路控制方法

针对通过调节中间母线电压 U_b 来达到系统的效率优化控制,U_b 的调节范围需要考虑输入输出的电压等级匹配和功率开关器件的承受电压等级,因而设定上限值和下限值,并在这一范围内进行相应的调节。由于母线电压二次谐波的存在和投卸载时电压的波动限制了 U_b 的调节范围,因此,需要抑制中间母线电压的纹波和提高系统的动态性能来拓宽 U_b 的调节范围。针对传统的双环控制,也可称之为是基于误差的控制,只有当误差产生后,控制器才会开始起作用进行调整，这使得调整速度比较慢，而且效果也并不是很好。关于两级式逆变器动态特性改善的研究也有很多[72-74]，但是都是单方面地解决问题，要么抑制了中间母线电压的二次纹波，但是却没考虑到投卸载时电压 U_b 的波动，要么减小了 U_b 投卸载时的波动，但却忽略了中间母线电压的二次谐波。但是功率前馈控制却能一次性解决这两个问题，既能抑制中间母线电压的二次谐波，也能提高系统的动态性能，减小母线电压 U_b 的波动。

关于功率前馈控制抑制中间母线电压的二次谐波在 5.4 节中已作出分析，这里不再重复，仅对此控制策略影响系统的动态性能进行分析，功率前馈控制框图如图 5-37 虚线部分所示。功率前馈改变的主要是前级 Boost 电路双环控制中电流内环的给定信号，从图 5-37 中可知反馈到电流内环的电流信号为

$$i'_{Lb} = \frac{u_o i_o}{U_{in}} \tag{5-72}$$

式中：u_o 和 i_o 表示后级逆变电路的瞬时输出电压和电流；U_{in} 表示前级 Boost 电路的直流输入电压。

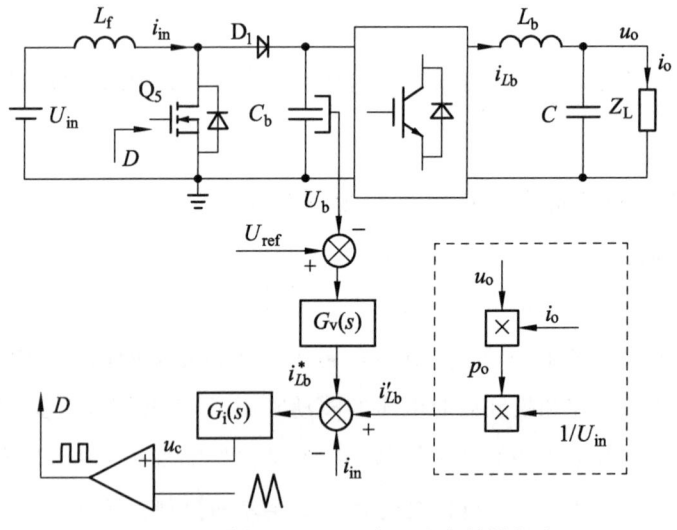

图 5-37 前级 Boost 电路的功率前馈控制

功率前馈所得的反馈电流信号 i'_{Lb} 与电压外环的输出信号相加得到新的电流给定，其表达式为

$$i_{ref} = i'_{Lb} + i^*_{Lb} \tag{5-73}$$

在前级电路的传统控制中，只有当母线电压发生波动后，系统才会检测到，然后反应到双环控制上，当控制器作用后，调整使得系统重新恢复稳定。而功率前馈控制策略通过后级逆变电路瞬时输出功率与前级 Boost 电路的输入电感电流建立直接联系，在后级逆变电路瞬时功率发生变化时，及时检测到变化，并直接反映到前级 Boost 电路的电流内环进行处理，不再需要通过电压外环就可以维持系统的稳定，减小了中间母线电压的波动，从而提高了中间母线电压的动态性能。

3. 实验验证

为了验证功率前馈控制对两级式逆变器中间母线电压 U_b 的二次谐波抑制及母线电压动态特性改善的有效性和正确性，搭建了一台前级直流输入 180 V，后级逆变有效输出 360 V，额定功率为 1 000 W 的两级式逆变器样机进行实验验证。

图 5-38 和图 5-39 为传统控制和功率前馈控制下两级式逆变器带纯电阻负载的实验波形，图中从上到下依次为中间母线电压 U_b、输出交流电压 u_o、输出负载电流 i_o。其中，图 5-38 主要显示的是系统稳态时中间母线电压的二次谐波分量，图 5-39 显示的是后级逆变电路在投载时中间母线电压的波动量。很显然，在功率前馈的控制策略下，中间母线电压的二次谐波得到了很明显的抑制，而且动态特性效果明显比传统控制下好，投载时，电压 U_b 的跌落值明显比传统控制下小很多。这使得中间母线电压的下限值可以设定得比原来小，在一定程度上拓宽了 U_b 的调节范围。

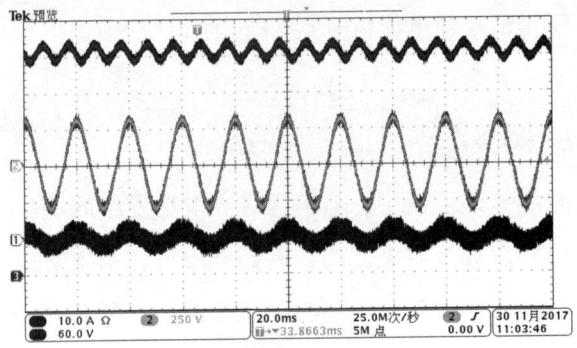

(a)传统控制

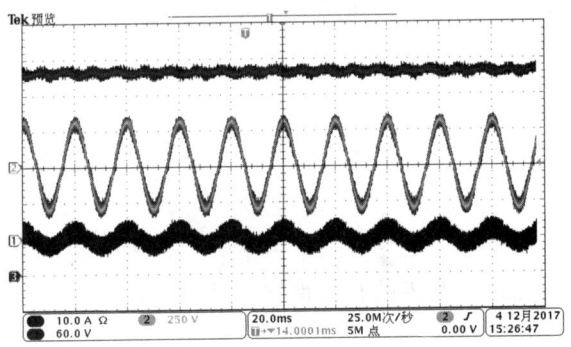

(b)功率前馈控制

图 5-38　中间母线电压二次谐波

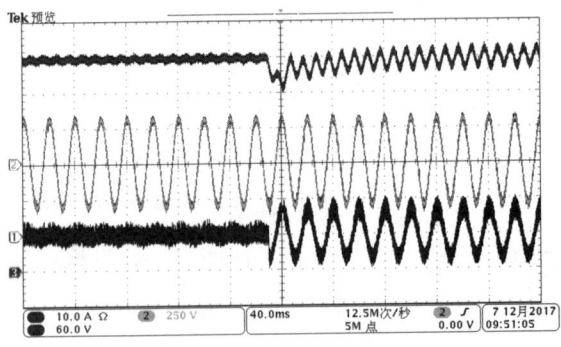

(a)传统控制

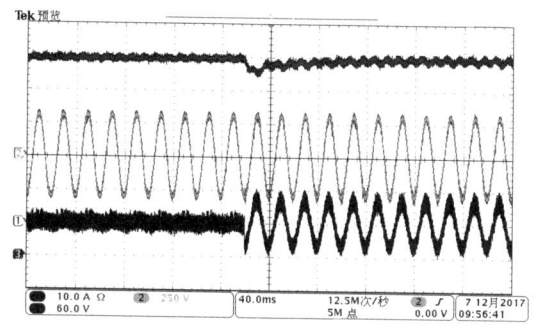

（b）功率前馈控制

图 5-39　两级式逆变器投载波形

5.5.4　综合的效率优化方法

1. 原理

本书所提出的效率优化方法，主要是通过 DSP 检测计算两级式逆变器系统的整机效率并进行中间母线电压 U_b 的调整来达到跟踪效率最高点的效果。电压 U_b 由前级 Boost 电路进行控制，在传统的扰动观察法调节母线电压 U_b 的基础上，结合功率前馈控制减小母线电压的二次谐波量并提高动态特性，实现母线电压 U_b 的范围拓宽和系统效率最大点的跟踪，其控制框图如图 5-40 所示。

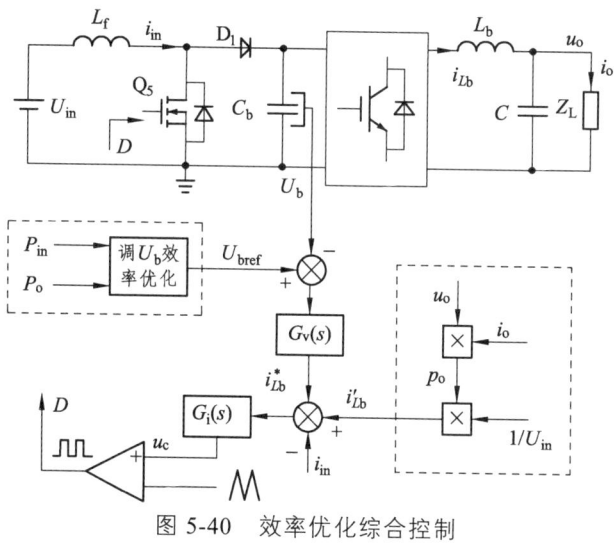

图 5-40　效率优化综合控制

图 5-40 中，母线电压 U_b 的给定由在线调 U_b 效率优化方法控制。首先通过 DSP 采样计算得到两级式逆变器中间母线电压扰动前的输入功率 P_{in}、输出功率 P_o 和整机效率 η_0，根据效率的变化对 U_b 进行正向和负向的扰动；扰动后得到的电压数值赋给前级 Boost 电路反馈电压的给定量 U_{bref}，当给定值 U_{bref} 改变后，前级电路的控制器开始起作用，使得反馈电压 U_b 能快速跟踪到给定电压值；当稳定后，计算系统效率，将此拍所得效率与上一拍进行比较，再判断母线电压往哪个方向进行扰动。重复此过程，直至寻到系统效率最高点或者达到母线电压的上限值及下限值，之后稳定工作。传统的双环控制，使得中间母线电压含有较大的二次谐波分量，而且投卸载时，容易造成母线电压的波动，因此，在扰动 U_b 寻优效率的基础上，增加功率前馈控制策略可增加电压 U_b 的调节范围，提高系统效率。

2. 实验验证

为了验证在线调中间母线电压 U_b 和功率前馈控制相结合的效率优化控制的有效性，搭建了一台前级直流输入 180 V，额定功率 1 000 W 的两级式逆变器样机进行实验验证，并采用数字功率计测得两级式逆变器在不同控制和不同负载功率下系统的效率。

针对本书所设计的两级式逆变器系统，开关管选用的是 20N60A4D 型号的 IGBT，其耐压值为 600 V，考虑到线路寄生电感会引起电压尖峰，应当留有裕量，在此选用裕量为 1.5，因此设置母线电压上限值 U_{b_max}=400 V。在传统双环控制下，选取母线电压下限值时，需考虑逆变器调制度和中间母线电压的二次谐波的问题，电压下限值需保证后级逆变器的正弦波正确输出，在此设定 U_{b_min}=345 V；而在功率前馈控制下，由于中间母线电压的二次谐波明显减小，此时可设定母线电压下限值 U_{b_min}=335 V。

图 5-41 为额定负载时对母线电压 U_b 进行扰动效率寻优的实验波形，其中，正向扰动幅值 ΔU_{b1}=4 V，负向扰动幅值 ΔU_{b2}=5 V。图 5-41（a）为传统双环控制下母线电压的扰动波形，图 5-41（b）为功率前馈控制下母线电

压的扰动波形。很显然，两种控制下，两级式逆变器系统都能保持稳定的输出，而且在功率前馈控制下，中间母线电压的二次谐波明显减小，说明此控制策略对抑制中间母线电压的二次谐波是有效的。对两级式逆变器的中间母线电压 U_b 进行扰动效率自寻优后，发现最终系统效率最高点均稳定在母线电压 U_b 的下限值。在对母线电压进行扰动前，测得系统整机效率 η_i=94.879%；在传统双环控制下进行扰动母线电压 U_b 自寻优，稳态后测得整机效率 η_t=95.35%；综合中间母线电压调节效率优化和功率前馈控制，最终测得系统稳态后的整机效率 η_p=95.783%。由此可知，所提的在线调整 U_b 的效率优化控制是可行的，而且功率前馈控制的应用更是使效率得到了提高，说明了中间母线电压范围拓宽的重要性，证明了将功率前馈控制策略应用到扰动母线电压 U_b 进行效率自寻优的有效性和正确性。本书所提出的这种控制方法，不需要增加辅助器件，就可以实现效率的自寻优。

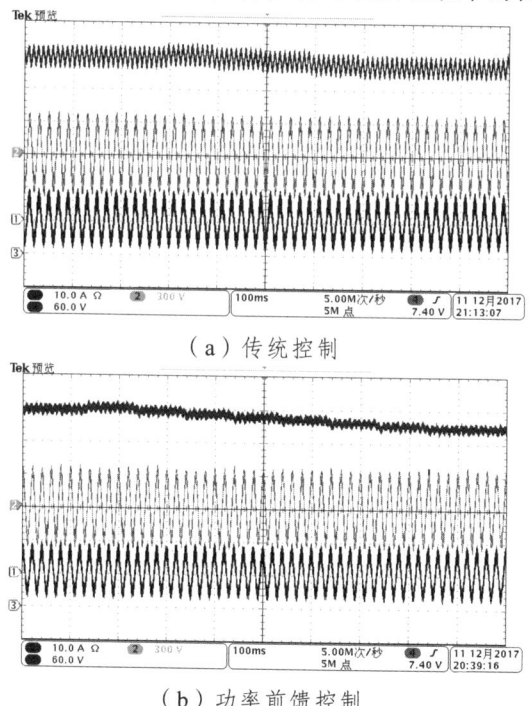

(a) 传统控制

(b) 功率前馈控制

图 5-41 母线电压 U_b 扰动实验波形

图 5-42 为传统控制和功率前馈控制下原始母线电压与调 U_b 效率自寻优后所得的效率曲线，取原始母线电压 U_b=360 V。图 5-42（a）为传统控制下原始母线电压 U_b 条件下和扰动 U_b 效率自寻优稳定后不同负载下的效率曲线对比，此时效率最高时 U_b=345 V，说明调节 U_b 进行系统效率的寻优是可行的。图 5-42（b）表示功率前馈控制下不同负载下的效率曲线，此时效率最高时 U_b=335 V。图 5-43 表示扰动母线电压 U_b 稳态后得到的最大效率，利用传统控制与功率前馈控制策略，在不同的负载下所测得的效率绘制的效率曲线。

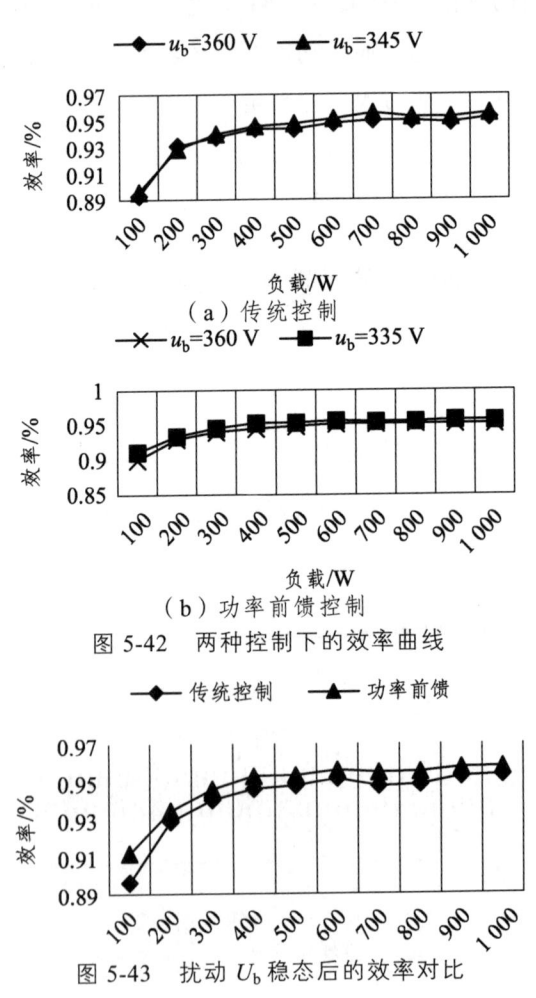

图 5-42 两种控制下的效率曲线

图 5-43 扰动 U_b 稳态后的效率对比

5.6 小结

本章首先讲述了影响两级式逆变器效率的因素，包括一般影响因素和中间母线电压对效率的影响因素。一般影响因素包括电路设计因素、PCB设计因素、控制算法因素、外部参数因素，前两类影响因素在系统工作时不发生变化，对效率的影响相对固定，后两类因素则会变化，灵活地对效率产生影响。分析中间母线电压对两级式逆变器效率的影响时，推导了基本电流公式，并在联系中间母线电压的基础上对开关管、二极管、电感的损耗进行推导，最后列表总结了中间母线电压与各器件损耗的关系，发现有些器件的损耗随 U_b 的上升而上升或者下降，而有些器件的损耗则与 U_b 之间没有明确的关系。

随后第二节讲述了前级 Boost 变换电路的建模与控制设计。首先介绍了 Boost 升压电路的工作原理。然后利用状态平均法建立了 Boost 电路的数学模型，并介绍了电压外环电流内环的双环控制策略的设计方法及控制参数的选取，其中电流环采用传统的 PI 控制器，而电压环采用的是单零点双极点的控制器，从而达到更好的控制效果。之后运用 saber 软件搭建 Boost 变换器的电路模型，验证所选取的控制参数的有效性。最后，搭建了实验平台将所设计的控制器运用到实际电路中，得到稳定的输出波形，说明了此电压外环电流内环双环控制的正确性和有效性。

为了改善不同负载下逆变器的输出波形，提出一种二自由度控制的方法。首先介绍了单相逆变器所带不同负载的特性，分析了纯电阻、阻感和阻容负载下的负载阻抗，以及不控整流负载下二极管导通模式和截止模式的电压、电流，从而引出传统控制基于线性理论的控制缺陷。随后介绍了传统双环控制的原理及传递函数，分析得出传统双环控制下忽略实际负载扰动的缺陷，仅由一组控制参数来补偿系统输出电压的跟踪性能和抗负载干扰性能会引起输出不稳定。针对上述分析提出的问题，提出二自由度控制的方法，通过独立设计两组 PI 参数来分别调节系统的目标跟踪特性和抗干扰能力，并设参考输入为单位阶跃信号，投入不控整流性负载时二极管导通模式，通过各自设定传统控制与二自由度 PI 控制参数的仿真结果，分析可知采用二自由度 PI 控制方法的单位阶跃响应速度要比采用传统控制方法快。

最后分析了两种控制方法对两级式逆变器前级电路损耗的影响，阐述了中间母线电压二次谐波的来源，对前级电路的损耗进行分析，针对两级式逆变器前级电路的传统控制和功率前馈控制方法，依据器件数据表的器件伏安特性、E_{on} 及 E_{off} 与电流的关系曲线，采用最小二乘法拟合得到伏安表达式和开关电流公式，建立了各个开关器件的损耗模型，并制作了一台 900 W 的实验样机。实验结果表明，采用功率前馈控制能明显抑制中间母线电压二次纹波，但会使得效率下降，通过损耗理论计算和实验测试证明了本书所建立的损耗模型的正确性和有效性。

6 开关管自适应驱动技术

随着开关电源技术的不断发展,开关电源越来越多地被应用到小型的电子装置中,这对开关电源装置的功率密度有了更高的要求,传统的开关电源一般工作在几百 kHz,这使得变换器的其他元件相对较大,影响变换器的功率密度,因此开关电源高频化是当今发展的主要趋势。

在电力电子装置中,功率管的开关损耗占总损耗的主要部分。开关损耗与驱动电路、缓冲电路、器件自身特性、主电路工作状态、电路中寄生参数及环境温度等诸多因素有关。其中,调整驱动电路是调节功率管开关损耗最常见的手段之一。但是,驱动电路的调整不仅关系到功率管的开关损耗,也关系到功率管的开通电流尖峰、关断电压尖峰,以及驱动电路自身的电磁干扰和功率管开关带来的电磁干扰。所以,对驱动电路的研究是一个看起来小但却复杂的主题。

6.1 恒流源驱动电路

本节针对 MOSFET 开关管开通过程提出了一种恒流源驱动电路,通过控制电感的充电时间即可获得所需等级的驱动电流。驱动电路损耗小,开关管开通时间明显减小,有效地降低了主电路开关损耗[75]。

6.1.1 恒流源驱动电路结构及工作原理

1. 驱动电路的拓扑结构

如图 6-1 所示为恒流源驱动的拓扑结构。该驱动电路由两个驱动电源组成,两个电源一正一负大小都为 U_c;开关管 Q 是主电路的开关管;C_{Qg} 为主电路开关管栅极和源极间电容。开关管($Q_1 \sim Q_4$)都是 MOSFET,且四个开关管呈全桥结构,其中,Q_1、Q_3 是 P 沟道型,Q_2、Q_4 为 N 沟道型,$Q_1 \sim Q_4$ 的体二极管分别为 $D_1 \sim D_4$,寄生电容分别为 $C_{Q1} \sim C_{Q4}$。

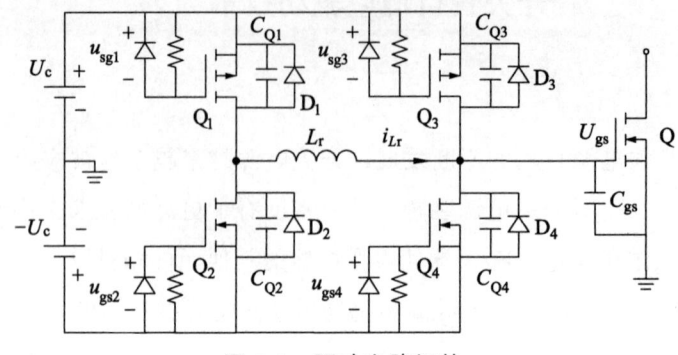

图 6-1 驱动电路拓扑

2. 驱动电路的工作原理和波形

该电流源驱动电路主要由 8 种工作状态构成,各个工作状态的等效图如图 6-2 所示。

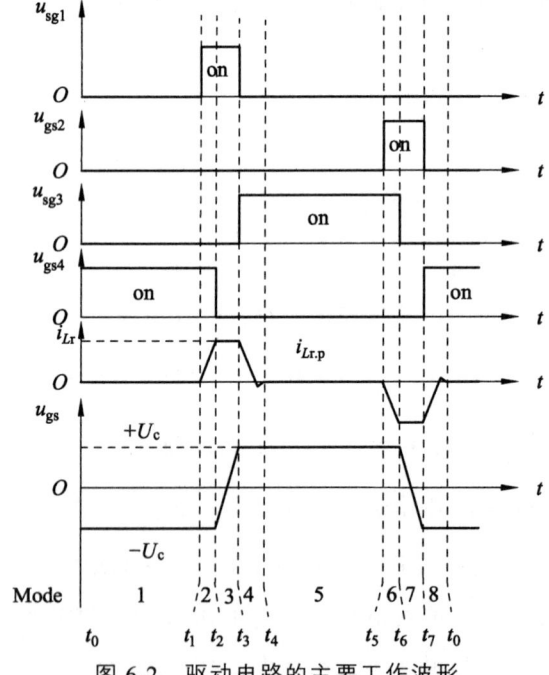

图 6-2 驱动电路的主要工作波形

状态 1（$t_0 \sim t_1$）：如图 6-3（a）所示，在 t_0 时刻，u_{gs4} 处于高电位，开关管 Q_4 导通，此时电感上的电流 i_{Lr} 为零。驱动电路的回路由主电路开关管栅源极电容 C_{gs}、$-U_c$ 和 Q_4 的体电阻组成，此时主电路开关管栅源极电压 U_{gs} 被钳位至 $-U_c$，故开关管 Q 保持断开状态。至 t_1 时刻，该状态结束。

状态 2（$t_1 \sim t_2$）：如图 6-3（b）所示，在 t_1 时刻，将 u_{gs1} 置于高电位，使开关管 Q_1 导通，驱动电压 U_c 使电感经过回路 U_c—Q_1—L_r—Q_4—$-U_c$ 开始充电，电感电流 i_{Lr} 从零开始线性上升，至 t_2 时刻，电感充电结束，此时电感上的电流为峰值电流 $i_{Lr.p}$。在这段时间内，U_{gs} 仍然被钳位在 $-U_c$，主电路开关管仍处于关断状态。此状态为电感 L_r 充电的过程。

状态 3（$t_2 \sim t_3$）：如图 6-3（c）所示，在 t_2 时刻，将 u_{gs4} 置于低电位，从而使开关管 Q_4 关断，此时电感电流 i_{Lr} 给开关管 Q_4 的寄生电容 C_{Q4} 和主电路开关管栅源极电容 C_{gs} 充电，与此同时开关管的寄生电容 C_{Q3} 放电。由于此段时间非常短，并且电感值比 C_{Q4} 和 C_{gs} 大很多，另外电感电流有不能跃变这一特性，因此该阶段中电感电流 i_{Lr} 可以近似认为是一个恒定值，所以近似将电感看成一个恒流源来驱动主电路开关管 Q。在 t_3 时刻，主电路开关管栅源极电压 U_{gs} 达到 U_c，使主电路开关管 Q 导通，此时 C_{Q4} 的电压为 2 倍的 U_c，C_{Q3} 上的电压下降到零。

状态 4（$t_3 \sim t_4$）：如图 6-3（d）、（e）和（f）所示，在 t_3 时刻，使 u_{gs1} 置于低电位，u_{gs3} 置于高电位，使开关管 Q_1 和 Q_3 分别处于关断和导通状态，如图 6-3（d）所示，此时电感通过回路 U_c—Q_3—L_r—D_2—$-U_c$ 放电，电感电流 i_{Lr} 线性下降。当电感电流 i_{Lr} 减小到零后，电感将继续以此回路进行反向谐振，i_{Lr} 反向升高，如图 6-3（e）所示。当电容 C_{Q2} 上的电压到达 2 倍的 U_c 时，二极管 D_1 开始导通，此时主电路开关管的栅源极电压 U_{gs} 维持在 U_c，电路处于续流状态，如图 6-3（f）所示，此时电感上的电流 i_{Lr} 将下降到零，至此整个前半周期结束。

状态 5（$t_4 \sim t_5$）：该时段内开关管 Q_3 保持导通状态，主电路开关管栅极电压被钳位在驱动电源 U_c，主电路开关管保持导通状态。

状态 6（$t_5 \sim t_6$）：如图 6-3（g）所示，在 t_5 时刻，将 u_{gs2} 置于高电位，使开关管 Q_2 导通，电感经过回路 U_c—Q_3—L_r—Q_2——U_c 开始充电，电感电流 i_{Lr} 从零开始反向上升。至 t_6 时刻，电感充电结束，此时电感上的电流为反向峰值电流 $i_{Lr,p}$。在这段时间内，U_{gs} 仍然被钳位在于 U_c，主电路开关管仍处于导通状态。此状态为电感 L_r 反向充电的过程。

状态 7（$t_6 \sim t_7$）：如图 6-3（h）所示，在 t_6 时刻，将 u_{gs2} 置于低电位，从而使开关管 Q_3 关断，此时主电路开关管栅源极电容 C_{gs} 通过电感电流 i_{Lr} 放电，开关管 Q_3 的寄生电容 C_{Q3} 充电，由于此段时间非常短，并且电感值比 C_{gs} 大很多，另外电感电流有不能跃变这一特性，因此该阶段中电感电流 i_{Lr} 可以近似认为是一个恒定值，所以近似将电感看成一个恒流源来驱动主电路开关管 Q。在 t_3 时刻，主电路开关管栅源极电压 U_{gs} 下降到 $-U_c$，使主电路开关管 Q 关断，此时 C_{Q3} 的电压为 2 倍的 U_c。

状态 8（$t_7 \sim t_0$）：如图 6-3（i）所示，在 t_7 时刻，将 u_{gs2} 置于低电位，u_{gs4} 置于高电位，使开关管 Q_2 和 Q_4 分别处于关断和导通状态，此时电感通过回路 $-U_c$—Q_4—L_r—D_1—U_c 放电，电感电流 i_{Lr} 线性下降到零后，二极管 D_1 截止，此时主电路开关管的栅源极电压 U_{gs} 钳位在 $-U_c$，主电路开关管仍然保持关断，至此整个开关周期结束。

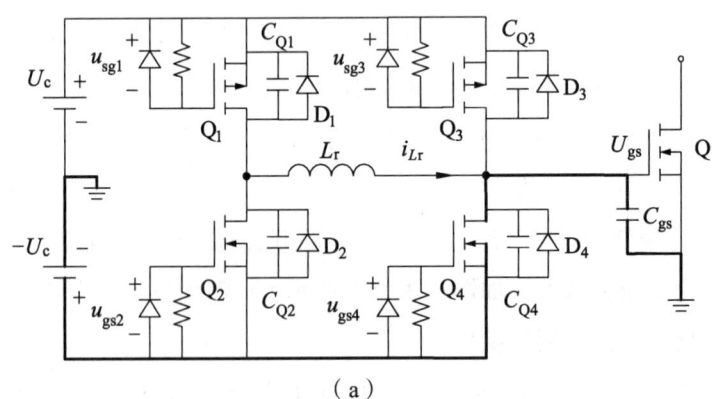

（a）

6 开关管自适应驱动技术

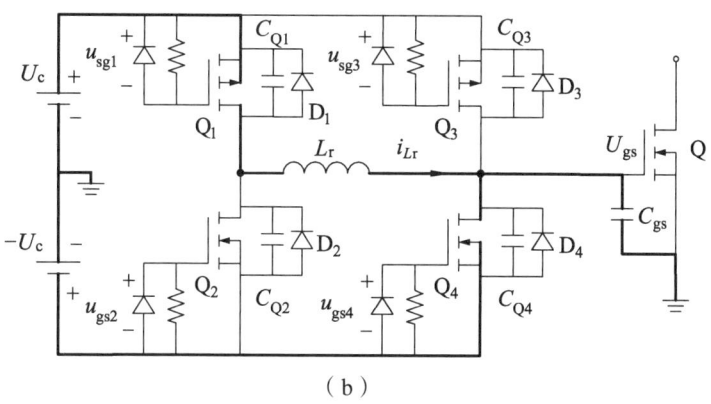

(b)

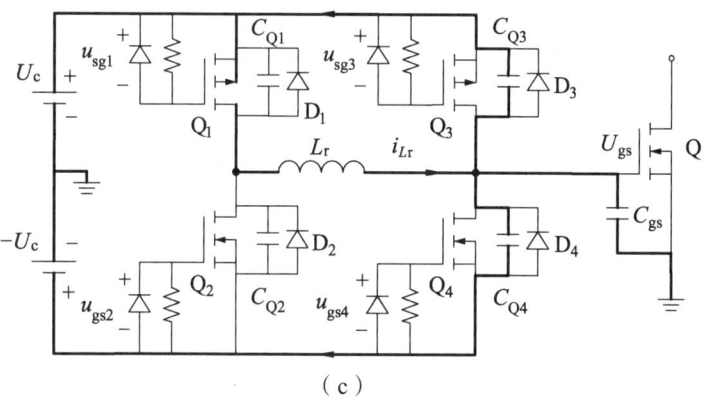

(c)

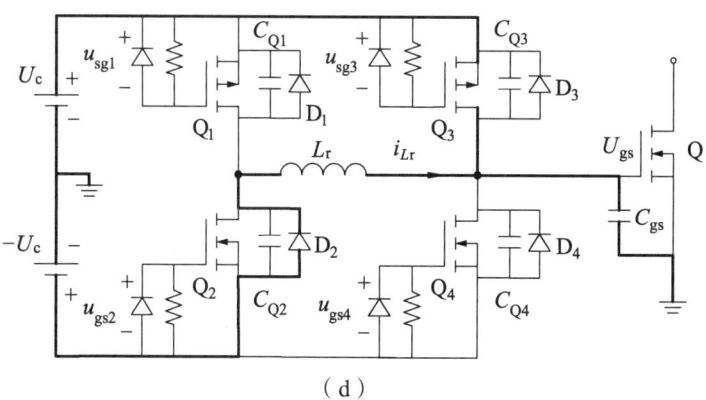

(d)

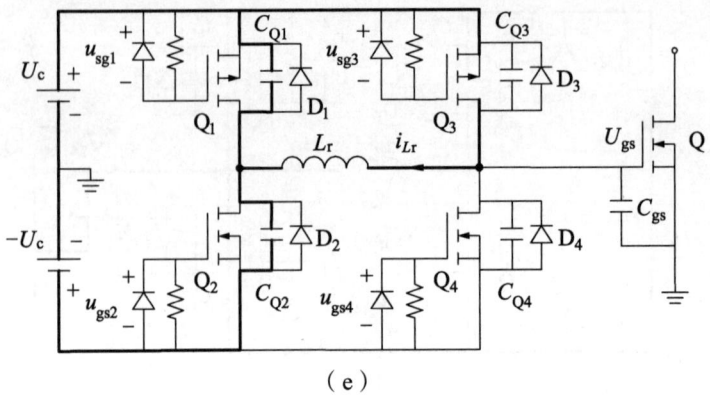

(e)

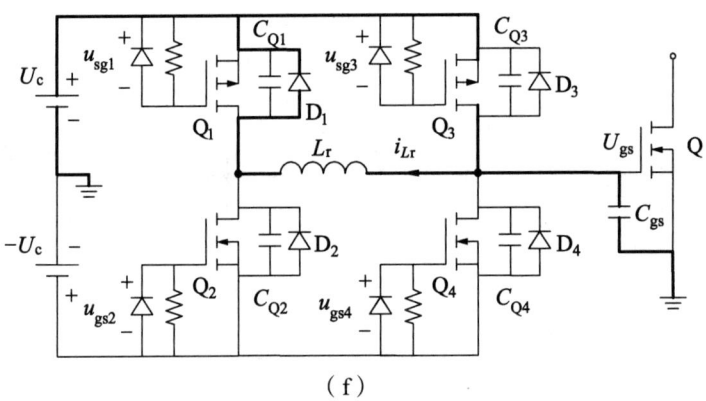

(f)

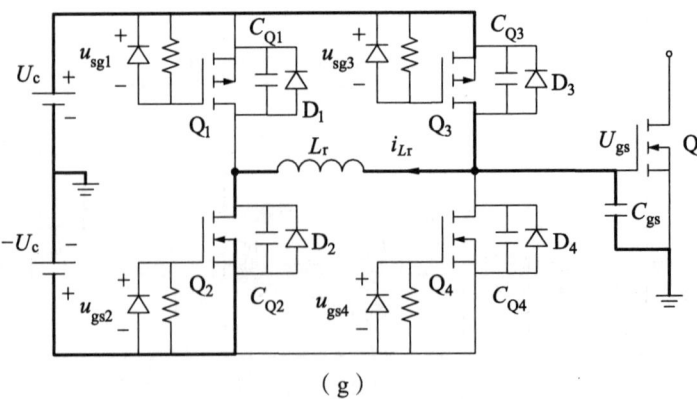

(g)

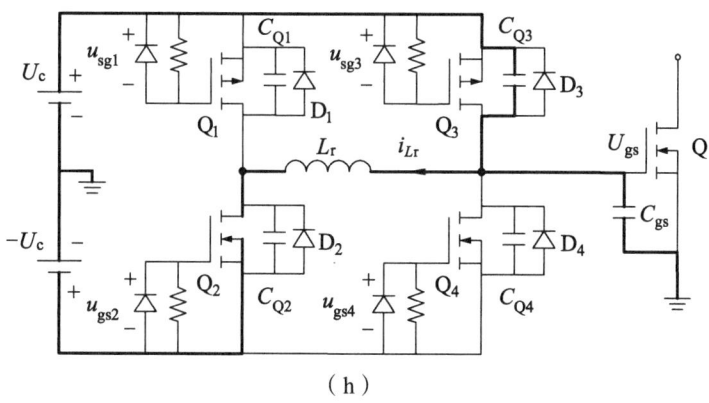

(h)

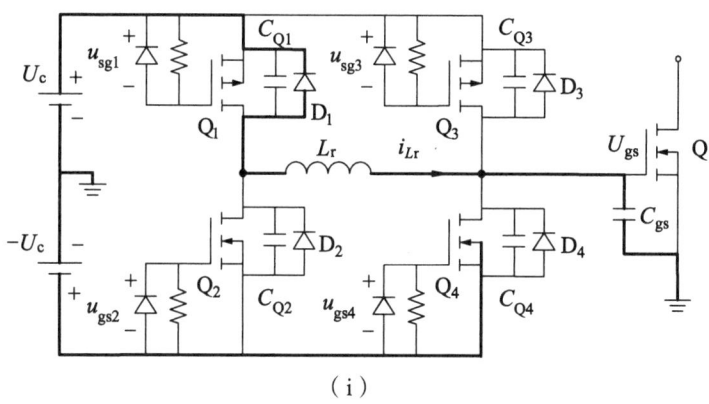

(i)

图 6-3 各工作状态等效图

6.1.2 驱动电路的逻辑实现

图 6-4 所示为驱动电路的逻辑结构。为了得到驱动开关管 $Q_1 \sim Q_4$ 的四组驱动信号,将图中的 PWM 信号和开关调节电压 u_{cr} 分别进行逻辑处理并进行延时。通过使用图 6-4（a）所示的逻辑控制图来获取驱动开关管 $Q_1 \sim Q_4$ 的四组非隔离的驱动信号,开关管 Q_1 和 Q_2 的逻辑拓扑结构如图 6-4（b）所示,其余两个开关管 Q_3 和 Q_4 的驱动拓扑结构分别与 Q_1 和 Q_2 驱动拓扑结构相同。图中 C_{p1} 和 C_{p2} 分别为两个隔直电容。

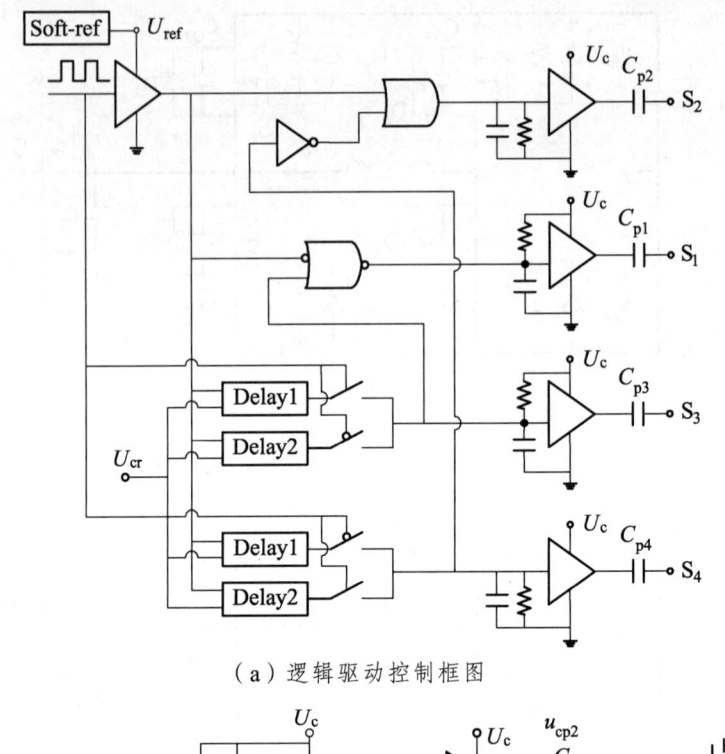

(a) 逻辑驱动控制框图

(b) 逻辑驱动拓扑

图 6-4 驱动电路逻辑结构

当所选取的逻辑驱动信号上电后，再接入脉冲电源 U_{ref}，此时隔直电容两侧的两个点 S_1' 和 S_1 处的电压均为 U_c，故隔直电容 C_{p1} 上的电压 U_{cp1} 等于 0；隔直电容 C_{p2} 两侧的点 S_2' 和 S_2 上的电压分别为 0 和 $-U_c$，故 C_{p2} 联测电压 U_{cp2} 为 U_c，如图 6-4（b）所示。当 U_{ref} 开启结束后，隔直电容上的电压保持稳定，并且因为它的电容值远大于开关管栅极源极间电容，所以该电压不会影响驱动过程。隔直电容稳定时间公式为

$$\tau = C_p R_g \tag{6-1}$$

式中：C_p 为隔直电容的容值；R_g 为开关管栅极源极间并联的电阻。

为了避免开关管出现直接导通的情况，脉冲电源 U_{ref} 的开启时间要设计得比稳定时间 τ 要长。

6.1.3 驱动电路的损耗分析

下面对该驱动电路的损耗进行分析。

1. 电感 L_r 的自身损耗 P_{ind}

$$P_{copper} = R_{ac} I_{Lrms}^2 \tag{6-2}$$

式中：P_{copper} 是电感的铜损；I_{Lrms} 是电感电流的有效值；R_{ac} 是电感线圈交流电阻。所以可以推出电感滋生损耗为

$$P_{ind} = P_{copper} + P_{core} \tag{6-3}$$

式中：P_{core} 是电感的铁损。

2. 开关管 $Q_1 \sim Q_4$ 的损耗

开关管的损耗包含两个方面，即导通损耗和驱动损耗。开关管的导通损耗：

$$P_{on} = 2R_{on} I_{Lr.p}^2 \frac{4D-1}{3} \tag{6-4}$$

式中：R_{on} 为开关管 $Q_1 \sim Q_4$ 导通时的电阻；$I_{Lr.p}$ 是驱动电路电感电流的峰值。

开关管 $Q_1 \sim Q_4$ 的门极驱动损耗：

$$P_{Gate} = 4Q_{gs} U_{gs} f_s \tag{6-5}$$

式中：Q_{gs} 为开关管门极电荷量；U_{gs} 是驱动电压。

3. 主电路开关管驱动损耗

$$P_{RG} = 2R_g I_{Lr.p}^2 t_{sw} f_s \tag{6-6}$$

式中：R_g 为开关管的门极输入端电阻；t_{sw} 是开关时间；f_s 为频率。

从以上公式可以知道，该驱动电路的总损耗为

$$P_{drv} = P_{ind} + P_{on} + P_{Gate} + P_{RG} \tag{6-7}$$

通过对运行状态图和工作波形图进行分析,可以知道,在 t_3 时刻,电感已经将主电路开关管的栅源极电压 U_{gs} 充电到 U_c,开关管 Q_3 上的寄生电容 C_{Q3} 放电完毕,电压下降为零。这时将开关管 Q_3 导通,Q_3 是零电压导通。同样,在 t_7 时刻,电感反向将主电路开关管栅源极电压 U_{gs} 充电到 $-U_c$,开关管 Q_4 上的寄生电容 C_{Q4} 上的电压下降到零,此时将开关管 Q_4 导通,Q_4 也是零电压导通。虽然该驱动电路未能使开关管 Q_1 和 Q_2 也处于软开关状态,但是通过分析图 6-5 中的($t_0 \sim t_1$)和($t_4 \sim t_5$)两个时间段可知,电感上的电流是从零开始分别在 t_1 和 t_5 时刻缓慢上升的,所以可以认为开关管 Q_1 和 Q_2 在导通时的电流较小,故开关损耗也较小。通过以上分析可以知道,因为开关管 Q_3 和 Q_4 实现了零电压开通,并且开关管 Q_1 和 Q_2 开通时电流很小,所以该驱动电路在开关管开关损耗方面较低。除了开关损耗,该驱动电路的主要损耗是在电感充放电的阶段。

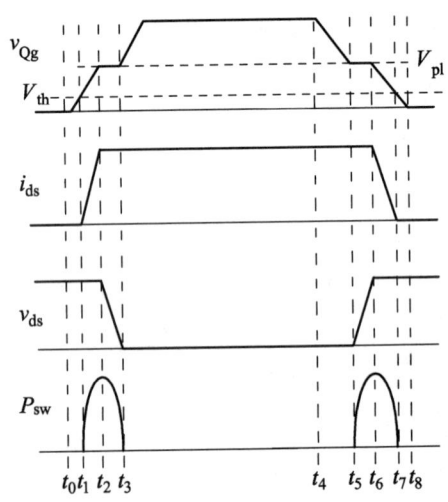

图 6-5 硬开关的工作波形

如图 6-3(b)所示,电感经过回路 U_c—Q_1—L_r—Q_4—$-U_c$ 充电,主要的耗能原件是开关管 Q_1、Q_4 和电感 L_r 的导通电阻,令它们分别为 R_1、R_4 和 R_L,充电的时段($t_1 \sim t_2$)设为 t_{12},R_z 为 R_1、R_4、R_L 的和,由此可以推算出电感电流的大小,求解方程如下:

6 开关管自适应驱动技术

根据基尔霍夫第二定律可得

$$L_\mathrm{r} \frac{\mathrm{d}i_{Lr}}{\mathrm{d}t} + R_\mathrm{z} i_{Lr} = 2U_\mathrm{c} \quad （6\text{-}8）$$

由此可以解得电感电流为

$$i_{Lr}(t) = \frac{2U_\mathrm{c}}{R_\mathrm{z}}(1 - \mathrm{e}^{-\frac{R_\mathrm{z}}{L_\mathrm{r}}t}) \quad （6\text{-}9）$$

电感电流在 t_2 时刻的电流为

$$i_{Lr,\mathrm{p}} = i_{Lr}(t_{12}) \quad （6\text{-}10）$$

可以推出该阶段功率损耗为

$$p_{\mathrm{ch}} = f_\mathrm{s} \cdot \int_0^{t_{12}} i_{Lr}{}^2 R_\mathrm{z} \mathrm{d}t \quad （6\text{-}11）$$

工作状态 6 的充电过程与上面基本类似。

电感的放电过程工作状态 4 和工作状态 8 基本类似，对（$t_3 \sim t_4$）时段进行分析，放电回路为 U_c—Q_3—L_r—D_2——U_c，放电时间设为 t_{34}，总的等效电阻设为 R_z'，放电方程如下：

$$L_\mathrm{r} \frac{\mathrm{d}i_{Lr}}{\mathrm{d}t} + R_\mathrm{z}' i_{Lr} = -2U_\mathrm{c} \quad （6\text{-}12）$$

该阶段的功率损耗为

$$p_{\mathrm{dch}} = f_\mathrm{s} \cdot \int_0^{t_{34}} i_{Lr}{}^2 R_\mathrm{z}' \mathrm{d}t \quad （6\text{-}13）$$

从以上分析可以看出该电路的一个优点是，在工作状态 4 和工作状态 8 中，电感放电过程的回路包含了驱动电源，所以电感上的能量一部分反馈回了驱动电源，从而减小了能量的损耗。

6.1.4 驱动电路的设计与实验

1. 驱动电路电感的设计

将该电流源驱动电路应用到 Boost 电路中，搭建实验电路，选取 Boost 电路的输入电压 $U_{\mathrm{in}}=100\ \mathrm{V}$，输出电压 $U_\mathrm{o}=300\ \mathrm{V}$，电路工作频率 $f_\mathrm{s}=100\ \mathrm{kHz}$，驱动电路电压源 $U_\mathrm{c}=12\ \mathrm{V}$。

由输入电压 U_{in} 和输出电压 U_o 可知主电路的占空比为

$$D = \frac{U_o - U_{in}}{U_o} \quad (6\text{-}14)$$

驱动电路电感充电时两端电压为

$$U_{Lr} = 2U_c = L_r \frac{dI_{Lr.p}}{dt} \quad (6\text{-}15)$$

由式（6-15）可知

$$I_{Lr.p} = \frac{2U_c t_{12}}{L_r} \quad (6\text{-}16)$$

式中：t_{12} 为开关管 Q_1 的导通时间。理论上驱动电路开关管 Q_1 的最大占空比为 $\frac{1-D}{2}$，为了保持一个恒定的电流源来驱动主电路开关管，t_{12} 的值要大于 t_{23}，取 t_{12} 为 Q_1 导通时间的 2/3，则

$$t_{12} = \frac{U_{in}}{3U_o f_s} \quad (6\text{-}17)$$

该驱动电路电感电流的峰值 $I_{Lr.p}$ 为

$$I_{Lr.p} = \frac{2U_c U_{in}}{3U_o f_s L_r} \quad (6\text{-}18)$$

通过式（6-18）可以知道，驱动电路电感的感值 L_r 和电感电流的峰值 $I_{Lr.p}$ 是成反比关系的。而电感电流的峰值 $I_{Lr.p}$ 就是驱动主电路开关管的驱动电流，在一定范围内来说，驱动电流越大开关管的开关速度越快，因此开关管的开关损耗也越小，但并不是说驱动电流越大就越好，驱动电流太大，导致开关速度过快会使开关管在开通时产生过大的尖峰电流，这样会对开关管的耐流产生很高的要求，提高成本。并且越大的驱动电流也会产生越大的驱动损耗。所以电感电流的峰值与开关管的开关损耗和驱动损耗之间存在平衡点的关系，即选取驱动电流要使开关管开关损耗和开关管驱动损耗的和最小。并且在实际电路实验中，当驱动电流达到某一个值时，再继续提高驱动电流，开关管的开关速度并没有明显的提高，反而使开关管上产生过大的尖峰电流，而且开关管的驱动损耗也会增加，因此需要选取一个合适的驱动电流，选取 $I_{Lr.p}$=1.8 A。所以可以由式（6-19）得出驱动电路

的电感为 14.8 µH。

$$L_r = \frac{U_c(U_o - U_{in})}{U_o f_s I_{Lr.p}}$$ （6-19）

2. 实验电路的设计

输入电压 U_{in}=100 V，输出电压 U_o=300 V。选取输出电容 C=470 µF；主电路开关管选取 MOSFET：IRFP460；主电路电感 L=500 µH。驱动电路的开关管 Q_1、Q_3 选择 MOSFET：IRF4905，该开关管为 P 沟道型；开关管 Q_2、Q_4 选择 MOSFET：IRFZ44Z，该开关管为 N 沟道型。

3. 实验结果与分析

因为驱动电感在（$t_1 \sim t_2$）和（$t_5 \sim t_6$）时段充电，通过改变它们的长短，就可以将电感上的峰值电流 $i_{Lr.p}$ 作出相应的改变。在这里分别使用传统电压源驱动、不同的电感电流峰值 $i_{Lr.p}$（0.8 A 和 1.8 A）进行实验。图 6-6 是传统电压源驱动的波形图，从图中可以看出，主电路开关管导通时驱动电流的最大值为 400 mA，观察局部放大图可以发现，主电路开关管的导通时间大约为 300 ns。图 6-7 是采用电感电流峰值 $i_{Lr.p}$=0.8 A 的所提电流源驱动电路的波形图，从图 6-7（b）可以发现，主电路开关管栅源极电压 u_{gs} 从上升到稳定总共用时 100 ns，相比传统的电压源驱动，开关管的导通时间大大降低。图 6-8 是采用电感电流峰值 $i_{Lr.p}$=1.8 A 的所提电流源驱动电路的波形图，通过观察局部放大图 6-8（b）可以发现，主电路开关管栅源极电压 u_{gs} 从 $-U_c$ 上升到 U_c 仅仅用时 30 ns，开关时间进一步降低，进一步减小了开关管的驱动损耗。

6.2 可变电流源驱动电路

本节提出一种变驱动电流 i_g 的技术，就是 i_g 随 i_{off} 反向调节，调节的基本原则是电压尖峰 ΔU 不会超过最大允许值，且调节是实时进行的。

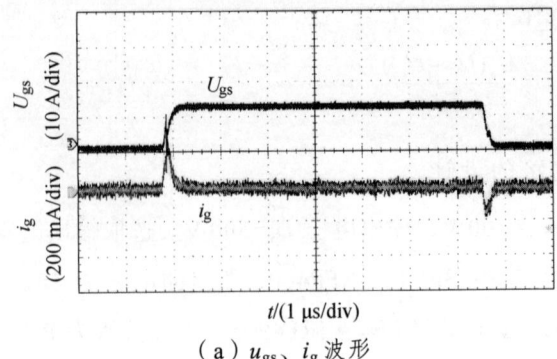

（a）u_{gs}、i_g 波形

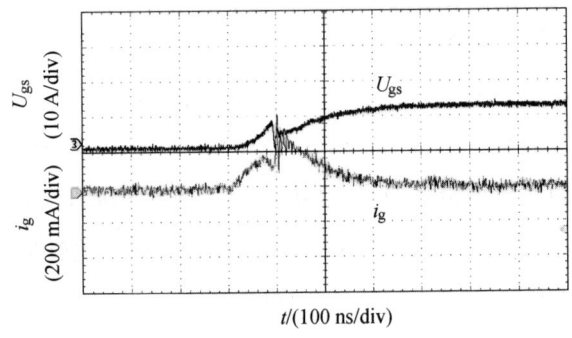

（b）局部放大图

图 6-6 传统驱动电路波形

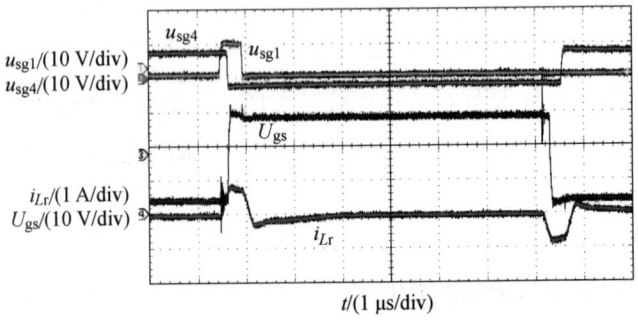

（a）u_{sg1}、u_{sg4}、i_{Lr}、U_{gs} 波形

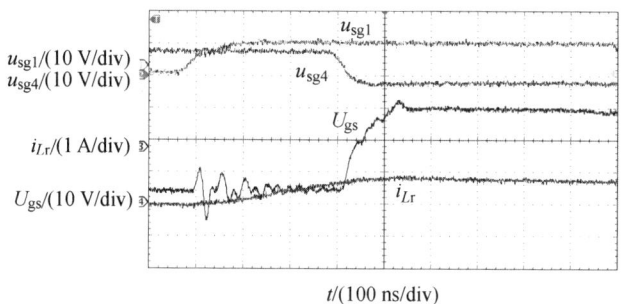

（b）局部放大图

图 6-7　$i_{Lr.p}=0.8$ A 时的波形

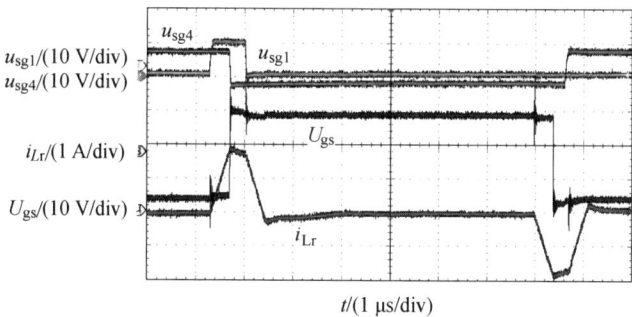

（a）u_{sg1}、u_{gs4}、i_{Lr}、U_{gs} 波形

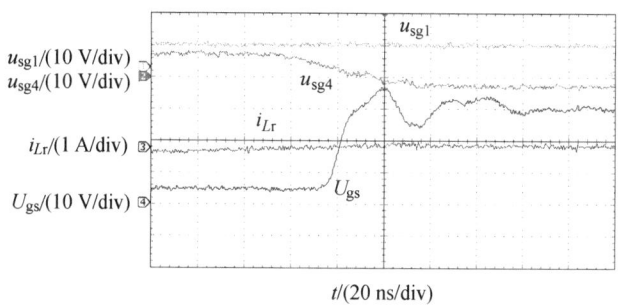

（b）局部放大图

图 6-8　$i_{Lr.p}=1.8$ A 时的波形

6.2.1 可变电流源驱动电路拓扑

图 6-9 所示为提出的可调节 i_{g_off} 的驱动电路，Q 是被驱动的开关管。该驱动电路总体是一个推挽式结构，驱动管 Q_1 实现开通驱动功能，Q_2 实现关断驱动功能且可调节关断驱动电流 i_{g_off}。

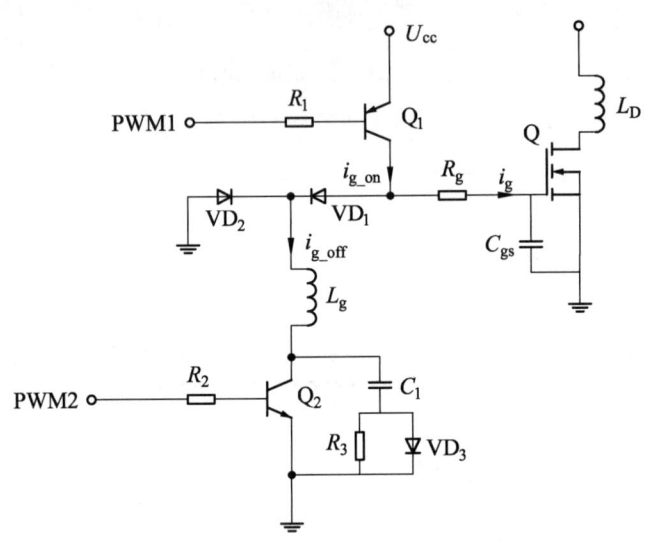

图 6-9　可调节 i_{g_off} 的驱动电路

6.2.2 可变电流源驱动电路工作原理及波形

图 6-10 所示为驱动电路的 PWM 及其他关键波形。u_{gs} 是主功率管 Q 的栅源电压。

本驱动电路共有 5 个工作模态，各模态工作状态如下：

（1）模态 1（$t_0 \sim t_1$）：开关管 Q 正常导通阶段，如图 6-11（a）所示。t_0 时刻，Q_1 开通。U_{cc} 经 Q_1、R_g 驱动主功率管 Q 导通，这是传统的驱动开通过程。

（2）模态 2（$t_1 \sim t_2$）：L_g 预充电阶段，如图 6-11（b）所示。t_1 时刻，Q_2 开通。电感 L_g 通过回路 U_{cc}—Q_1—VD_1—L_g—Q_2—Ground 充电。电感电流从零开始线性上升，可表示为

$$i_{g\_off} = U_{cc}(t-t_1)/L_g \qquad (6\text{-}20)$$

t_2 时刻，i_{g_off} 达到设定值。该过程中，主功率管 Q 仍维持正常导通状态。此阶段电感储存能量，而电感上的能量决定了驱动电路的关断电流，所以此阶段是本驱动电路的关键。

（3）模态 3（$t_2 \sim t_3$）：驱动恒流放电阶段，如图 6-11（c）所示。t_2 时刻，Q_1 关断。主功率管的 C_{gs} 经 R_g—VD_1—L_g—Q_2—Ground 放电，u_{gs} 下降。因为此过程极短，可认为 i_{g_off} 维持不变，C_{gs} 为恒流放电。当 A 点电位下降到零时，二极管 VD_2 导通将 A 点电位钳制为零，此过程结束。

（4）模态 4（$t_3 \sim t_4$）：主功率管关断阶段，如图 6-11（d）所示。本阶段主开关管 Q 关断。电感 L_g 通过 VD_2—L_g—Q_2 构成的回路续流。受 VD_2 和 Q_2 导通压降的影响，i_{g_off} 有所下降。但因为 VD_2 和 Q_2 的压降很小，i_{g_off} 只略微下降。u_{gs} 维持零关断电压。

（5）模态 5（$t_4 \sim t_5$）：死区阶段，如图 6-11（e）所示。t_4 时刻，Q_2 关断。电感 L_g 通过 VD_2—L_g—C_1—VD_3 构成的回路续流。L_g 与 C_1 谐振，L_g 的部分能量转移到 C_1，i_{g_off} 下降，直至为零。

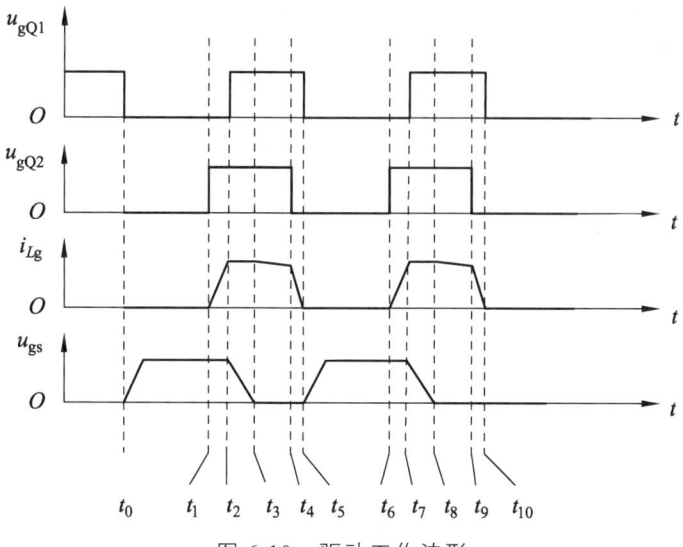

图 6-10　驱动工作波形

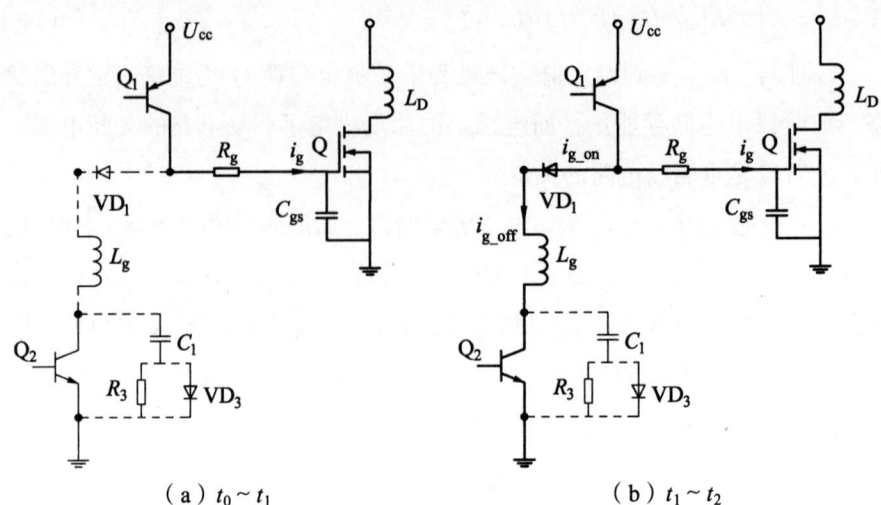

(a) $t_0 \sim t_1$ (b) $t_1 \sim t_2$

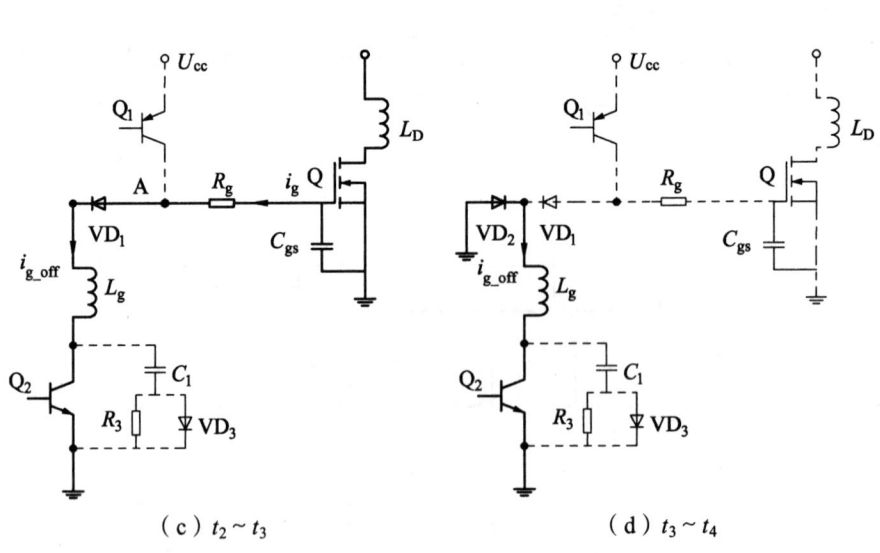

(c) $t_2 \sim t_3$ (d) $t_3 \sim t_4$

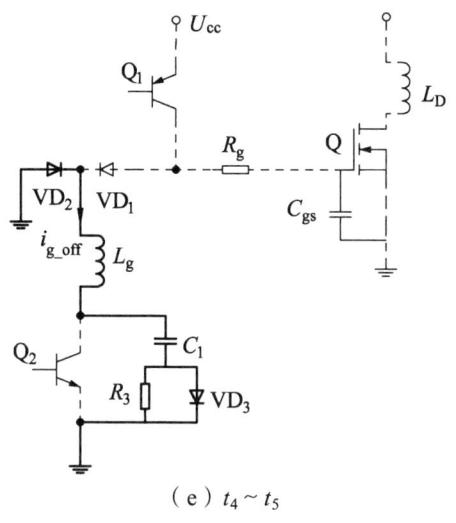

(e) $t_4 \sim t_5$

图 6-11 各模态等效工作电路

6.2.3 可变电流源驱动电路的设计

1. Q1 和 Q2 控制电路设计

本电路主要是通过控制 Q_1 和 Q_2 的开通与关断实现变恒流驱动的，驱动信号由 DSP 控制，而 DSP 的 GPIO 口不能直接驱动 Q_1 和 Q_2，所以利用光耦实现 DSP 控制 Q_1 和 Q_2 的通断。具体电路设计如图 6-12 所示。

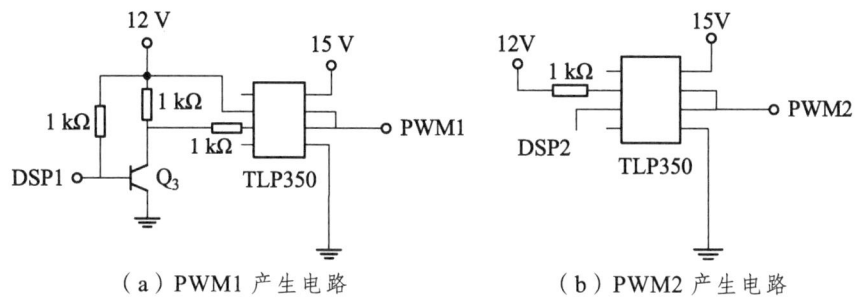

(a) PWM1 产生电路　　　　(b) PWM2 产生电路

图 6-12　PWM 产生电路

驱动信号由 DSP 产生，DSP 的 GPIO 口输出的 PWM 信号经过 2003 芯片反相之后变成了如图 6-12 所示的 DSP1 和 DSP2 信号。由于 PWM1 驱动的是一个 P 沟道 MOSFET 管，所以加入一个反相电路，具体工作原理如下：

如图 6-12（a）所示，PWM1 驱动的是一个 PNP 管，当 DSP 产生一个高电平时，GPIO 口输出高电平，经 2003 反相之后成为低电平 DSP1 信号。DSP1 为低电平，则三极管 Q_3 截止，PWM1 为低电平，驱动 Q_1 开通。同理，当 DSP 产生一个低电平时，GPIO 口输出低电平，经 2003 反相之后呈高阻态，三极管 Q_3 导通，PWM1 为高电平，Q_1 截止。

如图 6-12（b）所示，PWM2 驱动的是一个 N 沟道 MOSFET 管，故不需要图 6-12（a）中的反相电路，将 DSP2 信号直接相连，当 DSP 产生高电平经 2003 反相后 DSP2 成为低电平，PWM2 输出为高电平，驱动 Q_2 开通。同理，当 DSP 产生低电平经 2003 反相后 DSP2 呈高阻态，PWM2 输出为低电平，Q_2 截止。

2. 电感 L_g 设计

L_g 包含线性充电、恒流放电、续流钳位和谐振放电四个阶段。其中，线性充电阶段最关键，因为它决定了驱动电路的关断电流 i_{g_off} 的幅值。恒流放电阶段最短暂，续流钳位阶段与谐振放电阶段的时间之和就是主功率管的关断时间。

设计 L_g 主要是依据最大的目标 i_{g_off} 及最小的主功率管导通时间：

$$L_g = U_{cc} t / i_{g\_off} \quad (6-21)$$

式中：t 要小于主功率管最小导通时间；i_{g_off} 依据主功率管的容量来定义，一般介于 0.5~4 A 之间。

3. 驱动电路 RCD 缓冲电路设计

开关管 Q_2 关断时，电感 L_g 上还有电流，关断瞬间，储存在电感中的能量使 Q_2 漏极电压迅速升高，而 Q_2 的电流将在很短时间内线性降为 0，此时，Q_2 上的损耗将变得很大，过高的损耗需要较大的散热器来保证结温不至于过高，而通常满足条件的散热器体积是不能接受的。因此，使用 R_3、C_1、VD_3 组成的缓冲电路，通过减缓 Q_2 漏极电压的上升速度，使上升电压波形和下降电流波形的重叠区尽可能小，从而达到减小损耗的目的。下面介绍其工作原理和器件选择。

如图 6-9 所示，当 Q_2 关断时，电感会维持 Q_2 上的电流，阻止其减小。该电流将继续流过正在关断的开关管，另一部分电流经过 VD_3 流过电容 C_1。流过电容 C_1 的那部分 i_{c1} 减缓了漏极电压的上升。通过选取合适的 C_1，将大大减小上升的漏极电压和下降的漏极电流的重叠部分，从而显著地降低 Q_2 的损耗。

C_1 的大小是有限制的。由于电感 L_g 上的能量是通过和 C_1 的谐振将其转移到 C_1 上的，放电最大时间是谐振周期的一半，为了保证 Q_2 下一次开通时电感 L_g 上的电流为 0，设计该放电时间时要注意，应小于逆变器主功率管的死区时间，即

$$\pi\sqrt{L_g C_1} < t_{\text{dead}} \tag{6-22}$$

通过式（6-22）可以得出 C_1 的容值大小。在下一次关断的开始时刻，C_1 两端也应保证没有电压，因此，在 Q_2 开通的这个时间段内 C_1 必须放电。C_1 在 Q_2 开通时，通过与 Q_2 和 R_3 构成放电回路进行放电。R_3 应使 C_1 在 Q_2 的最小导通时间内放电至所充电荷的 5% 以下，则

$$3R_3 C_1 = t_{Q_2\_\text{on(min)}} \tag{6-23}$$

通过式（6-23）可以得出 R_3 的取值。

6.3 开关管自适应驱动电路

6.3.1 负载自适应的电压尖峰限制型功率管关断方法

本小节提出了一种根据功率开关管电流调整器件关断速度的方法。用控制电流指令信号来调节驱动电路的关断电流大小，当电流指令信号越大时，驱动电流的关断电流越小；反之相反。这样加快了轻载下功率开关管的关断速度，降低了开关管在轻载条件下的关断损耗。同时，基于小电流下功率开关器件的关断电压尖峰不大于额定电流下器件关断电压尖峰的设计原则限制了全负载工作下功率开关器件的电压尖峰。整个控制方法易行可靠，可以应用于高频变换器提高效率使用，以提高其轻载下的工作效率[76]。

1. 电流适应的功率管关断控制方法

（1）控制框图。

以一个升压电路为例，图 6-13 所示为所提出的电流适应的功率管关断控制方法框图。图中虚线框内为升压电路，其中 Q_1 是受控的功率管，L_D 是 Q_1 支路上的寄生电感，C_{ds}、C_{gs}、C_{gd} 是 Q_1 的寄生电容，C_f 为二极管的寄生电容。虚线框外是 Q_1 驱动电路的控制框图。图中对升压电路采用了常见的平均电流控制方法。电压外环经 $G_v(s)$ 调节器后产生电感电流指令 i_L^*，电流内环则控制反馈的电感电流 i_L 快速精确地跟踪指令电流 i_L^*。驱动环节采用了推挽式电路。Q_1 的开通由 T_1 驱动，与传统驱动电路无异。但是，Q_1 的关断驱动电流 i_g 由指令电流 i_L^* 控制。指令电流 i_L^* 经过一个调节器 $G_d(s)$ 产生一个关断调节电压 u_{cr}，该电压再经过一个电压控制电流源产生关断驱动电流 i_g 去关断 Q_1。因为 i_g 决定了 Q_1 的关断速度，而这里 i_g 又由 i_L^* 调节，所以就实现了电流适应调节的 Q_1 关断控制。

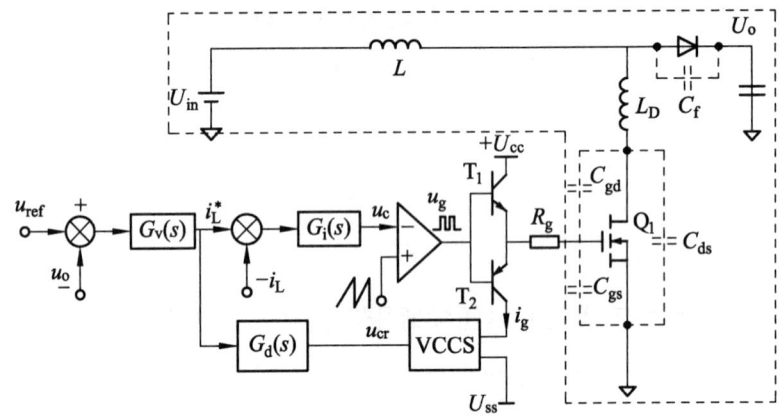

图 6-13　提出的电流适应的功率管关断控制框图

（2）控制原理。

图 6-14 为在输入输出电压固定状态下，直流变换器的工作占空比 D 与电感电流 i_L 的关系曲线。其中，A 点是电感电流断续和连续的临界点。A 点左侧为电感电流断续区，A 点右侧为电感电流连续区。在电感电流断续

区，占空比随负载电流的上升而迅速上升；在电感电流连续区，占空比随负载电流上升而缓慢上升。这样，当变换器分别工作在图 6-14 曲线上的 B 点和 C 点时，有 $i_{L(B)} < i_{L(C)}$ （ $i_{L(B)}^* < i_{L(C)}^*$ ），且 $D_{(B)} < D_{(C)}$。如果在图 6-13 $G_d(s)$ 的设计中，使得 u_{cr} 的值与 i_L^* 是成反比例变化的，即 i_L^* 越大，u_{cr} 越小，则有 $u_{cr(B)}$ 和 $u_{cr(C)}$ 的关系为 $u_{cr(B)} > u_{cr(C)}$。再将 u_{cr} 信号送入一个由晶体管放大电路构成的电压控制电流型电路，令 $u_{cr} = u_{GS}$。根据图 6-15 所示的 MOSFET 静态特性，因为 $u_{GS(B)} > u_{GS(C)}$，则输出电流 $i_{g(B)} > i_{g(C)}$。这意味着工作在 B 点时的驱动电路关断电流大于工作在 C 点的驱动电路关断电流。因为驱动电路关断电流越大，开关管关断速度越快，所以工作在 B 点时的开关管的关断速度高于工作在 C 点时的开关管的关断速度。

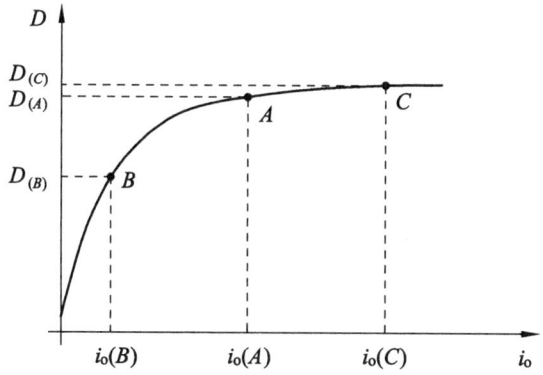

图 6-14 工作占空比 D 与负载电流 i_o 的关系曲线

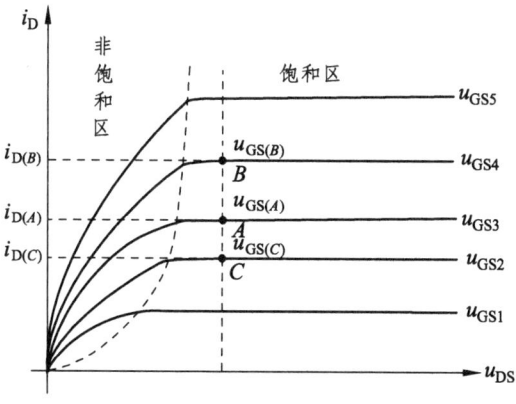

图 6-15 MOSFET 工作特性曲线

可见，上述控制开关管 MOSFET 的关断方法可以根据电感电流 i_L 的大小做出实时调整。调节的规律是电感电流越大，功率管的关断速度越慢；反之相反。而因为功率管关断电压尖峰与关断速度和电感电流 i_L 成正比，所以在驱动参数固定的传统驱动电路中，功率管在满载下的关断电压尖峰高，容易损坏；而在轻载下电压尖峰裕量较大。为此，此处控制的原则是在满载电流时控制功率器件在合适的速度关断，使其电压尖峰不要超过额定值，这与传统驱动电路设计无异；而在轻载下加快功率器件的关断速度，使其电压尖峰比在传统驱动电路下高，但同样不超过额定值。这样做的优点就是降低了开关管在轻载条件下的关断损耗，提高了轻载下变换器的效率。

2. 感性负载下开关管关断过程分析

鉴于所提电流适应功率管关断方法的一个关键是关断尖峰电压的考量以及关断损耗因素的分析，下面对图 6-16 所示感性负载下的开关管关断控制电路进行分析，并澄清一些文献中的不清晰处。由于开关管的开通过程与传统的开通方法一样，这里不作讨论。在图 6-16 中可采用电阻 R_{cr} 与三极管 T_3 构成的放大电路来等效电压控制电流源，T_3 基极电流 i_b 由控制信号 u_{cr} 和基极电阻 R_{cr} 决定，L_D 为分布寄生电感，R_g 为 MOSFET 内部寄生电阻与外部驱动电阻之和。

为了便于分析，先做如下假设：

（1）驱动脉冲信号 u_g 为理想方波；

（2）负载电路时间常数足够大，二极管换流与续流阶段负载电流 I_o 为恒定值，等效为一个恒流源；

（3）MOSFET 极间电容为恒定值，输入电容 $C_{iss}=C_{gd}+C_{gs}$，输出电容 $C_{oss}=C_{gd}+C_{ds}$；

（4）MOSFET 直流跨导 G_m 和门极开启电压 U_T 为一个恒值；

（5）二极管 D_f 具有理想恢复特性，寄生电容为 C_f；

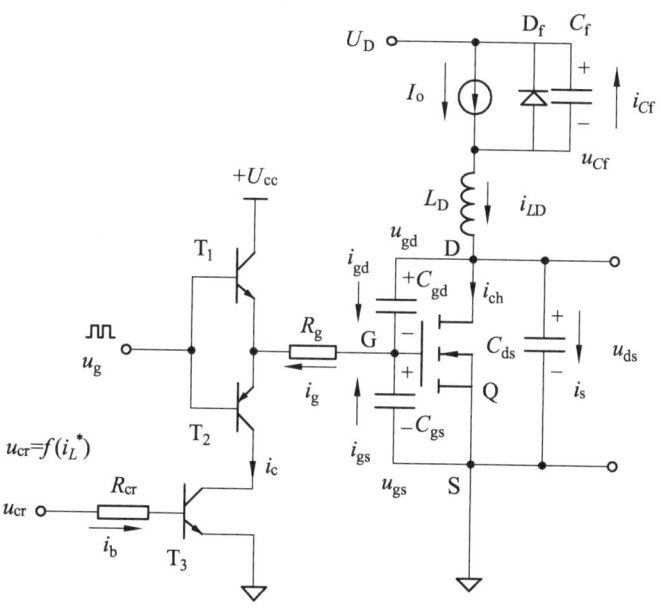

图 6-16 具有感性负载的 MOSFET 开关电路

（6）三极管 T_1 与 T_2 均处于饱和状态，通态压降均为零，T_3 处于放大状态，若电感电流固定不变，则 i_g 为一常数，即可等效为一个恒流源，但其随电感电流变化而变化。

整个关断过程中各电量波形如图 6-17 所示，$t_0 \sim t_1$ 时刻，开关管 MOSFET 处于导通状态，二极管 D_f 反偏截止，负载电流流过 MOSFET，t_1 时刻，电压 u_g 降为零，功率开关管进入关断过程，下面分 4 个模态予以分析。

（1）模态 1（$t_1 \sim t_2$），关断延迟区。

t_1 时刻，栅极驱动信号 u_g 突然降为零，MOSFET 工作在通态电阻区，沟道电流 $i_{ch}=I_o$，输入电容 C_{iss} 放电，栅压下降，此阶段等效电路如图 6-18（a）所示，由等效电路可得各电量关系为

$$\begin{cases} i_g = -C_{iss}\dfrac{du_{gs}}{dt} \\ u_{gs} = u_{T_3} + i_g R_g \end{cases} \quad (6-24)$$

考虑初始时刻有 $u_{gs}(0)=U_g$，解式（6-24）得 u_{gs} 为

$$u_{gs}(t) = U_g - \frac{i_g}{C_{iss}}(t-t_1) \quad (6\text{-}25)$$

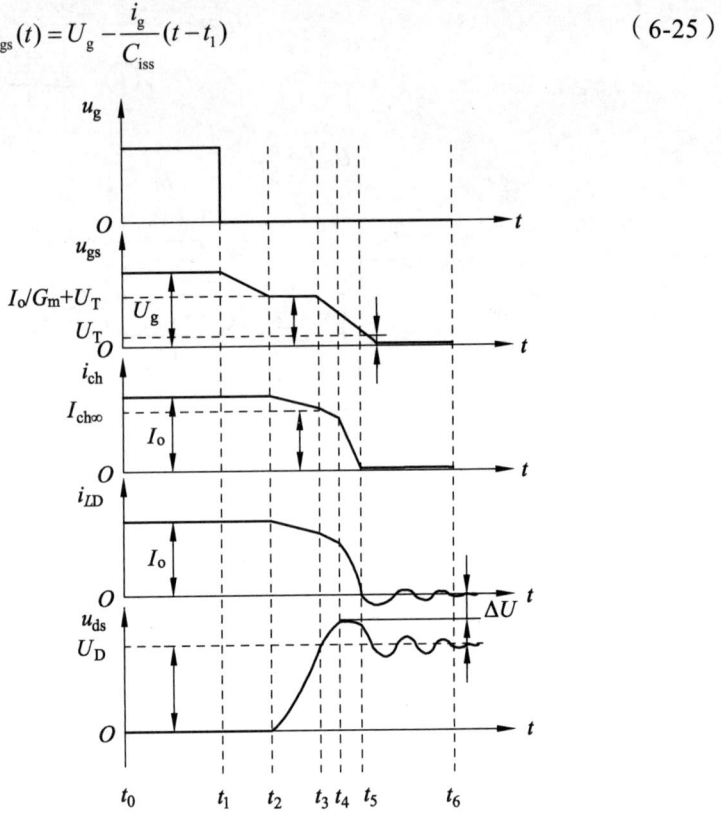

图 6-17 开关管关断过程波形

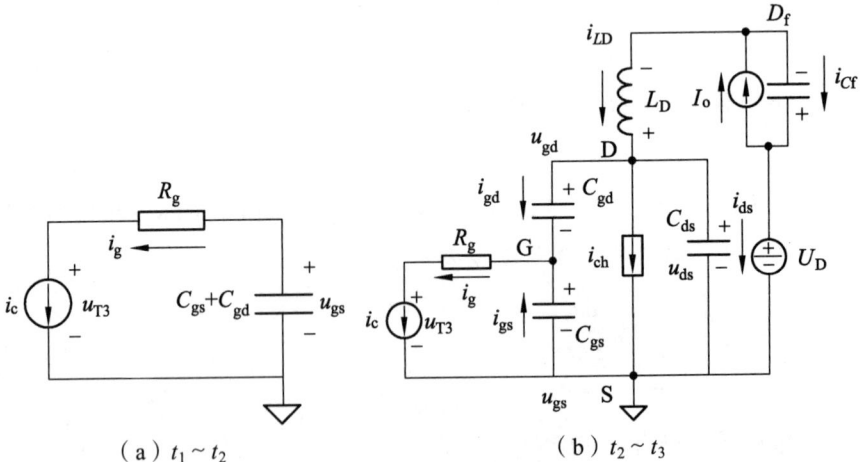

(a) $t_1 \sim t_2$　　　　　(b) $t_2 \sim t_3$

6 开关管自适应驱动技术

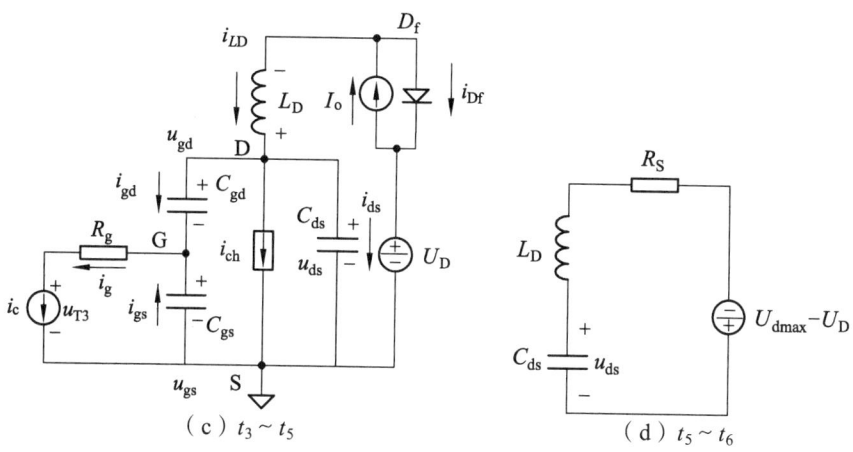

（c）$t_3 \sim t_5$　　　　　　　　　　　　　（d）$t_5 \sim t_6$

图 6-18　各模态下的等效工作电路

（2）模态 2（$t_2 \sim t_3$），电压上升区。

当 $t=t_2$ 时，$u_{gs}=i_{ch}/G_m+U_T$，随后，MOSFET 开始进入线性放大区，I_o、i_{ch}、i_{cf} 给寄生电容 C_{gd} 与 C_{ds} 充电，u_{ds} 开始上升，二极管电压 u_{cf} 下降，漏极电流 i_{LD} 下降，等效电路如图 6-18（b）所示。由等效电路图可得如下方程：

$$\begin{cases} u_{gs} = u_{T_3} + i_g R_g \\ u_{ds} = u_{gd} + u_{gs} \\ i_g = -C_{gs}\dfrac{du_{gs}}{dt} + C_{gd}\dfrac{du_{gd}}{dt} \\ I_o = i_{LD} - C_f \dfrac{du_{cf}}{dt} \\ i_{LD} - C_{ds}\dfrac{du_{ds}}{dt} = i_{ch} + C_{gd}\dfrac{du_{gd}}{dt} \\ U_D = u_{cf} + L_D \dfrac{di_{LD}}{dt} + u_{ds} \end{cases} \quad (6\text{-}26)$$

此阶段，由于密勒效应的作用，u_{gs} 近于不变，即 $i_{gs} \approx 0$，式（6-26）可解得

$$\begin{cases} i_{LD}(t) = I_o + \dfrac{i_g C_f}{C_{gd}}[\cos\omega_a(t-t_2)-1] \\ u_{ds}(t) = \dfrac{i_g C_{oss}}{C_{gd}}(t-t_2) \end{cases} \quad (6\text{-}27)$$

$$\omega_{\mathrm{a}} = \frac{1}{\sqrt{L_{\mathrm{D}}C_{\mathrm{f}}}} \tag{6-28}$$

若电感电流很小，此阶段 i_{LD} 下降到 0，MOSFET 关断，关断后工作状况进入模态 4。

（3）模态 3（$t_3 \sim t_4$），电流下降区。

在 t_3 时刻，密勒效应结束，u_{ds} 上升到 U_{D}，续流二极管 D_{f} 开始导通，负载电流 I_{o} 流经二极管 D_{f} 分流。i_{Df} 从零开始增大，i_{LD} 继续减小，u_{ds} 继续增大，MOSFET 仍工作在线性放大区，等效电路图如图 6-18（c）所示。据等效电路图有如下方程：

$$\begin{cases} i_{\mathrm{g}} = -C_{\mathrm{gs}}\dfrac{\mathrm{d}u_{\mathrm{gs}}}{\mathrm{d}t} + C_{\mathrm{gd}}\dfrac{\mathrm{d}u_{\mathrm{gd}}}{\mathrm{d}t} \\ i_{\mathrm{ch}} = G_{\mathrm{m}}(u_{\mathrm{gs}} - U_{\mathrm{T}}) \\ i_{LD} = i_{\mathrm{ch}} + C_{\mathrm{gd}}\dfrac{\mathrm{d}u_{\mathrm{gd}}}{\mathrm{d}t} + C_{\mathrm{ds}}\dfrac{\mathrm{d}u_{\mathrm{ds}}}{\mathrm{d}t} \\ u_{\mathrm{ds}} = U_{\mathrm{D}} + L_{\mathrm{D}}\dfrac{\mathrm{d}i_{LD}}{\mathrm{d}t} \\ u_{\mathrm{ds}} = u_{\mathrm{gs}} + u_{\mathrm{gd}} \end{cases} \tag{6-29}$$

化简式（6-29）得到高阶微分方程，其结果极其复杂，不便分析，用一种简化电路分析的方法，将电流下降区分为两阶段：

① 电流下降区 I（$t_3 \sim t_4$）。

在 t_3 时刻后，由于 L_{D} 的电流不能突变，u_{ds} 继续上升，此阶段 u_{gs} 与 i_{ch} 变化缓慢，可将其视为常数。对式（6-27）进行拉普拉斯变换可得 $u_{\mathrm{gs}}(s)$，如式（6-30）所示；利用终值定理可得 t_3 时刻 i_{ch} 的值约为 $I_{\mathrm{ch}\infty}$，见式（6-31）。

$$u_{\mathrm{gs}}(s) = \frac{1}{s} \times \frac{C_{\mathrm{gd}}\left(I_{\mathrm{o}} + G_{\mathrm{m}}U_{\mathrm{T}} + \dfrac{sU_{\mathrm{D}}C_{\mathrm{f}}}{s^2 L_{\mathrm{D}}C_{\mathrm{f}} + 1}\right) - sC_{\mathrm{gd}}^2\left(\dfrac{I_{\mathrm{o}}}{G_{\mathrm{m}}} + U_{\mathrm{T}}\right) + \left[i_{\mathrm{g}} - sC_{\mathrm{iss}}\left(\dfrac{I_{\mathrm{o}}}{G_{\mathrm{m}}} + U_{\mathrm{T}}\right)\right]\left[\dfrac{C_{\mathrm{f}}}{s^2 L_{\mathrm{D}}C_{\mathrm{f}} + 1} + C_{\mathrm{oss}}\right]}{G_{\mathrm{m}}C_{\mathrm{gd}} - sC_{\mathrm{gd}}^2 + C_{\mathrm{gd}}\left(\dfrac{sC_{\mathrm{f}}}{s^2 L_{\mathrm{D}}C_{\mathrm{f}} + 1} + sC_{\mathrm{oss}}\right)}$$

（6-30）

$$I_{ch\infty} = \lim_{t\to\infty} i_{ch} = \lim_{t\to\infty} G_m u_{gs}(t) = \lim_{s\to 0} s u_{gs}(s) + \frac{I_o}{G_m} + U_T$$
$$= 2\left[\frac{I_o}{G_m} + U_T\right] - \frac{C_{oss} + C_f}{G_m C_{gd}} i_g \tag{6-31}$$

在以上假设基础上可得等效电路图如图 6-19（a）所示，从中可以看出这是一个简单的 L_C 谐振电路，寄生电感 L_D 与 MOSFET 寄生电容谐振，因此可得沟源极电压 u_{ds} 为

$$u_{ds}(t) = U_D + (I_o - I_{ch\infty})L_D \omega_o \sin[\omega_o(t-t_3)] \tag{6-32}$$

式中 ω_o 为

$$\omega_o = 1/\sqrt{L_D C_{ds}} \tag{6-33}$$

到 t_4 时刻，漏极电流 i_{LD} 与沟道电流 i_{ch} 相等，$i_s=0$，此阶段结束，此时，u_{ds} 达到其最高尖峰值 U_{peak}，即

$$U_{peak} = u_{ds}(t_4) \tag{6-34}$$

此处要说明的是，许多文献中认为当 u_{ds} 达到尖峰时 i_{LD} 下降到零是不对的，后面的实验也证明了这一点。

由式（6-31）与式（6-32）可得开关管关断过程中的电压超量为

$$\Delta U = \left[I_o - 2\left(\frac{I_o}{G_m} + U_T\right) + \frac{C_{oss} + C_f}{G_m C_{gd}} i_g\right] L_D \omega_o \sin\omega_o t \tag{6-35}$$

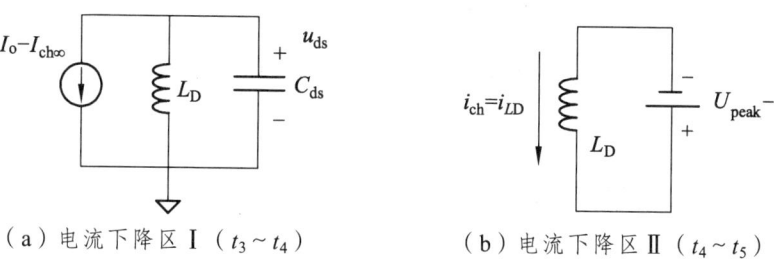

(a) 电流下降区 I（$t_3 \sim t_4$） （b) 电流下降区 II（$t_4 \sim t_5$）

图 6-19 电流下降区化简等效电路

② 电流下降区 Ⅱ（$t_4 \sim t_5$）。

由于 C_{ds} 两端电压与 U_D 的作用，漏极电流 i_{LD} 继续减小。此阶段，漏极电流 i_{LD} 基本全部从 MOSFET 沟道流过，因此，C_{ds} 的充电电流 i_s 很小，为了便于分析，此阶段 u_{ds} 电压可认为维持在 U_{peak} 并保持不变。沟道电流 i_{ch} 可等效受控于 $U_{peak}-U_D$，其等效电路图如图 6-1（b）所示，可得沟道电流 i_{ch} 为

$$i_{ch}(t) = I_{ch\infty} - \frac{U_{peak}-U_D}{L_D}(t-t_4) \tag{6-36}$$

到 t_5 时刻，沟道电流 i_{ch} 下降到零，u_{gs} 下降到 U_T，此过程结束。

（4）模态 4（$t_5 \sim t_6$），电压衰减振荡区。

在 t_5 时刻，Q 关断。由于 Q 关断，L_D 与漏源极间电容 C_{ds} 组成串联振荡电路，若漏源极电路回路和寄生电感 L_D 及电容的总寄生电阻为 R_s，则可得等效电路如图 6-18（d）所示，C_{ds} 的初始电压为 $u_{ds}(t_5) \approx U_{peak}$，由等效电路与初始值可得此过程中 u_{ds} 及 i_{LD} 的大小为

$$\begin{cases} u_{ds}(t) = U_D + (U_{peak}-U_D)e^{-\alpha(t-t_5)}\cos\omega_D(t-t_5) \\ i_{LD}(t) = C_{oss}\dfrac{du_{ds}}{dt} = -C_{oss}(U_{peak}-U_D)e^{-\alpha(t-t_5)} \times \\ \qquad \{\omega_D \sin[\omega_D(t-t_5)] + \alpha \cos[\omega_D(t-t_5)]\} \end{cases} \tag{6-37}$$

式中：

$$\begin{cases} \omega_D = \sqrt{1/(L_D C_{ds}) - \alpha^2} \\ \alpha = -R_s/2L_D \end{cases} \tag{6-38}$$

到 t_6 时刻，u_{ds} 两端电压衰减至 U_D，此过程结束。接下来 $u_{ds}=U_D$，整个关断过程结束。

3. 分析与设计

（1）损耗分析。

根据前述的各个阶段关断原理分析，可得各个阶段的关断损耗如表 6-1 所示。

表 6-1 各时间段下的关断损耗

时间	各阶段损耗（P_{LOSS}）
$t_1 \sim t_2$	$P_{1\_\text{LOSS}} = 0$
$t_2 \sim t_3$	$P_{2\_\text{LOSS}} = I_{\text{ch}\infty} \int_{t_2}^{t_3} \dfrac{i_g C_{\text{oss}}}{C_{\text{gd}}}(t - t_2) \text{d}t$
$t_3 \sim t_4$	$P_{3\_\text{LOSS}} = I_{\text{ch}\infty} \int_{t_3}^{t_4} [U_D + (I_o - I_{\text{ch}\infty}) L_D \omega_o \sin \omega_o (t - t_3)] \text{d}t$
$t_4 \sim t_5$	$P_{4\_\text{LOSS}} = U_{\text{peak}} \int_{t_4}^{t_5} I_{\text{ch}\infty} - [(U_{\text{peak}} - U_D)(t - t_4)/L_D] \text{d}t$
$t_5 \sim t_6$	$P_{5\_\text{LOSS}} = f_s \left[\dfrac{1}{2} C_{\text{ds}}(U_{\text{peak}}^2 + U_D^2) - C_{\text{ds}} U_{\text{peak}} U_D \right]$

表 6-1 中，$t_1 \sim t_5$ 各时间段的损耗可很容易地从第 2 部分的各个阶段的电压电流求得。根据能量的变化得到 $t_5 \sim t_6$ 阶段的能量损耗为

$$\begin{aligned} E_{\text{LOSS}} &= E_{t_5} - E_{t_6} - E_s \\ &= \frac{1}{2} C_{\text{ds}} U_{\text{peak}}^2 - \frac{1}{2} C_{\text{ds}} U_D^2 - U_D C_{\text{ds}} (U_{\text{peak}} - U_D) \\ &= \frac{1}{2} C_{\text{ds}} (U_{\text{peak}}^2 + U_D^2) - C_{\text{ds}} U_{\text{peak}} U_D \end{aligned} \quad (6\text{-}39)$$

式中：E_{t_5} 为 t_5 时刻 C_{ds} 储存的能量；E_{t_6} 为 t_6 时刻 C_{ds} 储存的能量；E_s 为反馈到直流电源 U_D 侧的能量。由上式可得 $t_5 \sim t_6$ 的功率损耗。

由表 6-1 可得整个关断损耗为

$$P_{\text{LOSS}} = P_{2\_\text{LOSS}} + P_{3\_\text{LOSS}} + P_{4\_\text{LOSS}} + P_{5\_\text{LOSS}} \quad (6\text{-}40)$$

另外，从表 6-1 可以看出，各阶段的关断损耗均与控制信号关断电流 i_g 有关，合理地增大 i_g 可以减小关断损耗 P_{LOSS}。

（2）控制分析及电路设计。

① 控制分析。

在开关管关断速度的控制设计中，若以关断过程中电压超量 ΔU 为参考，则由式（6-35）可知，ΔU 主要与负载大小、控制电流 i_g、开关管寄生参数及回路寄生电感 L_D 有关，且 ΔU 与负载大小和电流 i_g 均成正相关。轻

载下，若提高 i_g 以加快关断速度，则 ΔU 也相应增加，但在设计中不能超过额定负载下的 ΔU，即如果额定负载下 ΔU 设计为 ΔU_1，轻载下 ΔU 设计为 ΔU_2，则 $\Delta U_2 \leqslant \Delta U_1$，这是设计的原则。

以一实例说明关断过程的控制设计。若选择开关管 MOSFET 型号为 IRFP460A，二极管型号为 RHRG5060，电源电压 U_D 为 380 V，查数据手册可得各寄生参数（u_{ds}=400~500 V），如表 6-2 所示。根据各寄生参数与式（6-35）可得各量之间的关系曲线，时间 t 取 1/4 个 $L_D C_{ds}$ 谐振周期：① 不同 L_D 下，ΔU、i_g 与 I_o 之间的关系如图 6-20（a）所示，从中可以看出对于不同的 L_D，当 i_g 与 I_o 固定时，ΔU 随 L_D 的增加而增大。② 若 L_D 固定（L_D=3.5 μH），ΔU、I_o 与 i_g 三者的关系如图 6-20（b）所示，由图可以看出，L_D 恒定时，负载固定，ΔU 随 i_g 增大而增大；i_g 恒定时，ΔU 随负载增加而增大；ΔU 恒定时，控制电流 i_g 与负载 I_o 基本成线性负相关。设计时，可参考图 6-20（b）对 i_g 进行设计，按固定 ΔU 条件，可设计成 $i_g = m - n i_L^*$ 的近似关系，其中 m、n 为正常数。

表 6-2 器件型号与相关电参数

MOSFET（Q）：IRFP460A	
C_{oss}/pF	140
C_{iss}/pF	3 000
C_{rss}/pF	6
G_m	11
U_T/V	3
二极管（D_f）：RHRG5060	
C_f/pF	140

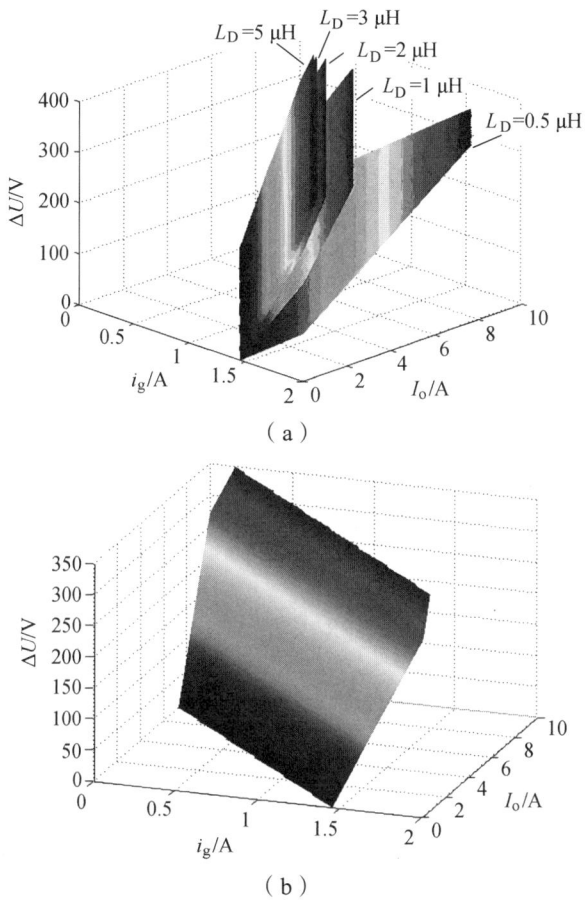

图 6-20　ΔU，I_o 与 i_g 关系曲线

② 电路设计。

由 $i_g=m-ni_L^*$ 的关系，结合采用 UC3854 芯片控制的平均电流控制方法，可将驱动控制电路设计成如图 6-21 所示电路，图中 u_c、U_E 分别接 UC3854 的 caout 端与使能 ENA 端，D_1 为 5.1 V 稳压二极管，T_1、T_3 为 C2655 型 NPN 三极管，T_2 为 A1020 型 PNP 三极管。由图 6-14 可知，电感电流连续下，u_c 可近似等于 Ki_L^*，若取 $R_1=R_2$，忽略 T_3 的阈值电压，结合图 6-21 可得 i_g 随 i_L^* 的变化关系为

$$i_g = \frac{2U_E\beta}{R_{cr}} - \frac{\beta K}{R_{cr}} i_L^* \qquad (6\text{-}41)$$

由式（6-41）可以看出，系数 $m=2U_E\beta/R_{cr}$，系数 $n=\beta K/R_{cr}$。式中，U_E 取 5.1 V，β 为 T_3 的放大倍数，K 为一常数。

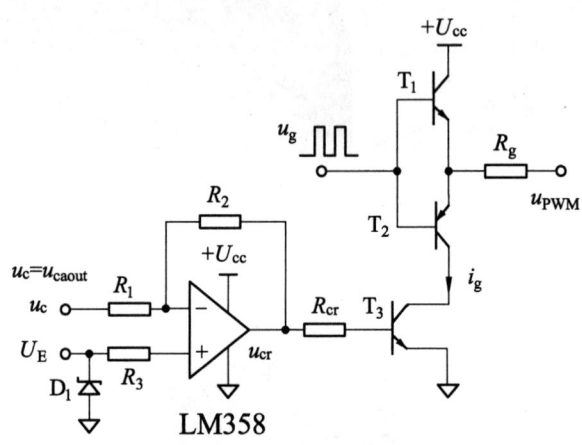

图 6-21 驱动控制电路

4. 实验

为了验证所提出的电流适应控制方法，在实验室制作了一台样机，样机主电路采用 Boost 拓扑结构。实验参数：输入电压 $U_{in}=200$ V，输出电压 $U_o=380$ V，额定功率 $P_o=1$ kW，开关频率 $f_s=65$ kHz，滤波电感 $L=1$ mH，开关管为 IRFP460A，二极管为 RHRG5060，其寄生参数如表 6-1 所示，寄生电感 $L_D=3.5$ μH。根据前述电路的工作状态分析关断与控制设计原理，根据图 6-20（b）与图 6-21 可设计 i_L^* 在 6～0 A 变化；$i_g=0.5$～1.4 A 且在该范围内随 i_L^* 负相关线性变化，此关系可通过式（6-41）调整得到；ΔU 在全负载范围内均要小于等于设定的最大值，取 150 V。

图 6-22 所示为额定负载下传统驱动与本书所提出的驱动方式下开关管的驱动电压 u_{gs}、漏源电压 u_{ds} 以及漏极电流 i_{LD} 的实验波形。从图 6-22（a）与图 6-22（b）可以看出，两者在 t_1～t_5 的关断时间基本一致，均约为 320 ns；

关断电压超量 ΔU 均约为 150 V。由于设计时，所提出的驱动设计与传统驱动设计一致，所以两者基本相同。

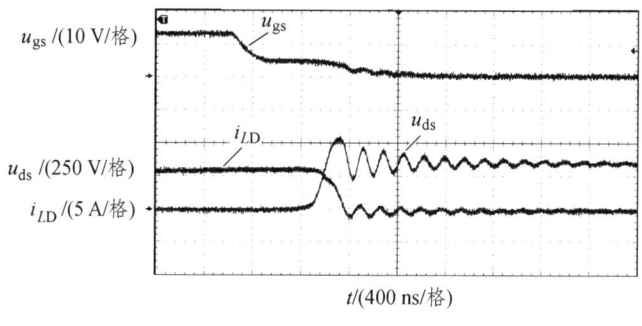

（a）传统驱动

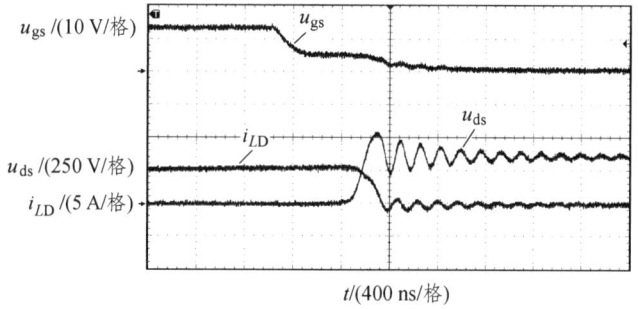

（b）提出的驱动

图 6-22　额定负载下 u_{gs}、u_{ds}、i_{LD} 波形

图 6-23 与图 6-24 分别给出了半载与 20%负载下传统驱动与所提出的驱动方式下开关管的驱动电压 u_{gs}、漏源电压 u_{ds} 以及漏极电流 i_{LD} 的实验波形，从图 6-23（a）与图 6-24（a）中可以看出，半载与 20%载下，传统驱动方式下的关断时间与满载下基本相等，但从图 6-23（b）与图 6-24（b）中可以看出所提出的驱动电路的关断速度明显比满载下快，且关断速度随着负载的减小变得更快，半载下 $t_1 \sim t_5$ 约为 240 ns，20%载下约为 160 ns。另外，关断速度加快的同时电压超量小于额定负载下的 ΔU。

图 6-25 为传统驱动与所提出驱动下变换器的效率曲线对比图。从中可以看出，满载下效率基本相等且为 94.8%。但随着负载的变小，所提出的

驱动方法下的变换器效率明显提高,20%载下提高了 0.53%,轻载下可提高 1.05%。可见,优化效果显著。

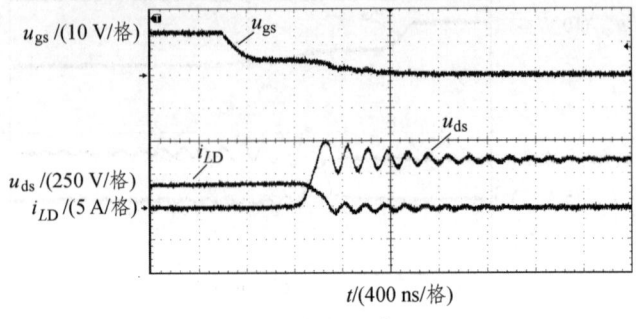

(a)传统驱动

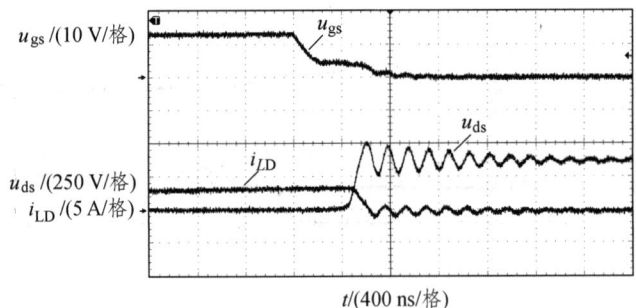

(b)提出的驱动

图 6-23 半载下 u_{gs}、u_{ds}、i_{LD} 波形

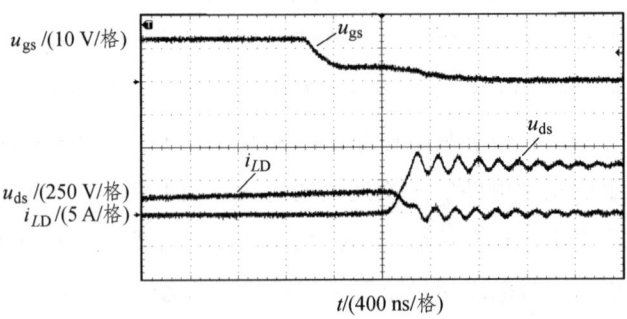

(a)传统驱动

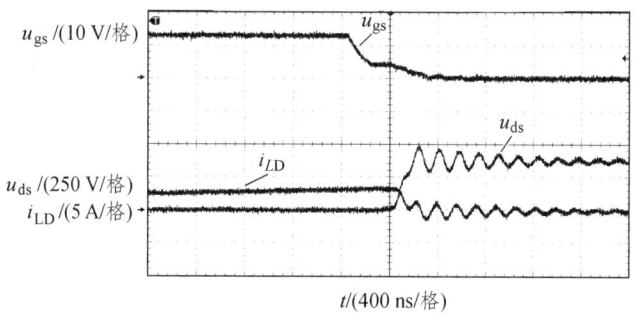

（b）提出的驱动

图 6-24　20%载下 u_{gs}、u_{ds}、i_{LD} 波形

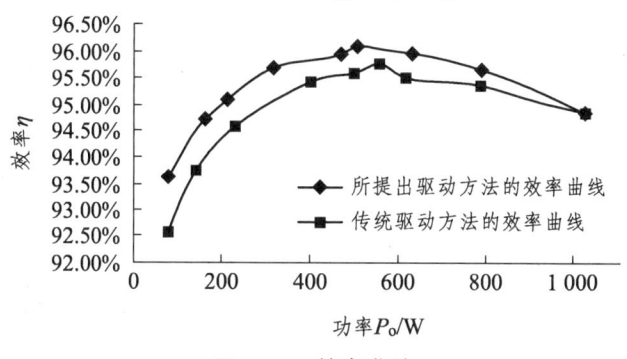

图 6-25　效率曲线

6.3.2　负载自适应的电流尖峰限制型功率管开通方法

本小节提出一种负载适应的功率管开通方法，功率管的开通速度随负载的变化而自适应调节，轻载下可获得更快的开通速度以减小开通损耗，另外，加快开通速度的同时功率管电流应力不超过额定负载下的电流尖峰，这样可确保功率管处于安全工作状态[77][78]。

1. 负载适应的功率管开通方法

（1）控制框图。

图 6-26 为所提出的功率管开通控制原理框图。以一个常用的 Boost 变换器及其控制为例，图 6-26 中所示的虚线框内为 Boost 主电路，其包括功率管 Q、二极管 D、储能电感 L 及线路上的寄生电感 L_s；另外，图中 C_{ds}、

C_{gs}、C_{gd} 为 Q 的寄生电容，C_D 为二极管 D 的寄生电容。虚线框外为控制电路，采用常见的平均电流控制法，电压外环的输出为电流内环的指令信号 i_{ref}，电流内环则快速准确地跟踪指令信号 i_{ref} 以控制实际电感电流 i_L，电流环的输出信号与三角波或锯齿波信号比较产生驱动脉冲信号 u_{pwm}。结合电流控制信号与驱动脉冲信号提出了一种负载适应的功率管开通方法，通过一个受控电流源的输出电流 i_g 给寄生电容充电以开通功率管 Q，电流 i_g 由指令电流 i_{ref} 经一个调节器 G_r，再经过一个电压控制电流源（voltage control current source，VCCS）后输出；而 i_{ref} 由负载电流决定，从而可实现负载适应的功率管开通控制。另外，驱动电路是这样工作的：如图 6-26 所示，当驱动脉冲 u_{pwm} 为高电平时，开关管 Q_{01} 开通、Q_{02} 关断，i_g 给功率管 Q 的寄生电容充电以开通 Q；当 u_{pwm} 为低电平时，开关管 Q_{01} 关断、Q_{02} 开通，功率管 Q 通过 R_g、Q_{02} 放电而关断。图中二极管 D_{02} 与稳压二极管 VD_1 均用于钳位驱动电压，以保护功率管。

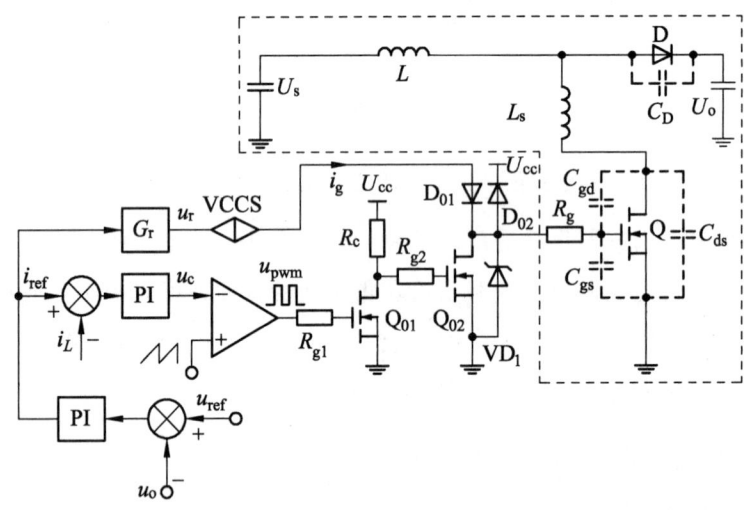

图 6-26 提出的负载适应的功率管开通方法及控制框图

（2）控制原理。

图 6-27 为在输入输出电压固定状态下，一个输入输出电压固定的高频

直流变换器中，功率管工作的占空比 α 与电感电流 i_L（大小与负载电流 i_o 成正比）的关系曲线。若图中 A 点为电感电流临界模式的工作点，则 A 点右侧是电感电流连续模式（continuous current mode，CCM）工作区，A 点左侧为电感电流断续模式（discontinuous current mode，DCM）工作区。在 CCM 区，占空比 α 随电感电流 i_L 增大缓慢上升，上升斜率小；在 DCM 区，占空比 α 随 i_L 增大迅速上升，上升斜率大。假设轻载条件下变换器工作在 B 点附近，满载下工作在 C 点附近，则有 $i_{L(B)} < i_{L(C)}$（$i_{o(B)} < i_{o(C)}$），即 $i_{\text{ref}(B)} < i_{\text{ref}(C)}$，$i_{\text{ref}}$ 经调节器 G_r 反向调节可得到调节电压 $u_{r(B)} > u_{r(C)}$，而 u_r 信号经 VCCS 后得到 $i_{g(B)} > i_{g(C)}$，这就意味着 B 点功率管的驱动开通电流大于 C 点。驱动开通电流越大，功率开关管的开通速度越快，由此可得，变换器工作在 B 点附近时功率管的开通速度大于工作在 C 点附近时功率管的开通速度。

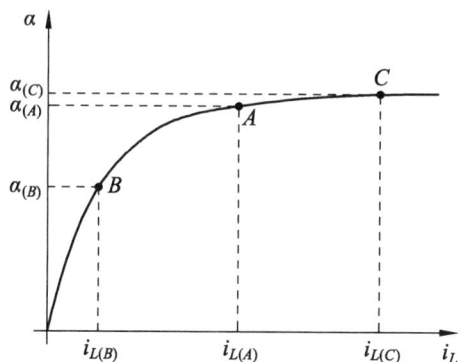

图 6-27 工作占空比 α 与电感电流 i_L 的关系曲线

由上述可知，所提出控制方法中的驱动电流 i_g 随电感电流 i_L（即负载电流 i_o）的变化而作出实时调整，调节的规律是负载电流越小，功率管的驱动开通电流越大，开通速度越快，反之相反。这样就实现了负载适应的功率管开通速度实时控制。在传统驱动电路中，驱动电路参数固定，功率管在满载下的开通电流尖峰高，在轻载下开通电流尖峰相对较小，裕量较大。因此，所提出的控制方法的设计原则：确保功率管在额定负载时有合适的开通速度，功率管上的电流尖峰不超过其额定值并留有一定安全裕量，这与传统驱动电路设计一致；但随着负载的减小，加快功率管的开通速度。这样带来的问题是产生的电流尖峰相对传统驱动电路较高，但只要确保其不超过额定电流下的尖峰即可。这样做的优点是可以降低功率管在轻载条件下的开通损耗，提高变换器的效率。

2. 感性负载下功率管开通过程分析

由于所提出方法设计的关键在于开通电流尖峰与开通损耗这两个因素，因此有必要对功率管的开通过程进行详细的分析，而开关管的关断过程与传统的方法一样，这里不作讨论。图 6-28 给出了功率管在所提出驱动方法下感性负载时的开通电路，图中以电压控制电流源输出电流 i_g 作为驱动开通电流，开关管 Q_2 控制 i_g 的方向，L_s 为线路分布寄生电感，C_D 为二极管的寄生电容，R_g 为 MOSFET 的驱动电阻。

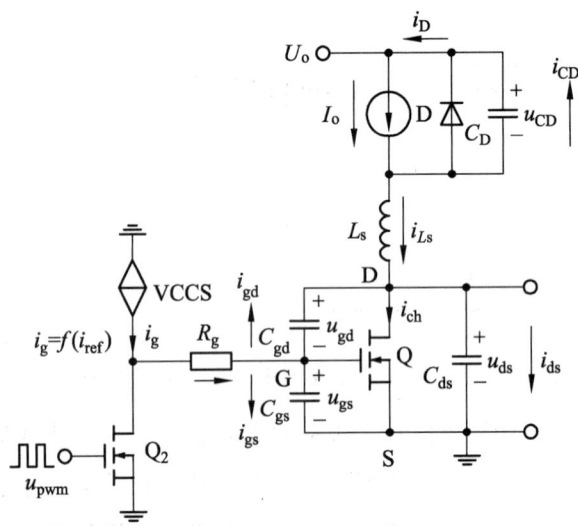

图 6-28 感性负载下的 MOSFET 开通电路

为了便于分析先做如下假设：

① 功率管 MOSFET 的结电容保持不变，且输入电容 $C_{iss} = C_{gd} + C_{gs}$，输出电容 $C_{oss} = C_{gd} + C_{ds}$。

② 稳态下负载电流 I_o 保持不变，即电感电流 I_L 可等效为一个恒流源，

且在二极管换流与续流期间不变。

③ 功率管 MOSFET 直流跨导 G_{fs} 和门槛电压 U_{TH} 均保持不变。

④ 二极管 D 具有反向恢复特性，且寄生电容为 C_D。

⑤ 寄生电感 L_s 为储能电感、功率管漏极的杂散电感以及线路的寄生电感之和，而共门极及共源极寄生电感相对较小，不予考虑。

⑥ 开关管 Q_2 的开关速度比功率管 Q 快，以确保电流源输出的电流 i_g 可恒流驱动功率管 Q；若负载变化（对应电感电流 I_L 跟着变化），则 i_g 也跟着变化，即驱动电流跟着变化。

在以上假设下，可得功率管 Q 开通过程的主要波形如图 6-29 所示，在 $t_0 \sim t_1$ 期间，开关管 Q_2 处于通态，功率管 MOSFET 处于关断状态，二极管 D 续流导通，电感电流 I_L 流过 D。t_1 时刻，Q_2 关断，驱动电流开始对功率管结电容充电，Q 开始进入开通过程，下面将整个开通过程分为 4 个模态予以详细分析。

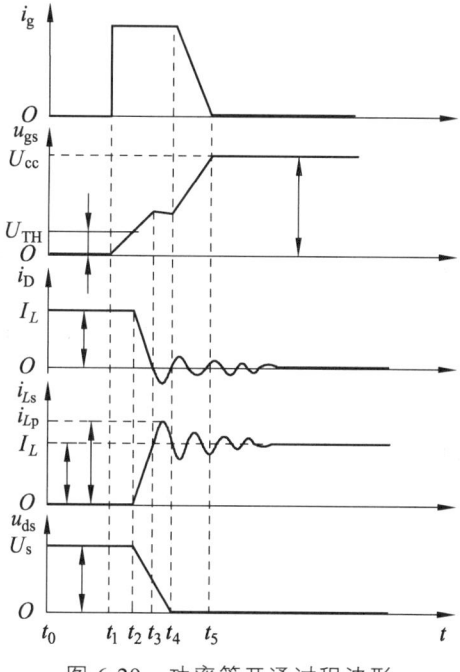

图 6-29　功率管开通过程波形

(1) 模态 1：$[t_1, t_2]$，开通延迟区。

t_1 时刻，驱动信号 u_{pwm} 由零突然变高，开关管 Q_2 关断，电流源输出电流 i_g 给 MOSFET 的输入电容 C_{iss} 充电，栅源电压 u_{gs} 上升。此阶段 MOSFET 工作在截止区，沟道电流 $i_{ch}=0$，流过二极管 D 的电流为电感电流 I_L，此阶段等效电路如图 6-30（a）所示，结合初始时刻 $u_{gs}(t_1)=0$，可得

$$u_{gs}(t) = \frac{i_g}{C_{iss}}(t - t_1) \tag{6-42}$$

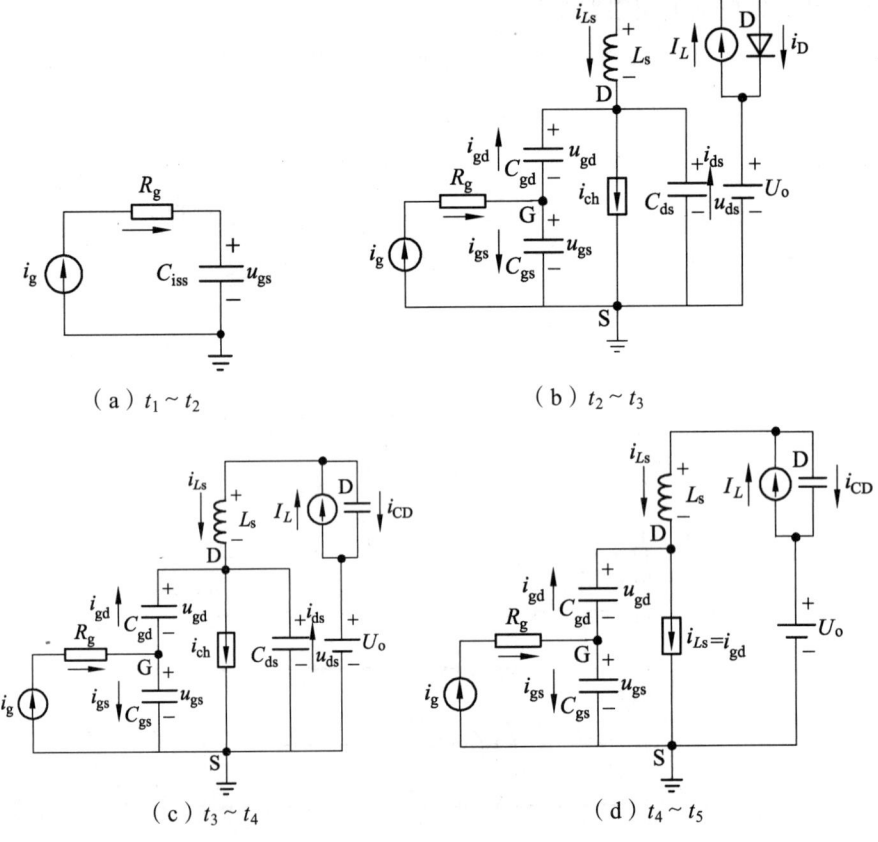

(a) $t_1 \sim t_2$

(b) $t_2 \sim t_3$

(c) $t_3 \sim t_4$

(d) $t_4 \sim t_5$

图 6-30　各区间等效电路

(2) 模态 2：$[t_2, t_3]$，电流上升区。

当 $t=t_2$ 时，$u_{gs}=U_{TH}$，MOSFET 开始导通且进入线性放大区，并有 $i_{ch}=G_{fs}$

(u_{gs}-U_{TH})，寄生电容 C_{ds} 放电，u_{ds} 开始下降，漏极电流 i_{Ls} 上升，二极管电流 i_D 下降，等效电路如图 6-30（b）所示。由等效电路可得电压电流方程如下：

$$\begin{cases} u_{ds} = u_{gd} + u_{gs} \\ i_g = C_{gs}\dfrac{du_{gs}}{dt} - C_{gd}\dfrac{du_{gd}}{dt} \\ I_L = i_D + i_{Ls} \\ i_{Ls} - C_{ds}\dfrac{du_{ds}}{dt} = i_{ch} + C_{gd}\dfrac{du_{gd}}{dt} \\ U_o = L_s\dfrac{di_{Ls}}{dt} + u_{ds} \end{cases} \quad (6\text{-}43)$$

解式（6-43）可得出 2 种工作情况：

① 若线路寄生电感较大且 L_s 满足式（6-44），则电路工作在过阻尼状态。此时，可得出电压及电流的变化率如式（6-45）所示。

$$L_s > \frac{4(C_{iss}^2 C_{ds} + C_{gs}C_{gd}C_{iss})}{G_{fs}^2 C_{gd}^2} \quad (6\text{-}44)$$

$$\begin{cases} u_{ds} = U_o - \dfrac{i_g g_{fs} L_s}{C_{iss}} + k_1 e^{-p_1(t-t_2)} + k_2 e^{-p_2(t-t_2)} \\ \dfrac{di_{Ls}}{dt} = \dfrac{i_g g_{fs}}{C_{iss}} - \dfrac{1}{L_s}[k_1 e^{-p_1(t-t_2)} + k_2 e^{-p_2(t-t_2)}] \end{cases} \quad (6\text{-}45)$$

式（6-45）中各变量参数为

$$\begin{cases} \alpha = \dfrac{g_{fs}C_{gd}}{2(C_{ds}C_{iss} + C_{gs}C_{gd})} \\ \omega_0^2 = \dfrac{C_{iss}}{L_s(C_{ds}C_{iss} + C_{gs}C_{gd})} \\ p_1 = -\alpha + \sqrt{\alpha^2 - \omega_0^2} \\ p_2 = -\alpha - \sqrt{\alpha^2 - \omega_0^2} \\ k_1 = \dfrac{p_2}{p_2 - p_1}\dfrac{i_g g_{fs} L_s}{C_{iss}} + \dfrac{1}{p_2 - p_1}\dfrac{i_g C_{gd}}{C_{oss}C_{iss} - C_{gd}^2} \\ k_2 = \dfrac{p_1}{p_1 - p_2}\dfrac{i_g g_{fs} L_s}{C_{iss}} + \dfrac{1}{p_1 - p_2}\dfrac{i_g C_{gd}}{C_{oss}C_{iss} - C_{gd}^2} \end{cases} \quad (6\text{-}46)$$

② 若线路寄生电感较小且 L_s 满足式（6-47），则电路工作在欠阻尼状态。此时，可得电压及电流的变化率如式（6-48）所示。为了减小功率管关断电压尖峰，希望 L_s 相对较小更好[79]，因此，大多数情况下电路工作在此条件下。

$$L_s < \frac{4(C_{iss}^2 C_{ds} + C_{gs} C_{gd} C_{iss})}{g_{fs}^2 C_{gd}^2} \quad (6\text{-}47)$$

$$\begin{cases} u_{ds} = U_o - \dfrac{i_g g_{fs} L_s}{C_{iss}} + e^{-\alpha(t-t_2)} \cdot \\ \qquad \{k_3 \cos[\beta(t-t_2)] + k_4 \sin[\beta(t-t_2)]\} \\ \dfrac{d i_{Ls}}{dt} = \dfrac{i_g g_{fs}}{C_{iss}} - \dfrac{1}{L_s} e^{-\alpha(t-t_2)} \cdot \\ \qquad \{k_3 \cos[\beta(t-t_2)] + k_4 \sin[\beta(t-t_2)]\} \end{cases} \quad (6\text{-}48)$$

式中：

$$\begin{cases} \beta = \sqrt{\omega_0^2 - \alpha^2} \\ k_3 = \dfrac{i_g g_{fs} L_s}{C_{iss}} \\ k_4 = \dfrac{i_g}{\beta} \left(\dfrac{C_{gd}}{C_{oss} C_{iss} - C_{gd}^2} + \dfrac{\alpha g_{fs} L_s}{C_{iss}} \right) \end{cases} \quad (6\text{-}49)$$

另外，从另一角度上来看此阶段存在以下 2 种状态：

状态 1：在电流 i_{Ls} 上升到电感电流 I_L 前 u_{ds} 未下降到零，此情况下 i_{Ls} 以式（6-48）模式上升至 I_L 结束。

状态 2：在电流 i_{Ls} 上升到电感电流 I_L 前 u_{ds} 下降到零，此后 MOSFET 工作在电阻区，若忽略 MOSFET 的导通压降，则电压 U_o 直接作用在 L_s 上，此时 i_{Ls} 以式（6-50）继续上升至 $i_{Ls}=I_L$ 结束。

$$i_{Ls}(t) = \frac{U_o}{L_s}(t - t_2) \quad (6\text{-}50)$$

在实际电路工作中，当 u_{ds} 较小、寄生电感 L_s 很大的时候才出现状态 2，而一般情况下均工作在状态 1 下，下面主要分析状态 1 下的工作状况。

（3）模态 3：$[t_3, t_4)$，电流振荡区（二极管反向恢复区）。

在 t_3 时刻，$i_{Ls}=I_L$，续流二极管 D 关断并且开始进入反向恢复阶段，电感 L_s 与寄生电容 C_D、C_{ds} 一起谐振，i_{Ls} 继续增大，u_{ds} 继续减小，等效电路如图 6-30（c）所示，根据等效电路有如下方程：

$$\begin{cases} i_g = C_{gs}\dfrac{du_{gs}}{dt} - C_{gd}\dfrac{du_{gd}}{dt} \\ i_{ch} = g_{fs}(u_{gs} - U_{TH}) \\ i_{Ls} = i_{ch} + C_{gd}\dfrac{du_{gd}}{dt} + C_{ds}\dfrac{du_{gs}}{dt} \\ i_{Ls} = I_L + C_D\dfrac{du_{CD}}{dt} \\ U_o = u_{ds} + L_s\dfrac{di_{Ls}}{dt} + u_{CD} \\ u_{ds} = u_{gs} + u_{gd} \end{cases} \quad (6\text{-}51)$$

由式（6-51）化简可得

$$\left(C_{ds} + \dfrac{C_{gs}C_{gd}}{C_{iss}}\right)L_s\dfrac{d i_{Ls}^3}{dt^3} + \dfrac{g_{fs}C_{gd}}{C_{iss}}L_s\dfrac{d i_{Ls}^2}{dt^2} + \left(1 + \dfrac{C_{ds}}{C_D} + \dfrac{C_{gs}C_{gd}}{C_{iss}}\right)\dfrac{di_{Ls}}{dt} + \dfrac{g_{fs}C_{gd}}{C_{iss}C_D}i_{Ls}$$

$$= \dfrac{g_{fs}}{C_{iss}}\left(i_g + \dfrac{I_L C_{gd}}{C_D}\right)$$

$$(6\text{-}52)$$

由式（6-52）得到各变量的结果极其复杂，不便分析，为了简化分析，此处从二极管反向恢复特性原理出发，电流 i_{Ls} 为

$$i_{Ls}(t) = I_L + i_{CD}(t - t_3) \quad (6\text{-}53)$$

式中，i_{CD} 为二极管的反向恢复电流。为求得 i_{CD} 的大小，图 6-31 给出二极管反向恢复电流特性曲线。其中，I_{rr_max} 为反向恢复电流最大值，Q_{rr} 为反向恢复电荷，t_{rr} 为反向恢复时间。结合曲线可得方程：

$$\begin{cases} t_{rr} = t_a + t_b \\ I_{rr\_max} = \dfrac{di_{Ls}}{dt}t_a\bigg|_{i_{Ls}=I_L} \\ Q_{rr} = \dfrac{I_{rr\_max}t_{rr}}{2} \\ m = \dfrac{t_b}{t_a} \end{cases} \quad (6\text{-}54)$$

由式（6-54）解得 I_{rr_max}：

$$I_{\text{rr\_max}} = \sqrt{\frac{2Q_{\text{rr}} \left.\frac{di_{Ls}}{dt}\right|_{i_{Ls}=I_L}}{m+1}} \quad (6\text{-}55)$$

式中，di_{Ls}/dt 可由式（6-48）所得。因此，可得流过漏极电流 i_{Ls} 最大值：

$$i_{Lp} = I_L + I_{\text{rr\_max}} \quad (6\text{-}56)$$

此阶段，由于二极管反向恢复带来谐振的原因，u_{ds} 谐振至零，此后 MOSFET 由线性放大区进入电阻区。

（4）模态 4：$[t_4, t_5)$，衰减振荡区。

在 t_4 时刻，功率管 MOSFET 工作在电阻区，沟道电流 i_{ch} 不再受 u_{gs} 控制，驱动电流 i_g 继续给结电容充电，直到 t_5 时刻，u_{gs} 上升至驱动电压 U_{CC}，钳位二极管导通，电流源能量回馈至电源端，此时功率管开通过程结束。此阶段线路的寄生电感与寄生电容继续衰减谐振，直到 i_{CD} 衰减为零，等效电路如图 6-30（d）所示。

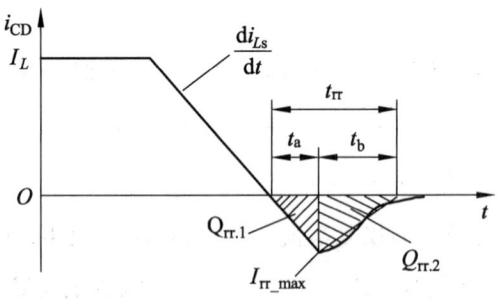

图 6-31　二极管反向恢复特性曲线

3. 开通损耗与电路设计

（1）开通损耗。

由感性负载下功率管开通过程分析可得各个模态下功率管的开通损耗，具体如表 6-3 所示。

表 6-3 中，时间段 $t_1 \sim t_2$、$t_2 \sim t_3$、$t_4 \sim t_5$ 的损耗很容易求出，但时间段 $t_3 \sim t_4$ 的损耗计算相对复杂，此处从能量变化的角度出发，求得该时间段下的损耗。分 2 个阶段来讨论：

6 开关管自适应驱动技术

表 6-3 各模态下的开通损耗

时间	损耗 P_{LOSS}
$t_1 \sim t_2$	$P_{1\_\text{LOSS}} = 0$
$t_2 \sim t_3$	$P_{2\_\text{LOSS}} = f_s \int_{t_2}^{t_3} i_{Ls}(t-t_2) u_{ds}(t-t_2) dt$
$t_3 \sim t_4$	$P_{3\_\text{LOSS}} = f_s U_o (Q_{rr} - \frac{1}{2} C_D U_o)$
$t_4 \sim t_5$	$P_{4\_\text{LOSS}} = 0$

① 从该阶段的初始时刻 t_3 到二极管反向恢复电流最大 I_{rr_max} 处，此阶段的能量损耗近似估算为

$$E_{\text{Loss}\_1} = U_o Q_{rr.1} - \frac{1}{2} L_s (i_{Lp}^2 - I_L^2) \quad (6\text{-}57)$$

② 从最大 I_{rr_max} 处到谐振结束，此时间段能量损耗近似估算为

$$E_{\text{Loss}\_2} = U_o Q_{rr.2} - \frac{1}{2} C_D U_o^2 + \frac{1}{2} L_s (i_{Lp}^2 - I_L^2) \quad (6\text{-}58)$$

式（6-57）与式（6-58）中，$Q_{rr.1}$ 与 $Q_{rr.2}$ 分别为二极管存储电荷的一部分，如图 6-31 所示；i_{Lp} 为 L_s 上流过的最大电流值。

由上述可得此模态下的功率损耗为

$$P_{3\_\text{Loss}} = f_s (E_{\text{Loss}\_1} + E_{\text{Loss}\_2}) = f_s U_o \left(Q_{rr} - \frac{1}{2} C_D U_o \right) \quad (6\text{-}59)$$

从表 6-3 可以看出，开通过程的损耗与漏极电流 i_{Ls}、漏源极电压 u_{ds} 的变化相关，而由式（6-48）可知 i_{Ls}、u_{ds} 的变化与驱动电流 i_g 相关联，因此，合理设计 i_g 的大小可以减小功率管的开通损耗，提高变换器的效率。

（2）控制原理与驱动电路设计。

① 控制原理。

从功率管的开通过程分析可知，若驱动开通电流 i_g 越大，di_{Ls}/dt 也越大，开通电压电流重叠区越小，开关损耗越低，但这样导致开通电流尖峰越

大。因此，驱动电流 i_g 大小的设计主要以开通电流尖峰为参考，由式（6-55）、式（6-56）可以看出，电流尖峰主要取决于负载电流 I_o（对应电感电流 I_L）、驱动电流 i_g、线路寄生电感 L_s 及功率器件自身参数（如 G_{fs}、C_{iss}、C_{oss}、C_{rss}、Q_{rr}、m 等）。根据前面的分析及所述的控制原理，若增大驱动电流 i_g，电流尖峰也相应增加，所以此处的设计原则：i_g 随负载减小而自适应增大时要确保电流尖峰小于额定负载下的电流尖峰，即额定负载下最大电流为 i_{Lp}，轻载下的最大电流为 i_{Lr}，则 $i_{Lr} \leqslant i_{Lp}$。

具体设计过程以一实例说明，功率管选取 IRFP460A 的 MOSFET，二极管为超快恢复型二极管 RHRG1560_F085，电压 $U_o = 400$ V，相应电压下对应的器件自身参数可从其数据手册中得到，如表 6-4 所示。

表 6-4 器件与相关参数

器件	参数	数值
MOSFET（Q）：IRFP460A	C_{oss}/pF	130
	C_{iss}/pF	3 100
	C_{rss}/pF	7
	G_{fs}	11
	U_{TH}/V	3
二极管（D）：RHRG1560_F085	Q_{rr}/nC	21
	寄生电容 C_D/pF	30
	t_a/ns	15
	t_b/ns	11

根据表 6-4 器件的各参数与式（6-56）可得到最大电流 i_{Lp} 与电感电流 I_L、驱动电流 i_g 及线路寄生电感 L_s 间的关系曲线如图 6-32 所示。其中，图 6-32（a）为不同线路寄生电感 L_s 下 i_{Lp}、i_g 与 I_L 的关系曲线，图 6-32（b）为 $L_s = 0.1$ μH 时 i_{Lp}、i_g 与 I_L 的关系曲线，从这两幅图中可以得出以下结论：

a. 固定 I_L 与 i_g，i_{Lp} 随 L_s 增大而增加；

b. 固定 L_s 与 I_L，i_{Lp} 随 i_g 增大而增大；

c. 固定 L_s 与 i_g，i_{Lp} 随 I_L 增大而增大；

d. 固定 i_{Lp} 与 L_s，i_g 随 I_L 减小而增大。

在实际电路设计中，为了限制电流尖峰 i_{Lp}，需在固定 i_{Lp} 为一常数下对驱动电流 i_g 进行设计，从关系曲线中得知，i_g 与负载成线性负相关。结合图 6-26、图 6-27 与图 6-32（b）可将驱动电流 i_g 与电感电流 I_L 关系近似设计为

$$i_g = C - Gi_{ref} \tag{6-60}$$

式中：C、G 均为常数；闭环稳态下 $i_{ref}=I_L$。

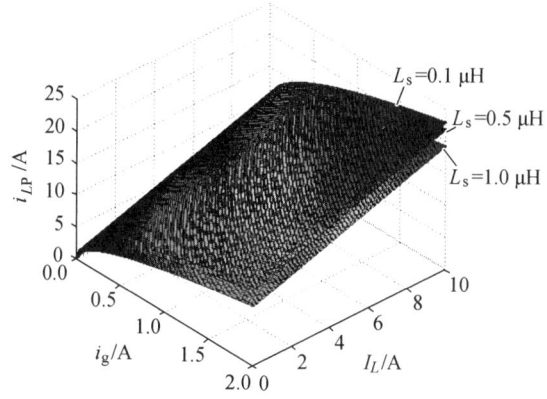

（a）不同 L_s 下，i_{Lp}、i_g 与 I_L 的关系曲线

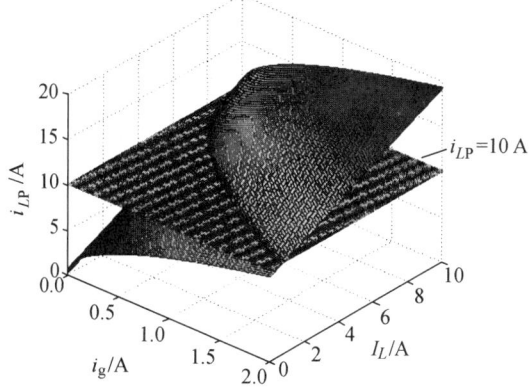

（b）$L_s=0.1\,\mu H$ 时，i_{Lp}、i_g 与 I_L 的关系曲线

图 6-32　i_{Lp}，i_g 与 I_L 的关系曲线

② 驱动电路设计。

结合图 6-26 的控制框图及式（6-60），采用常用的平均电流控制芯片 UC3854，可将驱动电路设计成图 6-33 所示电路，其主要由一个反相比例运算电路和一个电压控制电流源电路构成。其中，LM358、R_8、R_9、R_{10} 及稳压二极管 D_4 组成反相比例运算电路；LT3086 及其外围电路构成电压控制电流源；其他部分电路为驱动辅助电路。图 6-33 中，u_c、U_E 分别接 UC3854 的 CAOUT 引脚与 VREF 引脚，稳压二极管 D_4 采用 IN4733（5.1 V），D_3 采用 IN4742（12 V），二极管 D_1、D_2 采用 IN4148，Q_1、Q_2 采用 AO3404A 型 MOSFET。LT3086 构成的电压控制电流源为凌力尔特公司提供的典型应用电路，有 $i_g = N \cdot u_r$（其中，系数 N 为一常数，u_r 与 i_g 的变化范围分别为 0 ~ 700 mV、0 ~ 2.1 A）。另外，结合图 6-26 与图 6-27 及控制原理，在电感电流连续下，$u_c = M \cdot i_{\text{ref}}$（$M$ 为一常数）；若电阻 $R_8 = R_9$，结合驱动电路可得实际电路中 i_g 与指令电流 i_{ref} 的关系为

$$i_g = \frac{10.2 R_7 N}{R_6 + R_7} - \frac{R_7 MN}{R_6 + R_7} i_{\text{ref}} \qquad (6\text{-}61)$$

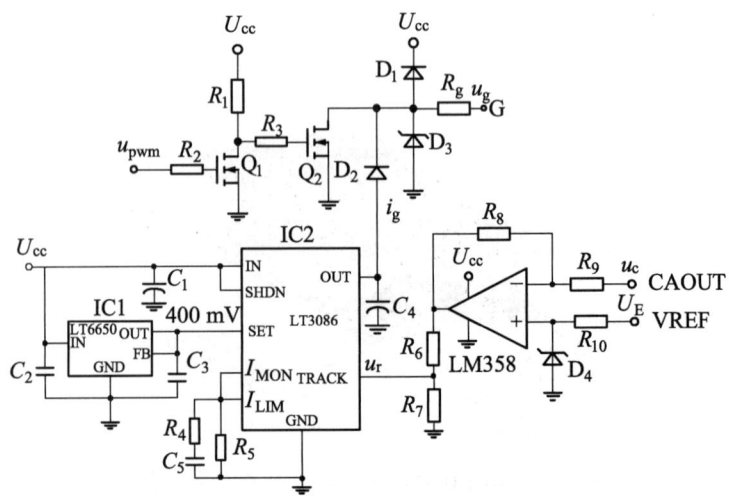

图 6-33 提出的驱动电路

由式（6-60）、式（6-61）可得：$C=10.2R_7N/(R_6+R_7)$，$G=R_7MN/(R_6+R_7)$，二者均为常数，从而实现了驱动电流 i_g 可随 i_{ref}（对应负载电流 i_o）实时调整，进而可实现负载自适应的功率管开通控制。

4. 实验验证

为了验证所提出的控制方法，制作了一台 1 kW 的实验样机，样机以 Boost 电路为主电路，采用 UC3854 平均电流控制。实验参数如表 6-5 所示，另外，在实验中，要求 PCB 电路板线路尽量短，器件布局紧凑以减小寄生电感 L_s，进而减小电流尖峰。

表 6-5 样机实验参数

参数（器件）	大小（型号）	参数（器件）	大小（型号）
额定功率	1 kW	储能电感 L	1 mH
输入电压	DC 200 V	寄生电感 L_s	0.1 μH
输出电压	DC 400 V	MOSFET	IRFP460A
开关频率 f_s	60 kHz	功率二极管	RHRG1560F085

由前面功率开关管开通过程、控制原理分析及实验样机参数可知，若最大电流尖峰设计为 10 A（留一定的安全裕量以保护功率管），结合图 6-32（b）与图 6-33 可设计电流 i_g 在 0.3~2 A 范围变化，以对应 i_{ref} 从满载变化至轻载，在电路设计中，由 LT3086 的特性可得 $N=3$，将 i_{ref} 与 i_g 的值代入式（6-60）进行近似线性处理，可得 $M=1.117$，且可设计式（6-60）的 $C=2.429$、$G=0.266$。但在实际电路调节中，若轻载下驱动电流越大，开通速度越快，虽然电流尖峰不超过设定的 10 A，但功率开关管栅源极电压 u_{gs} 振荡较大，为了避免其给电路带来不稳定影响，实际上将 i_g 设置在 0.3~1.2 A 范围内变化，因此，在实际电路工作中，R_7 取值 20 kΩ，R_6 取值 410 kΩ 来实现。对应地，式（6-60）中 $C=1.42$、$G=0.14$。这是因为开关模型不是特别精确及式（6-60）

的近似线性拟合处理导致驱动电流需要做调整，但不影响所提出方法的实际应用。

实验中，将传统的驱动开通方法与所提出的方法进行了对比，得到的波形如图 6-34～图 6-36 所示。传统的驱动方式为电压型驱动，采用图腾柱驱动方式，上管为 NPN 型三极管 C2655，下管为 PNP 型三极管 A1020；为了调节额定负载下开通电流尖峰与所提出方法一样，传统驱动方式中开通驱动电阻值为 51 Ω。

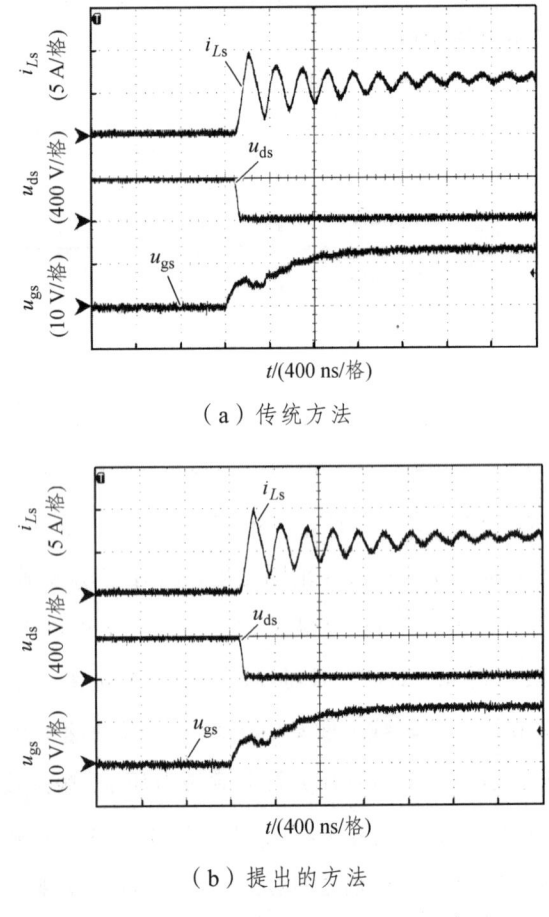

（a）传统方法

（b）提出的方法

图 6-34 额定负载下 i_{Ls}、u_{ds}、u_{gs} 波形

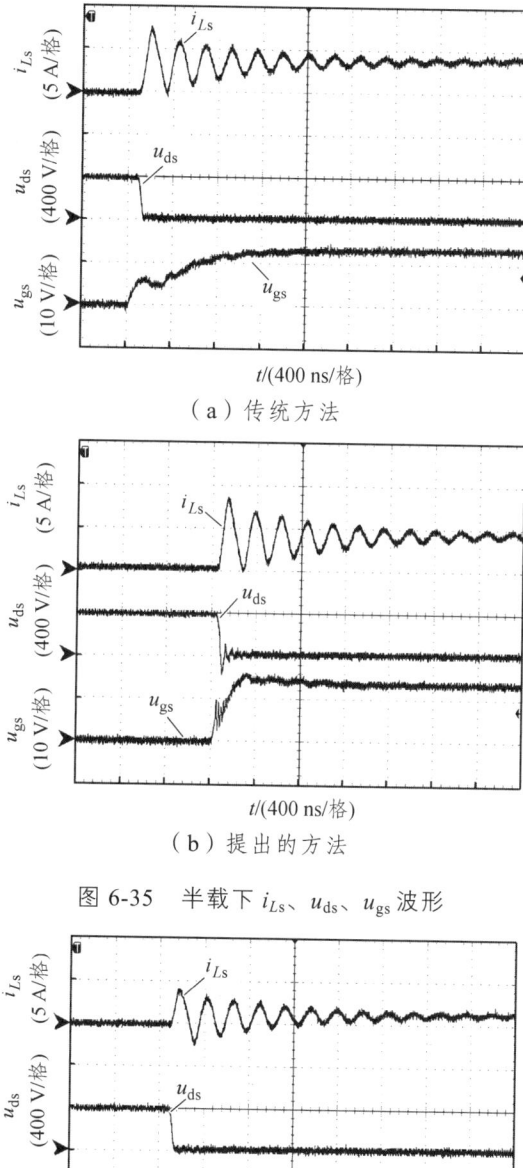

（a）传统方法

（b）提出的方法

图 6-35　半载下 i_{Ls}、u_{ds}、u_{gs} 波形

（a）传统方法

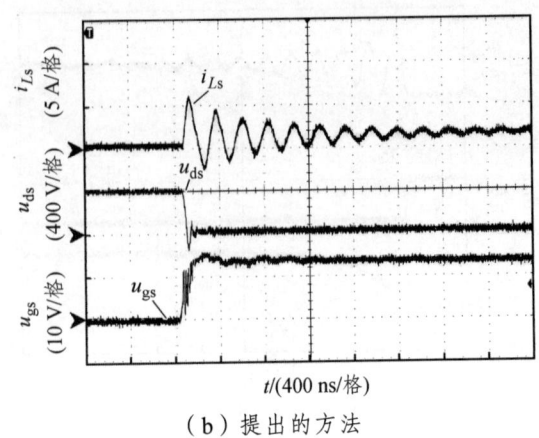

（b）提出的方法

图 6-36 20%载下 i_{Ls}、u_{ds}、u_{gs} 波形

图 6-34（a）、(b) 分别为传统驱动与本书所提出驱动方法下所得的流过功率开关管漏极电流 i_{Ls}、漏源极电压 u_{ds} 及栅源极电压 u_{gs} 的波形，从中可看出，二者的电流尖峰均接近 10 A 但不超过 10 A，开通时间 $t_1 \sim t_5$ 均约为 800 ns，这是因为在额定负载下，所提出的控制方法与传统方法设计一致。

图 6-35、图 6-36 分别为半载条件下与 20%负载条件下得到的实验波形，从图 6-35（a）、图 6-36（a）可以看出，传统驱动下功率管的开通时间基本保持不变，与满载下一样。对比图 6-35（b）、6-36（b）可发现，本书所提出的驱动方法下的功率管开通时间随负载减小而减小，半载条件下 $t_1 \sim t_5$ 的时间约为 320 ns，而 20%载下约为 200 ns，开通速度明显加快了很多，且电流尖峰值均不超过 10 A。此外，从图中可以看出，随着开通速度的加快，开通过程电压电流的重叠面积减小，从而开通损耗减小。

图 6-37 给出了传统方法与所提出控制方法下样机的效率曲线。从图中可得到满载时两种方法控制下的效率基本相等且均为 95.0%。相对传统驱动方法，随着负载的减小，本书所提出方法控制下的变换器效率明显得到了提高，20%载下提高了 0.65%，轻载下可提高 0.91%。因此，所提出的驱动控制方法效果明显。

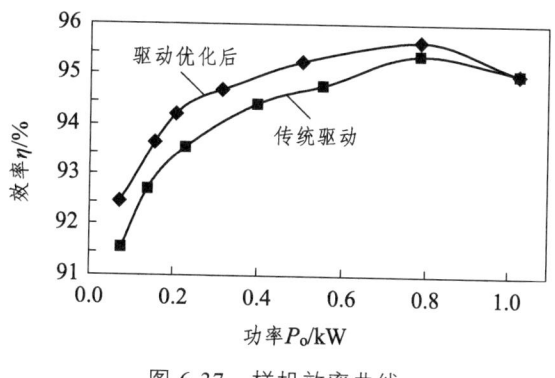

图 6-37 样机效率曲线

6.4 小结

本章第一节提出了一种电流源驱动电路，相比较于传统的驱动电路，采用的是一个恒流源来驱动主电路的开关管，从而能够提升主电路开关管的导通速度，达到减小开关损耗的目的。本章首先介绍了该电流源驱动电路的拓扑结构，并根据工作波形对电路的工作原理和各个工作状态进行了详细分析，电感放电过程的回路包含了驱动电源，所以电感上的能量一部分反馈回了驱动电源，从而减小了能量的损耗。然后对实现驱动电路开关管的逻辑信号进行了分析，对驱动电路的损耗进行分析计算，给出了驱动电路电感参数设计和其他元件参数的设计。最后通过实验，对所提电流源驱动电路进行了验证，实验结果证明所提电流源驱动电路相比传统驱动电路在主电路开关管驱动速度方面有明显的提高，实现了降低开关损耗的目的。该电流源驱动电路主要存在的问题是，在驱动过程中驱动电路中存在一个环流，会造成驱动损耗。

第二节论述了一种新型变恒流驱动电路，采用恒流源驱动，驱动电流可调节，基本原则是电压尖峰不会超过最大允许值，且可实现实时调节。介绍了变恒流驱动电路的拓扑结构，对推挽驱动电路工作原理进行分析，根据工作波形对驱动电路的各个模态进行了分析，包括导通阶段、电感预充电阶段、驱动恒流放电阶段、关断阶段和死区阶段。并对驱动电路的开关管、电感和 RCD 缓冲电路的各个参数进行推导分析设计，提出了由 DSP 进行控制的实现方法及电路。

  第三节提出了功率管自适应开通和关断方法。首先介绍了电流自适应功率管关断方法，用电流指令信号来调节驱动电路的关断电流大小，当电流指令信号越大时，驱动电流的关断电流越小，反之相反。基于平均电流控制的 Boost 电路，以器件的关断电压尖峰不大于额定电流下器件的关断电压尖峰为设计原则，使用一个晶体管电路来实现电流指令对驱动关断电流的调整，使开关管在小电流下的关断速度更快，关断损耗更小。分析了器件关断特性，讨论了尖峰电压与驱动电流和漏感之间的关系。随后提出了一种负载适应的功率管开通方法，功率管的开通速度可随负载的变化而自适应地调整，同样基于平均电流控制型 Boost 电路，以小电流下功率管的开通电流尖峰不大于额定电流下功率管的开通电流尖峰，阐述所提出方法的控制原理，详细分析恒流驱动下功率管的开通特性及开通损耗。

7 总结及展望

7.1 总结

本文以两级式变换器作为研究对象，前级采用 Boost 电路，后级采用单相全桥逆变电路，对两级式逆变器的工作原理、损耗模型、控制方法及存在的问题进行详细阐述，随后提出了实时效率优化方法和开关管自适应驱动技术。

第一章首先介绍了两级式逆变器的结构和相关研究背景，然后介绍了两级式逆变器前级直流变换器控制技术及后级单相逆变器控制技术。

第二章详细介绍了两级式逆变器前后级电路的工作原理和各工作模态，对电路中主要元器件的参数进行分析设计。分析了 Boost 电路工作在电流连续模式下的两种工作模态，并详细说明了两种模态下各回路的电流变化及各元器件两端的电压变化，随后在固定负载下计算滤波电感工作在临界模式下的最小值，对两种模态下主开关管、功率二极管最大电压电流应力进行分析，并在考虑线路寄生参数和保留一定安全裕量下确定功率管的参数，根据后级输出功率、纹波率等相关参数确定直流母线电容值。以固定高低频桥臂的方式来分析后级单相全桥逆变器工作的四种工作模态，并描绘出各个工作模态下的等效电路，对各开关管关断时刻的电压应力及导通时刻的峰值电流进行分析，在保留裕量下选择符合规格的功率管，根据输出电压频率和开关频率选择合适的 LC 滤波器，并对所选滤波器增益波特图分析其对基波信号和高频信号的衰减度，验证 LC 滤波器的有效性及合理性。

第三章提出了三种抑制直流母线电压纹波的控制方法。首先分析了两级式逆变器中间直流母线电容电压二次电压纹波的产生原因及二次电压纹波大小的计算。接着分析了直流母线电压低频纹波对两级式逆变器系统造成的影响，包括对前级 DC/DC 变换器输入的影响、对后级逆变器输出的影响和对母线电容本身的影响，针对前人提出的控制策略的缺陷，提出了三种抑制直流母线电压低频纹波的方法。第一种为电压反馈环节加入陷波器的方法，介绍了电压反馈环节加入陷波器的控制机理，通过加入陷波器来解决由于改变带宽所引起的电感电流二次纹波增大的问题，同时改善母线电压的动态特性，通过在含有陷波器的双环控制下，对后级逆变电路投谐振时进行仿真分析，验证含有陷波器的双环控制的有效性。第二种为后级逆变器瞬时功率前馈的控制方法，将后级逆变电路输出电压与输出电流相乘得到瞬时输出功率，除以前级输出电压得到前馈量，与前级 Boost 双环控制的电压外环控制器的输出量相加作为电流内环新的给定量，通过仿真和实验验证控制算法的有效性。第三种为基于电荷平衡控制和传统控制相组合的方法，前者负责改善动态下 u_b 的控制，后者负责稳态下抑制二次纹波电流 i_{2nd} 的控制，通过监控后级逆变器的负载电流 i_o 的 di_o/dt 和两级式逆变器的中间母线电压 U_b 来实现电荷平衡控制模式的切入与退出。

第四章对两级式逆变器建立了损耗模型并对模型准确性进行了验证。首先结合开关管开通和关断过程中电压电流变化推导开关管一个周期内的开关损耗，分析前后级电路中开关管通态损耗、二极管通态损耗和电感的铜损铁损，结合损耗简化式得出两级式逆变器基本损耗简化模型。随后对几种常见的 IGBT 的开关损耗曲线进行分析，得出 IGBT 的开通损耗和关断损耗与集电极电流正相关，多数开通损耗大于关断损耗的结论，然后对多项式拟合原理进行阐述，并利用多项式拟合对开关损耗建立前后级电路的开关损耗模型，对后级单相全桥逆变电路开关管电流变化进行分析，深入探讨电流纹波对逆变器损耗的影响。然后介绍了传统功率二极管反向恢复模型，在此基础上提出一种新颖的建模方法，利用功率二极管特有的单位过程模型和关键参数 t_1、t_{II} 和 I_{RP} 的预测模型获取反向恢复特性模型，得到任意关断前正向电流和任意分布电感条件下的反向恢复特性曲线。接着又对提出的基于遗传优化支持向量机的控制方法进行阐述分析，选择遗传算法来实现损耗模型所需参数 ε、C 和 g 的自动选择。对遗传算法的理论进行分析，并详细说明了各个流程结构的内容，再对两级式逆变器数据样本进行采集和预处理，并通过遗传优化支持向量机算法对训练集数据进行训练，获取两级式逆变器效率模型，最后在测试集数据点上进行预测，获得效率预测数据，与测试集效率进行对比验证，验证了效率模型的准确性。

第五章介绍了两级式逆变器的建模与控制设计，并在此基础上提出二自由度控制方法。首先讲述了影响两级式逆变器效率的因素，包括一般影响因素和中间母线电压对效率的影响因素，总结了中间母线电压与各器件损耗的关系。然后讲述了前级 Boost 变换器的建模与控制设计，介绍了电压外环电流内环的双环控制策略的设计方法及控制参数的选取，运用 saber 软件搭建 Boost 变换器的电路模型，验证所选取的控制参数的有效性。随后介绍了传统双环控制的原理及传递函数，分析得出传统双环控制下忽略实际负载扰动的缺陷，仅由一组控制参数来补偿系统输出电压的跟踪性能和抗负载干扰性能会引起输出不稳定。为了改善不同负载下的逆变器输出波形，提出了一种二自由度控制的方法，通过独立设计两组 PI 参数来分别调节系统的目标跟踪特性和抗干扰能力，并设参考输入为单位阶跃信号，投入不控整流性负载时在二极管导通模式下，通过各自设定传统控制与二自由度 PI 控制参数的仿真结果，分析可知采用二自由度 PI 控制方法的单位阶跃响应速度要比采用传统控制方法快。

第六章介绍了功率管自适应开通与关断方法。首先介绍了一种电流源驱动电路，采用的是一个恒流源来驱动主电路的开关管，从而能够提升主电路开关管的导通速度，达到减小开关损耗的目的。书中介绍了该驱动电路的拓扑结构、工作原理及相关参数设计，对驱动电路的损耗进行了分析计算，并通过实验验证了该驱动电路的开关速度和效率均有所提高。随后介绍了一种新型变恒流驱动电路，该新型变恒流驱动采用恒流源驱动，驱动电流可调节，基本原则是电压尖峰不会超过最大允许值，且可实现实时调节；介绍了变恒流驱动电路的拓扑结构，对推挽驱动电路工作原理进行了分析，根据工作波形对驱动电路的各个模态进行了分析。最后提出了功率管自适应开通和关断方法，介绍了电流自适应功率管关断方法和一种负载适应的功率管开通方法，基于平均电流控制型 Boost 电路，以器件的开关电压尖峰不大于额定电流下器件的开关电压尖峰为设计原则，阐述所提出方法的控制原理，详细分析了恒流驱动下功率管的开关特性及开关损耗。

7.2 展望

（1）对后级逆变电路进行建模，将其完全等效为前级电路的负载扰动，根据后级电路的负载扰动，对前端电路进行补偿来抵消这个扰动以实现改善母线电压的动态特性。

（2）对前级电路电压环的控制器加入自适应控制器，根据后级负载扰动的变化，实时地改变电压环控制器的参数，来实现改善母线电压的动态特性。

（3）对于两级式逆变器传统的控制是前后级分开设计，可以对前级电路和后级电路统一建模、统一控制来实现动态特性的改善。

（4）进一步研究两级式逆变器，利用智能算法建立多维度效率模型，探讨效率与输入电压、输出功率、母线电压、储能电感、温度等之间的关系，对其进行降维分析，剔除对效率影响甚微的因数，建立直观的多维特性图。

（5）使开关管开关时的电流也自适应于负载电流，在开关电压尖峰不超过最大电压尖峰的基础上，提高开关管的开关速度。

参考文献

[1] 董仙美,汤雨. 适合宽输入电压的单级升降压逆变器[J]. 中国电机工程学报,2013,33(6):61-66+10.

[2] 吴胜华,权建洲,钟炎平,等. 单相高频链正弦波逆变器的一种新拓扑[J]. 电工技术学报,2012,27(8):71-76.

[3] 吴燮华,徐明,钱照明. 新型全桥半波零电流 PWM DC/DC 变换电路[J]. 浙江大学学报(工学版),2000,34(3):317-320.

[4] 陈仲,刘沙沙,史良辰,等. 两种加辅助网络的全桥变换器的损耗对比分析[J]. 中国电机工程学报,2012,32(18):66-72+179.

[5] XIE X G, ZHANG J M, ZHAO C, et al. Analysis and optimization of LLC resonant converter with a novel over-current protection circuit[J]. IEEE Transactions on Power Electronics,2007,22(2):435-443.

[6] 罗全明,闫欢,支树播,等. 一种交错控制高增益 ZCT Boost 变换器[J]. 中国电机工程学报,2013,33(12):18-23+181.

[7] GEKELER M W. A novel topology of soft switching three-level inverters for highest efficiency rates[J]. 中国电机工程学报,2013,33(21):1-8+187.

[8] 徐翊宸,杨双寿,王悦,等. 单相级联整流器开路故障诊断和容错均压空间矢量脉宽调制算法[J]. 电工技术学报,2024,39(14):4432-4443.

[9] 杨波,曾光,钟彦儒,等. 大容量链式多电平变换器的优化 CPS-PWM 方法[J]. 电工技术学报,2013,28(10):167-178.

[10] 姚川,阮新波,王学华. 宽输入电压范围下隔离型全桥 Boost 变换器的高效率控制[J]. 电工技术学报,2012,27(2):1-9.

[11] YUAN YISHENG, CHEN MIN, QIAN ZHAOMING. A parallel front-end LCL resonant push-pull converter with a coupled inductor for automotive applications[C]. IEEE 25th Applied Power Electronics Conference, Palm Springs, USA, 2010: 1460-1463.

[12] 袁义生. 一种两级结构逆变器降低空载损耗的方法: 200910186544.0[P]. 2011-09-28.

[13] 谢斌, 戴珂, 张树全, 等. 并联型有源电力滤波器直流侧电压优化控制[J]. 中国电机工程学报, 2011, 31 (9): 23-29.

[14] 袁义生. 一种两级变流器的效率寻优控制方法: 200910115917.5[P]. 2011-12-07.

[15] 张犁, 胡海兵, 冯兰兰, 等. 模块化光伏并网系统欧洲效率优化控制方法[J]. 中国电机工程学报, 2012, 32 (9): 7-13+4.

[16] 祝国平, 阮新波, 王学华, 等. 两级式单相逆变器二次纹波电流的抑制与动态特性的改善[J]. 中国电机工程学报, 2013, 33 (12): 72-80+188.

[17] 张旭辉, 温旭辉, 赵峰. 电机控制器直流侧前置双向 Buck/Boost 变换器的直接功率控制策略研究[J]. 中国电机工程学报, 2012, 32 (33): 15-22+170.

[18] 谢小高, 赵晨, 郑凌蔚, 等. 有源钳位正反激变流器的第三绕组与电流型混合同步整流驱动方案[J]. 中国电机工程学报, 2012, 32 (33): 31-36+172.

[19] 刘教民, 李建文, 崔玉龙, 等. 高频谐振逆变器的功率 MOS 管驱动电路[J]. 电工技术学报, 2011, 26 (5): 113-118.

[20] 张之梁, 胥鹏程, 蔡卫. 应用于 1-MHz Boost PFC 变换器的自适应连续电流源驱动[J]. 中国电机工程学报, 2012, 32 (27): 111-118.

[21] PRESSMAN A I. 开关电源设计: 第二版[M]. 王志强, 等, 译. 北京: 电子工业出版社, 2005.

[22] 袁义生. 单相并网逆变器 PWM 方式与共模干扰的研究[J]. 电力电子技术，2011，45（12）：95-97.

[23] 刘凤君. 现代逆变技术及应用[M]. 北京：电子工业出版社，2006

[24] 李媛媛. 现代电力电子技术[M]. 北京：清华大学出版社，2014.

[25] 那日沙，周凯，王旭东. 电力电子、电机控制系统的建模及仿真[M]. 机械工业出版社，2016.

[26] Environmental conditions and test procedures for airborne equipment：RTCA DO-160G[S]. 2010.

[27] Reliability prediction of electronic equipment：MIL-HDBK-217F[S].

[28] 王成山，李霞林，郭力. 基于功率平衡及时滞补偿相结合的双级式变流器协调控制[J]. 中国电机工程学报，2012，32（25）：109-117+16.

[29] CHEN YAOW-MING，WU HSU-CHIN，CHEN YUNG-CHU. DC bus regulation strategy for grid-connected PV power generation system[C]. IEEE International Conference on Sustainable Energy Technologies，2008：437-442.

[30] SHIMIZU T，WADA K，NAKAMURA N. Flyback-type single-phase utility interactive inverter with power pulsation decoupling on the dc input for an ac photovoltaic module system[J]. IEEE Transactions on Power Electronics，2006（5）：1264-1272.

[31] CHEN Y-M，LIAO C-Y. Three-port flyback-type single-phase micro-inverter with activepower decoupling circuit[C]. IEEE Energy Conversion Congress and Exposition，2011：501-506.

[32] J I Itoh，F Hayashi. Ripple current reduction of a fuel cell for a single-phase isolated converter using a dc active filter with a center tap[C]. IEEE APEC Proceeding，Washington DC，USA，2009：1813-1818.

[33] CHEN ZHONG, CHEN MIAO, LUO YINGPENG, et al. Low frequency ripple current compensation with DC active filter for the single-phase aeronautic static inverter[C]. IEEE ECCE, Phoenix, AZ, USA, 2011: 1468-1475.

[34] CHOI W Y, SONG S G, PARK S J, et al. Photovoltaic module integrated converter system minimizing input ripple current for inverter load[C]. 31st International Telecommunications Energy Conference, 2009, Incheon, Korea: 1-4.

[35] KWON J M, KWON B H, NAM K H. High-efficiency module-integrated photovoltaic power conditioning system[J]. IET Power Electronics, 2009, 2（4）: 410-420.

[36] 彭良平, 石峰, 杜毅, 等. 双级式光伏并网逆变器母线电压二次纹波抑制[J]. 电力电子技术, 2013, 47（9）: 29-31.

[37] 高宁, 李睿, 陈强, 等. 双级式中频隔离型储能变流器的直流母线电压优化控制[J]. 中国电机工程学报, 2015, 35（17）: 4477-4485.

[38] 张力, 任小永, 阮新波. 基于虚拟阻抗且提高系统带宽的抑制两级式逆变器中二次谐波电流的控制策略[J]. 电工技术学报, 2014, 29（6）: 136-144.

[39] 姜世公, 王卫, 王盼宝, 等. 基于功率前馈的单相光伏并网控制策略[J]. 电力自动化设备, 2010, 30（6）: 16-19+30.

[40] 李时杰, 李耀华, 陈睿. 背靠背变流系统中优化控制前馈控制策略的研究[J]. 中国电机工程学报, 2006（22）: 74-79.

[41] 袁义生, 周盼, 田纪云. 基于电荷平衡的两级式逆变器前级电路控制方法[J]. 电工电能新技术, 2017, 36（12）: 15-21.

[42] 袁义生, 钟青峰, 邱志卓, 等. 功率二极管反向恢复特性的建模[J]. 中国电机工程学报, 2018, 38（17）: 5189-5198+5316.

[43] 袁义生，邱志卓，钟青峰，袁世英. 逆变器开关管变驱动电流技术研究[J]. 电源学报，2019，3（17）：133-139.

[44] 袁义生，钟青峰. 基于支持向量机的电力电子电路损耗预测[J]. 华东交通大学学报，2017，34（4）：122-128.

[45] 袁义生，钟青峰. 基于支持向量机的光伏逆变器损耗预测方法[J]. 电力电子技术，2018，52（3）：36-39.

[46] 王春林，周昊，李国能，等. 基于遗传算法和支持向量机的低NOx燃烧优化[J]. 中国电机工程学报，2007，27（11）：40-44.

[47] 王春林，周昊，李国能，等. 基于支持向量机与遗传算法的灰熔点预测[J]. 中国电机工程学报，2007，27（8）：11-15.

[48] 巴京. 基于遗传算法的模拟集成电路优化设计[D]. 南京邮电大学，2016.

[49] 洪卢波. 基于遗传算法的电力变压器优化设计研究[D]. 浙江工业大学，2015.

[50] 王顺亮，宋文胜，冯晓云. 一种单相级联H桥整流器SVPWM及其电容电压平衡控制方法[J]. 铁道学报，2016，28（7）：26-33.

[51] 林渭勋. 现代电力电子技术[M]. 北京：机械工业出版社，2005.

[52] 朱选才，徐德鸿，吴屏，等. 燃料电池发电装置能量管理控制系统设计[J]. 中国电机工程学报，2008，28（11）：101-106.

[53] 孙孝峰，顾和荣，王立乔，等. 高频开关型逆变器及其并联并网技术[M]. 北京：机械工业出版社，2011.

[54] 袁义生，胡根连，袁世英. 基于二自由度PI控制的逆变器研究[J]. 电力电子技术，2017，51（11）：57-60.

[55] Vitorino M A, de Rossiter Corrêa M B. Compensation of DC link oscillation in single-phase VSI and CSI converters for photovoltaic grid connection[C]. IEEE Energy Conversion Congress and Exposition（ECCE），2011：2007-2014.

[56] 孙良伟. 单相光伏并网发电系统中 DC/DC 变换器的设计与优化[D]. 杭州：浙江大学，2007.

[57] CHEN YAOW-MING, WU HSU-CHIN, CHEN YUNG-CHU. DC Bus regulation strategy for grid-connected PV power generation system[C]. IEEE International Conference on Sustainable Energy Technologies, 2008: 437-442.

[58] KENTARO FUKUSHIMA, ISAMI NORIGOE, MASAHITO SHOYAMA, et al. Input current-ripple consideration for the pulse-link dc-ac converter for fuel cells by small series LC circuit[C]. IEEE Applied Power Electronics Conference, 2009: 447-451.

[59] 张鸿博，蔡晓峰. 直流电压含二次纹波条件下并网逆变器输出谐波抑制[J]. 电力系统保护与控制，2022，50（15）：119-128.

[60] 涂春鸣，肖凡，袁靖兵，等. 级联型电力电子变压器直流电压二次纹波抑制策略[J]. 电工技术学报，2019，34（14）：2990-3003.

[61] 袁义生，毛凯翔，袁世英. 电力机车 PET 中直流母线电压的大信号建模及分析[J]. 电力系统保护与控制，2019，47（4）：83-90.

[62] 范磊，党寻诣，宋克岭，等. 双向 Buck/Boost 变换器损耗分析[J]. 车辆与动力技术，2022（1）：1-5.

[63] 曹建安，裴云庆，王兆安. Boost PFC 电路中开关器件的损耗分析与计算[J]. 电工电能新技术，2002，21（01）：41-44.

[64] 李翔，马超群，梁琪. 大功率光伏逆变器的损耗建模与分析[J]. 电力电子技术，2014，48（1）：12-14.

[65] YUAN SHIYING, FU JIAOJIAO, CAO DONG. Dynamic modeling for thermoelectric equipments[C]. 21st IEEE International Symposium on Industrial Electronics, 2012: 999-1002.

[66] 刘宇航,刘向鑫,朱子尧,等. 一种结合闭环控制的新型最大功率点跟踪算法[J]. 电力电子技术,2020,54(5):76-79.

[67] 吴理博,赵争鸣,刘建政,等. 单级式光伏并网逆变系统中的最大功率点跟踪算法稳定性研究[J]. 中国电机工程学报,2006,26(6):73-77.

[68] 张兴,曹仁贤,等. 太阳能光伏并网发电及其逆变控制[M]. 北京:机械工业出版社,2011.

[69] 吴红飞,张炎锋,杨帆. 宽输出电压范围集成 Buck 型无桥 PFC 变换器[J]. 中国电机工程学报,2018,38(8):6655-6662.

[70] YUAN SHIYING, TANG ZHE, TIAN JIYUN, et al. A resonant push-pull DC-DC converter[C]. Proceedings of the 3rd International Conference on Electrical and Information Technologies for Rail Transportation,2017:67-68.

[71] 肖阔,段善旭,程华,等. 一种宽工作范围 Boost 电路的滑模变结构控制策略研究[J]. 电源学报,2017,15(5):108-115.

[72] 张鸿博,熊军华,李继方. 基于改进调制的两级式单相光伏并网逆变器前级二次谐波抑制[J]. 电力系统保护与控制,2023,51(17):110-118.

[73] 袁义生,张育源,陈进,等. 两级式逆变器中间母线电压低频纹波抑制[J]. 电源学报,2016,14(3):38-46.

[74] 袁义生,周盼,田纪云. 基于电荷平衡的两级式逆变器前级电路控制方法[J]. 电工电能新技术,2017,36(12):15-21.

[75] 袁义生,李怀谷,朱本玉,等. 一种新型恒流源驱动电路及参数设计[J]. 南昌大学学报(工科版),2015,37(2):163-166+199.

[76] 伍群芳,陈仲,王勤,袁义生,等. 一种负载适应的电流尖峰限制型功率管开通方法[J]. 中国电机工程学报,2016,36(8):2242-2251.

[77] 袁义生,伍群芳. 一种电流自适应的尖峰电压限制型功率管关断控制方法[J]. 中国电机工程学报,2014,34(30):5425-5433.

[78] YUAN YISHENG, WU QUNFANG. One zero-voltage-switching three-transistor push-pull converter[J]. IET Power Electronics, 2013, 6(7): 1270-1278.

[79] Miguel Rodr'ıguez, Alberto Rodr'ıguez, Pablo Fern' andez Miaja, et al. An insight into the switching process of power MOSFETs: an improved analytical losses model[J]. IEEE Transactions on Power Electronics, 2010, 25(6): 1626-1640.